民航维修
可靠性管理

（系统运作）

主　编／李　欣　王锦申

副主编／李志明　卢小培

西南交通大学出版社

·成　都·

图书在版编目（ＣＩＰ）数据

民航维修可靠性管理：系统运作 / 李欣，王锦申主编. —成都：西南交通大学出版社，2022.8
ISBN 978-7-5643-8842-3

Ⅰ. ①民… Ⅱ. ①李… ②王… Ⅲ. ①民用飞机 – 维修 – 可靠性管理 Ⅳ. ①V267

中国版本图书馆 CIP 数据核字（2022）第 142943 号

Minhang Weixiu Kekaoxing Guanli (Xitong Yunzuo)
民航维修可靠性管理（系统运作）

主　编 / 李　欣　王锦申　　　责任编辑 / 李　伟
　　　　　　　　　　　　　　封面设计 / 原谋书装

西南交通大学出版社出版发行

（四川省成都市金牛区二环路北一段 111 号西南交通大学创新大厦 21 楼　610031）
发行部电话：028-87600564　　028-87600533
网址：http://www.xnjdcbs.com
印刷：四川煤田地质制图印刷厂

成品尺寸　185 mm×260 mm
印张　16.5　　字数　379 千
版次　2022 年 8 月第 1 版　　印次　2022 年 8 月第 1 次

书号　ISBN 978-7-5643-8842-3
定价　68.00 元

本书编委会

顾　问　吴榕新　何晓群

主　编　李　欣　王锦申

副主编　李志明　卢小培

编　委　李幼梁　彭　远　白冰松　司伟森

　　　　付焰华　肖凤利　李　辉　李阳明

以 1978 年美国联合航空公司两位工程师 Stanley Nowlan 和 Howard Heap 出版的 *Reliability-Centered Maintenance* 一书为标志,世界民航维修伴随着 MSG-2/3 维修大纲分析决断逻辑的发展进入了"以可靠性为中心的维修"时代。

1990 年 6 月,中国民用航空总局召开了"可靠性管理研讨会",并于同年 9 月颁布了 AC-145-01《民用航空器可靠性管理》,正式将"以可靠性为中心的维修"思想引入中国民航领域。之后国内民航企业也逐步建立起自己的维修可靠性管理体系,并在航空公司维修工程管理中发挥着重要作用。

但是最近 20 年的民航维修环境发生了较大变化,主要体现在以下三个方面:

(1) IT 技术(互联网技术)的高速发展,带来民航维修数据收集方式和分析方法的巨大变化,实时监控、大数据分析和数据建模等手段逐渐成为民航维修的常规手段。

(2) 民航飞机维修相关法规的不断完善,包括损伤容限评估、广布疲劳损伤评估、EWIS(电气线路互联系统)检查、燃油箱系统安全分析等,对飞机维修大纲的编制和优化产生了较大的影响。

(3) 社会公众和航空营运人员对民航的安全、运行和经济性要求越来越高,因而对飞机系统和部件不可靠度的容忍度越来越低。

而国内民航维修业界虽然对"以可靠性为中心的维修"这个口号喊了很多年,但很多人对如何以可靠性为中心开展维修并不清楚,对如何开展可靠性管理工作应对新挑战比较迷茫。传统的可靠性管理方法也越来越不能满足国内航空公司对智慧维修、科学维修的管理需要。

进入 21 世纪以后,民航维修已加速进入信息化时代,各种飞机维修新方法、新工艺、新工具层出不穷,而数字化和信息化是民航维修的新方向。民航维修可靠性管理理论以数据为核心,天然具有与大数据挖掘、信息化管理、智慧维修等结合的优势。虽然各个航空公司都在实践中探索,但尚未有成熟的工程实践。这种制约也导致航空公司无法像波音、空客公司一样开展对航空公司维修方案基于数据统计分析的持续优化。

国内外与可靠性管理相关的书籍多是集中于对 RCM（以可靠性为中心的维修）决断逻辑的解读和优化，或者将此概念向其他行业拓展介绍，缺少对为什么开展可靠性管理、如何开展可靠性管理、可靠性管理如何发展等内容阐述和探讨的专业书籍，对航空公司、民航维修行业在当前环境下如何践行维修可靠性管理缺少指导意义。

本书主要面对中国民航维修工程技术人员，以可靠性管理的基本流程为核心，介绍可靠性管理体系的构建、运作中涉及的相关概念、方法和工具，并重点介绍对维修方案的优化分析、部件寿命数学建模、部件维修质量分析等内容，使读者可以通过本书真正塑造"以可靠性为中心的维修"理念，并熟练运用可靠性分析方法和工具开展工程管理。而从事其他工作的机务维修和管理人员也可以通过本书对民航维修可靠性管理建立系统的认识。

同时，本书在编写过程中参考了世界主流民航飞机制造商的标准、FAA（美国联邦航空局）和 CAAC（中国民用航空管理局）的规章资料以及国内航空公司的维修可靠性管理经验，在此表示感谢。

编写人员在本书编写过程中，对民航维修可靠性管理体系的建设和运作中经常遇到的难题进行了详细论述和探讨，提出可行的解决思路，并对民航可靠性管理的发展方向进行了探讨，使读者更好地理解可靠性管理相关措施的作用和意义。

由于编者水平有限，书中难免有疏漏和不足之处，恳请读者批评指正。

编写组
2022 年 3 月

CONTENTS

目　录

第 1 章

绪　论

民用飞机（也称民航飞机）诞生已超百年，并逐步成为大众出行的基本交通工具之一。随着时代发展，民航飞机载客量越来越大，系统越来越复杂，信息化集成度越来越高，民众对民航飞机的安全性要求也越来越高。如何平衡民航飞机运营经济性与社会公众对其高安全性需求之间的关系？从民航飞机的设计、制造、运行至退役的整个生命周期中开展可靠性管理就是解决该问题的重要手段。本书重点探讨民航飞机维修可靠性管理的基本思路和实践方法，为从事民航机务维修工作的工程技术人员和管理人员提供翔实的参考经验。

1.1　可靠性的基本概念

在探讨维修可靠性管理之前，首先要对产品可靠性这一基本概念有一个正确的认识。大家日常生活中购买家用电器时往往会货比三家，不仅要看产品的功能、价格、外观、品牌，还会经常通过网络、熟人等了解产品的售后服务、质量等无法直观了解的信息。产品质量包括做工、故障率、故障后果、可修性等多种单向指标。而可靠性是一个综合性的质量评价指标，它的定义是：产品在给定条件下和在给定的时间区间内能完成要求的功能的能力。要正确理解可靠性的概念，需要把握以下 4 个关键词：给定条件、给定时间、要求的功能和能力。

定义中的给定条件包括环境条件、维护条件和使用条件。产品是基于预设工况环境和使用需求设计的，不合理地使用必然导致其故障率的高发或使用寿命的缩短，比如手机电池、汽车蓄电池等在极低温的环境下容量会大幅度降低，导致手机待机时间明显缩短、汽车无法启动，这属于产品在特定条件下的正常现象，不应归罪于产品可靠性不高。因而，评价、对比产品的可靠性应基于产品规定条件下工作所产生的数据。环境条件包括环境温度、湿度、振动、润滑状况等；维护条件包括维修保养、维修条件、使用者的技术水平等；而使用条件包括使用方法和使用频率等。

就像食物有保质期一样，产品也会有特定的生命周期，会因磨损、腐蚀、老化、疲劳、意外损伤等原因而故障，并因不可修或不值得修理而报废。因此工业产品是具有设计寿命和使用寿命的，在产品的设计寿命期内，产品会保持较高的可靠性水平。那么，我们计算、评价产品可靠性时，应在给定时间区间内采集产品的使用数据。

要求的功能，是指我们使用产品时期望获得且产品设计所具有的功能。正确理解这一点，有助于我们采集到合适的评价数据。不少人听说过这样一个企业管理案例：北方农村有居民用购买的海尔洗衣机淘洗土豆，导致洗衣机故障频发。海尔公司了解到这个情况以后，有针对性地设计了一款具有淘洗土豆功能的洗衣机。从这个案例中，我们可以看出前一款洗衣机在设计时没有考虑"淘洗土豆"这种功能/工况，因而淘洗土豆产生的洗衣机故障数据不应作为评价、计算这款洗衣机可靠性的样本数据。但是对于后一款有淘洗土豆功能的洗衣机，则应将该部分故障数据考虑进去。同样，对于一个飞机液压泵，其主要功能是为飞机提供液压动力。当液压泵轻微渗漏液压油时，对液压泵主功能没有影响；而当液压泵渗漏严重时，导致液压泵低压关断，无法工作。那么我们计算、评价该液压泵的可靠性时，轻微渗漏故障可以忽略，而严重渗漏故障需要考虑。总体来

说，功能失效是一个模糊的界限，不容易分清。

可靠性是产品的一种能力，一般用概率值表示。这就意味着可靠性是一种群体质量属性，并非基于单一样本计算产生。对单一样本来说，可靠性属性表征并不明显。一个高可靠性指标的灯泡并不一定比另一个低可靠性指标的灯泡使用更长的时间，但是随着样本数量的增加，前者使用时间大于后者的概率会逐步升高。

产品可靠性一般分为设计可靠性、固有可靠性和使用可靠性三类。设计可靠性是产品设计阶段厂家设定的目标可靠性，厂家通过调整产品的结构、参数、材料和生产工艺等方法期望使产品的固有可靠性达到或超过设计目标。一旦产品的结构、参数、材料和生产工艺确定下来，其固有可靠性也确定了。固有可靠性是产品的群体内在属性，无法精确测算。用户在使用产品时，可能因为工况环境、维护方式的差异得到不同的可靠性反馈，这属于产品的使用可靠性。使用可靠性可以根据用户使用数据计算获得，而且它只会小于或等于固有可靠性。要提高产品的使用可靠性水平，除了正确地使用、良好的维护保养外，通过对产品升级、改装提高其固有可靠性水平也是重要方法。而维修本质上是对产品可靠性的恢复，使其维持一个良好的使用可靠性水平。三者之间的关系如图1-1 所示。

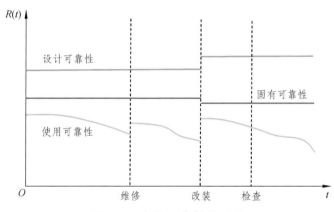

图 1-1　产品可靠性关系图

当产品的固有可靠性接近或大于其设计可靠性时，可以认为产品设计比较成功。对产品实施改装会改变产品的固有可靠性。如固有可靠性的提升达到预期，则可认为改装是成功的，反之则是失败的。维修可以使产品的不断衰退的使用可靠性得到一定的恢复，但不会超过其固有可靠性上限。改装也能够改变产品的使用可靠性，但是并不一定是往好的方向改变。定期检查并不会对产品可靠性产生影响，但是能够通过及时探测产品的性能衰退或失效状况而进行工程干预（如润滑、清洁、修理或更换部件等），降低部件的失效风险。

1.2　可靠性管理

人们对可靠性有了足够认识以后，自然产生对可靠性管理的需要，使其像其他产品属性一样可控。所谓可靠性管理，就是是指通过对产品设计、制造、使用、维修等不同阶段的可靠性工程技术活动进行规划、组织、协调、控制和监督，经济性地实现产品计划所要求的定量可靠性，是科学地为实施可靠性工程和达到可靠性目标的一种管理方法。根据可靠性管理关注的产品所处阶段的差异，可靠性管理可以分为设计可靠性管理和维修可靠性管理。二者之间有紧密联系，但也有很多差异。

设计可靠性管理由制造厂家主导开展，侧重于通过对产品设计、制造环节的工程技术活动的监督、规划和协调，以较低的生产成本达到期望的产品固有可靠性。设计可靠性管理对数据的搜集来源于各个环节，有来自产品故障树和故障模式影响分析的数据，有来自各种可靠性试验的数据，也有部分产品使用反馈数据。设计可靠性管理的目的是优化产品的设计和对可靠性指标的分配，以更经济的成本达到设计目标。

而维修可靠性管理主要由产品用户主导开展，通过收集产品的使用和维修数据，测算产品的使用可靠性，并指导用户制定合理的维修策略，以较低的成本达到可接受的使用可靠性水平。在开展维修可靠性管理的过程中，用户也经常与制造厂家联动，通过改进产品提高产品固有可靠性，从而提高产品的使用可靠性。

对于民航维修行业来说，可靠性管理的侧重方向是由各自的角色定位以及开展可靠性管理的目的来决定的，如图 1-2 所示。当航空公司扮演设计、制造角色，提供产品供给时，如生产和出售一些 PMA 航材（航空器零部件制造人批准生产的航材）及工具时，对这些产品应开展设计可靠性管理工作。而航空公司作为用户或维修服务供应商，对营运或承修的飞机、部件应开展维修可靠性管理工作。

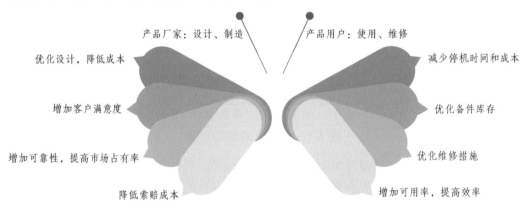

图 1-2　可靠性管理定位对比图

航空营运人作为飞机用户，通过开展维修可靠性管理来指导飞机维修。航空公司通过制定可靠性管理政策、设置可靠性管理机构、建立可靠性管理系统和流程，使可靠性管理工作渗透到飞机维修的各个业务中。

可靠性管理既是一种工作要求，也是一种质量管理方法。开展飞机维修可靠性管理是航空公司履行自己的适航性责任、保证飞机安全营运必不可少的工作。可靠性管理工作需要各个业务部门的支持和配合，而可靠性管理成果也会反哺这些业务部门，有助于其工作效率和决策质量的提高，最终实现航空公司飞机维修工程管理能力和质量的提升，有助于整个民航维修行业持续健康地发展。

第 2 章

以可靠性为中心的维修

可靠性管理用于民航飞机维修并非一蹴而就的，它是在百余年的飞机维修经验积累和理论研究中建立并逐步完善成熟的维修管理理论。一套理论的发展和广泛应用离不开其特定的社会背景和科技发展水平。下面简要介绍可靠性管理在民航维修领域的产生和发展过程。

机械系统投入使用以后，必然需要适当的保养和维修以维持其可用状态，飞机也不例外。作为一个复杂的机械系统，飞机自诞生以来就离不开必要的维修。但如何开展飞机维修工作以保持飞机的持续可用？回顾世界民航飞机维修历史，可按维修理念的不同分成 4 个阶段：事后维修、预防性维修、以可靠性为中心的维修以及预测性维修。

2.1　事后维修

所谓事后维修，就是"不坏不修，坏了再修"。这种维修理念至今适用于我们日常生活中常见的产品，如电视机、空调、计算机等设备。而 20 世纪 50 年代以前的飞机也基本上采用这种维修理念。从飞机诞生到喷气式客机交付运行的这段时间内，民航飞机从无到有，从简陋危险到跨大西洋飞行，发展迅速。但是这些活塞发动机螺旋桨飞机（见图 2-1）整体构造简单，尺寸较小，可靠性较差，几乎没有电子设备，飞机服役寿命也比较短。虽然民航运输已经成为社会公共运输的一部分，但它也只是极少数人才能选择的昂贵出行方式。在此期间，人们对飞机系统的故障缺少足够的认识，对飞机系统安全性也不抱太高的期望，因而采取的维修策略也相对被动，除了对飞机消耗性材料的检查补充外，一般都是发现飞机故障后再实施维修。

图 2-1　DC-3 运输机（1935 年）

事后维修方式可以将飞机上部附件的寿命使用到极致，但是飞机故障率无法得到控制，飞行事故高发。因事后维修无法做好维修前准备，飞机的正常运行也经常被打断。事后维修是一种落后但又永远无法避免的维修方式，目前仍广泛应用于各行各业中。它比较适用于那些故障后影响不大的系统、设备，如生活电器、飞机客舱服务设备等。

在这一时期，可靠性研究刚刚处于起步探索阶段。促使人们开展可靠性方面研究的并非飞机、坦克等复杂的机械装置，而是电子工业的发展。真空电子管发明后被广泛应用于无线电通信、雷达以及收音机等电子产品中，但其能耗大、寿命短、噪声大、不稳

定的特点长期困扰着科学家们。因在研发电子管计算机的过程中深受电子管可靠性低的困扰，1943 年美国成立了一个专门机构开展电子管的可靠性研究。1952 年，美国正式成立了国防部电子设备可靠性咨询组（AGREE），正式开展系统可靠性的研究。这两个可靠性理论研究的重要里程碑都与电子工业有密切的关系。

2.2　预防性维修

　　以 1949 年世界首款喷气式客机"彗星"的诞生为标志，民航飞机维修逐步进入预防为主的阶段。在此期间，飞机的载客量、系统集成度、电子化程度都有显著提升，公众对飞机系统安全性有了更高的要求。经过十余年对部件和系统可靠性的研究，人们发现了系统设备最常见的故障率-时间分布曲线——浴盆曲线（见图 2-2）。基于对产品服务期和损耗期的认识，人们尝试设置不同的间隔开展预防性维修，以减少系统的设备故障率，提高产品的安全性。这就是预防为主的维修思想，也称为定期维修。

图 2-2　浴盆曲线

　　在定期维修理念下，工程师基于产品试验数据、车间修理报告和工程经验制定部件和结构的翻修、报废时限。但是随着人们对飞机安全水平的要求越来越高，飞机的定期翻修/报废的维修任务越来越多，维修成本越来越高，而对飞机系统安全性的提升作用却越来越不明显，很多故障总是无法预防，机械故障导致的飞机事故频发。人们开始怀疑传统的设备故障曲线——浴盆曲线是否正确。

　　工程技术人员在对大量故障数据研究、建模后，发现很多电子元器件和复杂设备在正常情况下并没有固定寿命，故障发生是随机的。1960 年，美国航空运输协会（ATA）在飞机设备故障概率分布的研究中发现设备的故障率-时间曲线并非只有浴盆曲线 1 种，而是有 6 种。定期大修对提高复杂设备的可靠性并不一定有效，大部分故障模式无法通过预防维修有效控制。

2.3　以可靠性为中心的维修

　　随着人们对机械系统故障机理和可靠性认识的加深，以及预防维修理念导致的飞机维修成本的持续升高，航空业急需一种低成本且高效的维修理念指导飞机维修。以可靠性为中心的维修理念伴随着 MSG 理论的发展应运而生，并超脱出民航维修领域，成为跨行业机械设备的主流维修指导思想。

2.3.1 MSG-1 理论

1967 年，美国联合航空公司的工程师发表了一篇论文"应用决断图制定维修大纲的逻辑分析方法"。这引起了波音公司的兴趣，他们希望新研发的 B747-100 机型能够采用新的方法编制维修大纲，降低维修成本，提高产品竞争力。1968 年，波音公司联合多家航空公司组建了一个维修指导小组（Maintenance Steering Group，MSG），编写了《维修研究与方案拟定》文件，俗称 MSG-1 文件，用于指导 B747-100 飞机维修大纲的编制。按照此方法编制的 B747-100 飞机维修大纲的任务量大幅降低：对比飞机 20 000 飞行小时之前总的计划结构检查工时，DC-8 机型需要 400 000 工时，而 B747-100 飞机仅需 66 000工时，新方法效果显著。

2.3.2 MSG-2 理论

MSG-1 在 B747-100 飞机上的成功引起了业界的高度关注，波音公司也希望该经验可以推广到其他机型上。1970 年，美国航空运输协会基于 MSG-1 理论制定了一个适用于各种机型的通用逻辑分析规则，并命名为《航空公司/制造厂维修大纲计划文件》，俗称MSG-2 文件。

MSG-2 理论将维修任务分为定时（Hard Time，HT）、视情（On Condition，OC）和状态监控（Condition Monitoring，CM）三种方式，并设置不同的任务逻辑，期望以最低的维修成本达到最高的安全性和可靠性。定时项目需要设置时限执行翻修或报废任务；视情项目需要设置定期的检查或测试任务，以便评估其性能衰退情况是否满足持续适航要求；状态监控项目一般是不影响飞行安全的项目，多采取事后维修策略，用户需要监控其可靠性状况，并评估是否需要设置定期维修工作。

MSG-2 是面向维修过程的分析逻辑，首次在飞机维修中引入了可靠性管理的概念。它首先成功应用于 DC-10 机型维修大纲的编制，并得到了业界期望的结果。对比维修大纲中的翻修任务项目数量（见表 2-1），MSG-2 分析逻辑产生的部件翻修维修项目大幅度减少。

表 2-1   维修大纲翻修任务数量对比

机型（服役时间）	指导思想	翻修项目数量
DC-8（1967 年）	预防维修	339
DC-10（1971 年）	MSG-2 决断逻辑	7

2.3.3 RCM 理论

美国空军长期忍受着军机维修成本过高之苦。他们注意到应用 MSG-2 理论的飞机维修成本下降超过 30%时很高兴，并希望尽快将其经验纳入军机维修中。1974 年，美国国防部明文要求在全军推广以可靠性为中心的维修理念，并资助航空公司研究更经济高效的维修大纲编制方法。1978 年，美国联合航空公司的 F.S.Nowlan 和 H.F.Heap 联合向美国国防部提交了一份 495 页的报告——以可靠性为中心的维修（RCM），描述了一种与传统

维修方式截然不同的飞机维修方法。

该报告中明确了 6 种系统设备失效率-时间分布曲线在民用飞机中的分布比例，如表 2-2 所示。其中浴盆曲线、损耗曲线以及老化曲线的故障率随时间增加，如制定翻修、报废任务，有一定效果。但是其余 89%的故障并没有明显的损耗故障期，按照预防性维修思想执行定期翻修任务达不到预期效果。

表 2-2　飞机故障率曲线类型

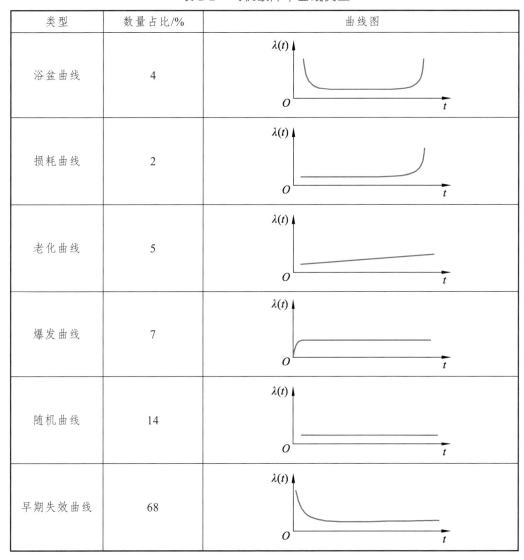

类型	数量占比/%	曲线图
浴盆曲线	4	
损耗曲线	2	
老化曲线	5	
爆发曲线	7	
随机曲线	14	
早期失效曲线	68	

RCM 思想的核心观点：

（1）设备的设计特征确定了其故障后果和控制成本；

（2）定期维修措施只能减少故障的发生次数，并不能改变故障的后果；

（3）定期维护措施只能使设备接近其固有可靠性，并不能改变其固有可靠性；

（4）定期翻修并不适用于复杂系统的可靠性提升；

（5）视情检查可以发现设备的性能衰退，是一个有效的预防性维护措施；

（6）定期维修方案应基于设备生命周期内收集到的使用数据动态调整。

RCM 思想同时把故障后果按性质分成 4 类：安全性、操作性、非操作性和隐蔽性。在分析系统、设备故障后果，制定合适的维修措施时，不同类型的故障后果有不同的分析逻辑。相比于 MSG-2 分析逻辑的面向过程，RCM 思想面向故障后果，对可靠性理念的应用更加广泛和清晰。

《以可靠性为中心的维修》的发布确立了"以可靠性为中心的维修"理念在民航维修业界的主流地位，并促使了 MSG-3 理论的诞生。

2.3.4　MSG-3 理论

由于 MSG-2 分析逻辑是自下而上的，着眼于细节，对飞机系统的分析缺乏全局意识，而且几种维修方式的定义比较含糊，具有较大的改进空间。1979 年，ATA 专门成立了一个特别工作组，对 MSG-2 理论进行详细研究，并提出改进建议。而 RCM 理论在此期间对该分析工作产生了重要影响。

1980 年，ATA 发布了新版的《航空公司/制造厂维修大纲计划文件》，俗称 MSG-3 理论。该理论融合了 RCM 思想的主要观点，确立了面向任务类别、自上而下的决断分析逻辑，虽然后续经过多次改版和完善，至今仍是世界公认的指导制定民用航空器维修大纲的理论方法。

2.4　预测性维修

随着民航飞机信息化集成度越来越高，空地数据传输速度也大幅度提升，在地面对飞机的实时运行状态进行监控成为可能。预测性维修理念就是在这种时代背景下提出的。飞机通过各种传感器探测系统、部件的重要工作状态参数，并通过机载软件内预设的健康状况监控模型进行实时计算与预警。当机载软件探测到系统隐藏故障或者性能衰退至门槛值时，向地面控制中心自动发送警报，由地面中心评估核实，并在飞机真正故障产生前制订预防性维修计划。这种维修理念显著降低了无效维修和对部件寿命、性能的浪费，同时也避免了"事后维修"无计划性带来的对运行的干扰，应是未来民航维修的发展方向。

但是由于航空业界主流窄体机型的信息化程度仍不够高，空地数据传输费用对航空公司也是不小的成本负担，而系统、部件性能监控模型的开发也经常受制于飞机制造厂家，该维修理念在航空公司内部仍是属于小众的、探索性的。21 世纪以来投入运行的新机型已基本具有开展预测性维修的条件，比如波音公司的 B787 AHM 系统和空客公司的 Airman 系统，都是对预测性维修理念应用的有力推动。而部件供应商如 Honeywell 公司，最近几年也在加速这方面的布局，比如向航空公司推介 B737NG 机型空调系统健康状况实时监控服务等。随着 A320 系列机型和 B737 系列机型逐步被新机型替代，预测性维修理念会在未来民航维修中得到广泛应用。

第 3 章

MSG-3 逻辑决断法

MSG-3 理论自从 1980 年提出以后，首先应用于 B757/B767 机型的维修大纲编制中，并取得显著成效。维修大纲中的预防性维修项目进一步降低，因而后续迅速应用于新研发机型，并成为编制新型号民用飞机维修大纲必须遵循的指导理论。

3.1　MSG-3 与 MSG-2 的差异

3.1.1　MSG-2 内容简述

相对于预防为主的维修方式，MSG-2 突破性地采用逻辑决断法实现系统维修任务的编制。它以实现飞机的安全可靠为目标，针对飞机的每一类分析对象（包括系统、部件/设备），采用"自下而上"的分析流程，对各个分析对象制定适宜的维修方式，达到降低维修成本的目的。MSG-2 分析决断逻辑根据所分析的对象的不同设定三种维修方式，分别是定时（HT）、视情（OC）和状态监控（CM）。三种方式并无好坏、重不重要的差别，主要根据分析对象的硬件设计、所需维修成本等因素挑选合适的维修方式。

定时是一种预防性维修方法，它要求机载设备或零部件在允许的使用时间到期前拆下报废，或者按照维修规范手册进行翻修。因而定时项目一般都是时控项目，一般包括可翻修部件（时控项目）和定期报废部件（时寿项目）。定时项目的允许使用时间可以根据使用经验、实验、飞机型号合格证的限制或适航指令，按照航空公司维修可靠性方案和适航当局的要求而调整。飞机上的起落架组件就是一个典型的定时项目，其中起落架组件需要定期翻修（如 10 年间隔），而起落架组件也包含很多有寿命限制的子部件，但其报废时限一般比较长，在正常的利用率下普遍超过 25 年。

视情也是一种预防性维修方法，它要求在不分解和翻修的前提下，通过对部件/设备实施目视检查、测试、测量等方法评估确定其持续适航性。开展视情维修的项目应具有明确的对照标准，以确保该项目在下一次计划检查前能够持续良好地工作。如果其达不到检查要求的标准，则需要采取纠正措施。检查标准和重复检查的间隔可以由航空公司根据维修经验进行动态调整。对于同一个部件来说，视情方式比定时方式具有更好的经济效益。但是视情方式选择的前提条件是，必须存在一种经济且有效的、能够确定其性能衰退状态的视情检查方法。

状态监控并非一种预防性维修方法，它是对定时和视情都不适合的部件/系统采用的基本维修方式。它允许故障出现并依据对飞机使用数据的分析来确定相应的纠正措施。因而它一般适用于那些失效对飞行安全没有影响的、容易被发现的故障。状态监控需要一个数据收集和分析系统支持，这也是维修可靠性管理的核心。

MSG-2 决断逻辑主要基于是否影响安全、是否可察觉、是否可检测等维度，将系统分析对象简单分成图 3-1 所示的三种维修方式，并有针对性地制定具体的维修任务。MSG-2 对结构维修任务的分析逻辑并没有突破性的改进，只是基于简单的评级方法。

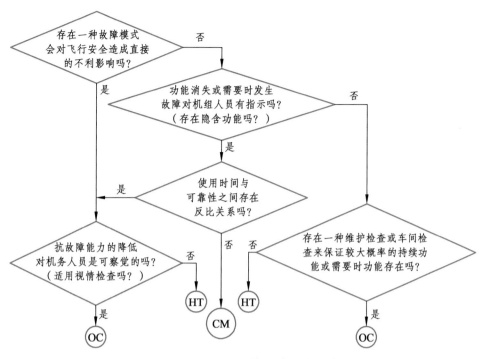

图 3-1　MSG-2 维修方式判断逻辑

3.1.2　MSG-3 对 MSG-2 的改进

　　MSG-2 分析逻辑主要考虑飞行安全，对经济成本的考虑不足；其自下而上的分析逻辑导致了大量维修任务的产生；其简陋的结构分析逻辑满足不了飞机的结构设计需要。而 MSG-3 分析决断逻辑有针对性地做了以下改进，如表 3-1 所示。

表 3-1　MSG-2 与 MSG-3 的对比

MSG-2	MSG-3
逻辑构成： ➤ 系统分析 ➤ 结构分析	逻辑构成： ➤ 系统/动力装置分析 ➤ 结构分析 ➤ 区域分析 ➤ L/HIRF 分析
自下而上的分析逻辑： 从可管理最低层级开始分析 飞机 系统 组件 部件	自上而下的分析逻辑： 从可管理最高层级开始分析 飞机 系统 组件 部件

续表

MSG-2	MSG-3
面向维修方式的分析结果：	面向维修任务的分析结果：
➤ 定时（HT） ➤ 视情（OC） ➤ 状态监控（CM）	➤ 勤务/润滑 ➤ 目视检查/操作检查 ➤ 功能测试/检验 ➤ 恢复 ➤ 报废

　　MSG-3 针对不同的分析对象制定了不同的分析逻辑，而且可以单独使用；同时对系统/动力装置采用了自上而下的故障后果分析法，明确引入了经济性、安全性、明显故障、隐藏故障的定义，将维修工作进行更加细致、精准地分组。在此基础上，MSG-3 给出了详细而有针对性的维修任务评价逻辑，减少了用户制定维修任务期间的主观因素干扰和分析。另外，MSG-3 融合了飞机结构损伤理论研究成果，引入了腐蚀防护、损伤容限等概念，建立了新的结构项目分析逻辑。

　　但 MSG-3 的上述变化并非一蹴而就的，而是在长期的工程实践中，在一次次飞行安全事故的调查研究中逐步完善的。自 1980 年 MSG-3 理论首次提出至今的 40 余年中，MSG-3 分析决断逻辑历经 12 次改版，最新版本是 2018 年 1 月版，可从美国航空运输协会官方网站（https://www.airlines.org/）上购买和下载。

　　基于不同版本的 MSG-3 分析决断逻辑制定的维修大纲会有较大的差异，整体来说基于新版本 MSG-3 编制的维修大纲更精简，一方面是因为新的决断逻辑更合理和精简，另一方面也与新机型的系统及结构设计更合理有一定关系。表 3-2 是三种波音宽体机维修大纲包含维修项目数量的对比表。

表 3-2　不同宽体机维修大纲包含维修项目数量对比

机　型	首飞年份	MSG-3 版本	MPD（维修计划文件）项目数量
B767-300ER	1986 年	R0 版	1 499 项
B777-200ER	1997 年	R2 版	1 389 项
B787-8	2009 年	R7 版	763 项

3.2　MSG-3 的理论发展

　　在 MSG-3 分析决断逻辑不断发展和完善的过程中，部分重要内容的变化具有其特殊的历史背景，往往伴随着血淋淋的航空事故和航空业界对飞机故障机理的持续探索。随着民航飞机设计、制造和维修领域新技术、新理念的不断应用，MSG-3 理论仍会不断发展。

3.2.1　损伤容限思想

　　飞机早期的结构设计是基于静强度分析的理念，也就是说考虑到飞机结构部件的静

态最大载荷，确保其有足够的强度和安全系数。当飞机结构可靠性满足不了需求时，要么通过更换材料、增大尺寸、改进生产工艺等方式来增加结构强度，要么通过缩短结构部件的安全寿命来提高安全系数。这种结构设计理念从飞机问世以后就开始采用，并持续到 20 世纪 50 年代。

从 1954 年开始，英国"彗星"号飞机出现的连续空难让人们对飞机结构静强度设计理念产生怀疑。事故调查时发现疲劳裂纹导致了飞机结构损伤的快速扩展，而实验室对结构疲劳寿命的预测存在一定的缺陷，基于安全寿命理念和静强度设计方法无法有效避免结构疲劳损伤的出现与扩展。1956 年，美国民航局修改了适航法规，在飞机结构安全寿命设计的基础上又提出了破损安全设计理念。

"破损安全"设计要求当飞机某一主结构局部损坏或完全破坏时，其负荷可由邻近的其他结构分担，飞机不会因结构过度变形而导致灾难性后果。基于这个前提条件，当飞机主结构发生损坏后，飞机飞行时飞行特性会有明显改变，此时执行地面一般目视检查就能发现结构损伤并执行必要的维修。因而基于破损安全设计的飞机结构理论上无须执行定期更换或检查。但上述逻辑是建立在飞机主结构损伤后会对飞行特性有明显影响的前提下。如果主结构损伤对飞行无明显影响，主结构的相邻结构在超负荷环境下长时间工作而得不到检修，很容易陆续损坏并最终危及飞行安全。

1977 年，英国丹尼航空的 B707 货机空难就暴露了"破损安全"设计理念存在的问题：当缺乏足够维修时，基于破损安全设计的结构可能转变成与"安全寿命"一样的结构，并最终造成灾难性损伤。1978 年，美国民航局再次修改了法规，提出"损伤容限"设计理念。损伤容限是指一种用于保证安全的结构设计特征。它允许结构在受到疲劳、腐蚀、偶然或离散源损伤后仍然能在一定时期内保持必要的剩余强度。损伤容限思想认为，结构疲劳损伤的产生和发展是可以在足够精确预测的前提下，在裂纹达到临界尺寸之前通过检查可靠发现的。

相对于破损安全理念，损伤容限理念强调通过一套科学的方法确保飞机在使用过程中产生的结构损伤在达到临界尺寸前能够被检查发现并完成修理。MSG-3 分析决断逻辑中提出对飞机重要结构开展损伤容限分析并制定针对疲劳损伤的结构检查任务的要求和方法。

3.2.2　腐蚀防护思想

飞机的结构损伤主要有三种类型，分别是意外损伤、疲劳损伤和腐蚀。意外损伤难以预防，只能通过定期的维护检查去发现并修复；疲劳损伤需要基于损伤容限设计理念和足够的补充结构疲劳检查控制；而飞机的结构腐蚀与飞机的设计特性有关，受飞机运行环境和维护状况的影响。而 MSG-3 分析决断逻辑对飞机结构腐蚀防护的分析要求是由 1988 年阿罗哈航空的 B737-200 飞机事故触发的。该飞机飞行途中机身上部一部分蒙皮完全撕裂并脱离机体，导致客舱爆炸性释压。事故调查显示，飞机蒙皮铆钉区域的大面积腐蚀，使蒙皮结构出现大范围的轻微疲劳损伤，广布疲劳损伤是导致此事故的主要原因。但是对飞机结构腐蚀故障的预防与控制也成为飞机结构安全管理的重点。一方面，民航局在法规中明确要求航空公司制定自己的腐蚀预防与控制大纲，通过开展结构腐蚀的定期检查、腐蚀评级、腐蚀损伤的记录与报告、腐蚀的预防与改善等工作，使飞机的主要结构（PS）和疲劳关键结构（FCS）的腐蚀控制在 1 级及更好；另一方面，1994 年 MSG-3分析决断逻辑的结构项目分析逻辑中也加入了腐蚀预防与控制（CPCP）的相关要求，使飞机维修大纲满足 CPCP 控制要求。

3.2.3　增强型区域分析逻辑

2001 版的 MSG-3 决断分析逻辑中修改了区域分析逻辑，提出了增强型区域分析（EZAP）的概念。相对于标准区域分析逻辑，增强型区域分析逻辑主要增加了为电气线路互联系统（EWIS）制定维护和检查说明、指南的分析逻辑和判定程序。EWIS 概念则是来源于对 1996 年环球航空 800 航班空难和 1998 年瑞士航空 111 航班事故的调查。调查显示，线路老化、腐蚀以及线路不正确安装和修理普遍存在于电气线路互联系统中。而导线也容易受到金属屑、灰尘和液体污染，这些污染物会对 EWIS 造成损伤并为电气火灾提供助燃。为了提高飞机燃油箱系统安全，减少飞机燃油箱系统点火源和助燃材料，是改善飞机 EWIS 工作环境、提高 EWIS 可靠性的一项重要措施。通过增强型区域分析，可为飞机 EWIS 增加必要的维修任务，以保证 EWIS 的持续适航。

3.2.4　闪电/高强度辐射场（L/HIRF）防护系统分析理念

新型号飞机设计几大特点包括信息化程度越来越高、电气化程度越来越高、复合材料的大量应用等。但是飞机弱电系统的增加使其对闪电、高能磁辐射的抵抗力降低，强电系统的增加让其电子系统的电磁干扰越来越严重，而机身结构的复合材料化也使飞机原有金属外壳天然附带的法拉第笼效应被破坏。为了确保飞机上的大量电子/电气/数字设备不会被闪电、高能磁辐射干扰，提高飞机系统的稳定性和安全性，2001 年改版的 MSG-3分析逻辑中增加了针对闪电/高强度辐射场防护系统的分析逻辑，通过制定必要的维修任务保证飞机闪电/高强度辐射场防护系统的完好性和可靠性。

3.3　MSG-3 分析决断逻辑

MSG-3 分析决断逻辑主要应用于维修大纲的编制，与航空公司飞机维修工程并没有直接的关系。但是航空公司工程技术人员只有了解 MSG-3 分析决断逻辑才能更好地理解维修大纲的内容和民航法规要求，更好地编制、执行和优化航空公司维修方案。

MSG-3 分析决断逻辑按照分析对象分成四种不同的分析程序，分别是系统/动力装置分析程序、结构分析程序、区域分析程序和 L/HIRF 分析程序。分析程序产生的维修任务也是四种，分别是系统任务、区域任务、结构任务以及适航限制维修任务。但维修任务类型与分析程序并非一一对应关系，系统任务和区域任务中可能包含有多种分析决断逻辑产生的维修要求。分析程序与维修任务之间的关系如图 3-2 所示。

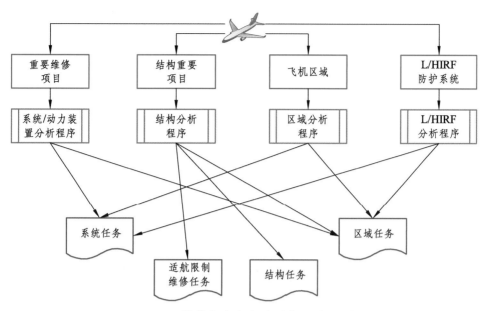

图 3-2　维修任务与任务分析程序关系

3.3.1　系统/动力装置分析逻辑

MSG-2 分析决断逻辑的核心是对飞机系统维修工作的分析程序，因而对比 MSG-2 与 MSG-3 的差异时，我们也习惯于优先用 MSG-3 的系统分析程序做对比。相对于维修大纲中结构维修工作的专业性、区域维修工作的宽泛性，系统维修任务针对对象更具体、对系统可靠性影响更直接，给机务维修人员的直观印象更深刻。系统/动力装置分析程序主要针对飞机的功能系统、发动机、辅助动力装置以及机载设备，评估它们可能的功能故障、故障原因以及对飞机的影响，并挑选合适的维修任务，以便以最低的维修成本达成飞机系统的安全与可靠性目标。

系统/动力装置的分析过程主要分为四个步骤，下面做简要介绍。

3.3.1.1　重要维修项目的选择

飞机的功能系统和机载设备非常多，MSG-2 采用全部覆盖、自下而上逐一分析的思想，因而产生了大量的维修任务，维修成本居高不下。MSG-3 采用了自上而下的策略，希望将分析对象控制在最高可管理层级，尽量减少分析对象的数量。

由于飞机功能系统繁多，专业跨度较大，分析决断过程的工作量也多，因而飞机制造厂家都是按照不同功能系统、专业的联系性将飞机分割成多个主要的功能模块，并由不同的工作组同时开展分析工作。常见的功能系统划分类别有机电类、航电类、动力装置类、环控类等。工作组对飞机系统继续按照 ATA 章、节、组件层级逐一细分并形成项目清单，同时开展故障影响分析，通过回答以下几个问题来决定其是否属于重要维修项目：

（1）在正常职责范围内，故障对空勤人员来说是否无法发现或不易察觉？

（2）故障是否影响安全？

（3）故障是否产生严重的操作性影响？

（4）故障是否导致明显的经济性影响？

当上述任意一个问题回答为"是"时，其对应的项目就需要进行后续的决断逻辑分析，这个项目对应的子系统或者系统也应被定义为重要维修项目（MSI）。如果四个问题的答案都是否，也就意味着一个项目无须继续分析，没有制定定期维护任务的必要性。

3.3.1.2 项目的分类

确定了 MSI 项目清单后，需要对 MSI 项目进行更具体的故障影响分析，确定 MSI 项目的故障后果类别（FEC）。故障后果类别共有 5 种，分别标记为 5、6、7、8、9，具体的判断逻辑见图 3-3。

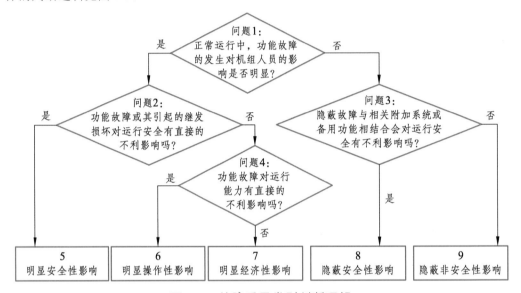

图 3-3　故障后果类别判断逻辑

由于在确定 MSI 项目时，每个 MSI 项目已经完成了对隐蔽性、安全性、操作性和经济性四个方面问题的回答，在确定故障后果类别时有关经济性影响的问题被省略了。

对上述问题的回答看似简单，但是在实际工程实践中，如何正确理解上述问题的含义，并对 MSI 功能故障的影响做出正确的判断并非易事。各个机型的维修大纲中经常出现对维修项目故障后果类别的修订，这说明工作组对故障后果类别的判断是经常出错的。常见的导致工程技术人员误判的地方包括：

1. 对故障明显/隐蔽性的误判

故障是明显的还是隐蔽的，这是针对机组人员（包括飞行员和乘务员等）来说的，且是在他们履行正常职责的情况下。但是在实际操作中，我们经常将地勤人员（尤其是机务维修人员）作为该问题的对象，或者将机组人员的特定行为假设成其正常职责，这样容易将一个隐蔽性故障判断为明显故障。

2. 对安全性/非安全性影响的误判

MSG-3 分析决断逻辑对安全性影响的判断强调的是"直接性""有害性"。直接性是指功能故障或者其导致的间接损伤在没有其他故障叠加状况下的影响。以飞机发动机为例，飞机燃油流量调节器故障会导致发动机关车，这是直接影响。但是由于飞机一般有两套及以上发动机，我们不能假设另一台发动机也因为另一个燃油流量调节器或其他部件故障导致同时关车，除非是一台发动机关车会关联性引起另一台发动机关车。但是对于隐蔽故障来说，功能系统的故障影响要考虑一定的叠加性：该系统功能的履行是否建立在另一个系统不工作/功能失效的前提下。举例来说，飞机冲压空气涡轮（RAT）作为飞机的应急动力系统，只有在飞机正常动力丧失的情况下工作。那么判断其功能丧失的影响时，需要叠加考虑飞机正常动力已经丧失的情况。而有害性是强调 MSI 功能后果的严重程度。MSG-3 分析决断逻辑中对安全性的判断是故障后果极其严重，可能是灾难性的或导致机毁人亡的。而这种判断标准与航空公司日常运行管理中认定的安全影响有一定的偏差。以发动机空中停车故障为例，这在中国民航业内被认定为事故征候，但是在 MSG-3 的分析决断逻辑中被认为无安全性影响。

3. 对操作性影响的误判

对操作性影响的判定只针对显性故障，因为当隐性故障有操作性影响时，就不能被认定为隐性故障了。对操作性影响判定的难点在于如何理解"操作性影响"。操作性影响从小的层面上来说，是指对机组人员的履行正常职责的影响；从大的层面上来说，是指对飞机飞行性能与签派放行的影响。当故障发生后，无论是因为机组人员工作负担加重，还是因为飞机性能下降、安全裕度降低，都有可能影响后续航班任务的正常执行。这些都可以被认定为有操作性影响。但是在实际操作中，对上述影响的判定往往建立在已有的 MMEL（主最低设备清单）、AFM（飞机飞行手册）的基础上。但往往开展 MSG-3 决断逻辑分析时，上述手册尚未定稿，这就导致工程技术人员做操作性影响分析时需要进行一定程度的假设。

4. 对故障模式发生概率的误判

世事无绝对，我们对任何事物、标准的评判都是建立在"特定概率"基础上的，对飞机故障模式的分析也应如此。对飞机功能系统的故障模式分析时，并不需要将每个 MSI 项目的所有可能的故障模式都进行分析，而应考虑每一种故障模式在机队生命周期内的发生概率是否具有现实意义。无论是飞机、系统，还是部件，都有其设计可靠性，盲目追求过高的可靠性水平将导致成本的大幅度提高。以飞机遭受的外来损伤为例，MSG-3 分析决断逻辑在做结构损伤可能性分析时，需要考虑鸟击、雷击、冰雹等可能性，但是却不需要考虑飞机被导弹、流星等击中的可能。虽然导弹击中飞机的可能性是实际存在的，但是由于其发生概率太低，预防该损伤的成本又太高，无论是飞机制造厂家、民航局，还是航空公司，都不会将其作为分析对象。工程师对不同功能系统的故障模式种类和其发生概率的分析预测会随着机队运行数据的积累和运营环境的变化而变化。

3.3.1.3　任务的确定

完成对 MSI 的故障后果类别分类后，对于不同的故障后果类别，需要基于不同的分析逻辑制定合适的维修项目。MSG-3 是面向维修任务的分析逻辑，它将对飞机的维修任务按照维修深度分成以下几种类型：

1. 润滑/勤务

通过润滑或勤务的方式补充消耗性材料，以保持系统/部件的固有设计性能。常见的润滑任务通常是通过注油嘴对机械设备的活动连接机构添加润滑脂或润滑油；常见的勤务工作有充气、充氧、补充液压油/滑油/冷却液/清洁剂等。清洁工作不涉及消耗性材料的补充，不属于勤务任务类型。

2. 目视/操作检查

目视检查是一种通过观察来确定检查对象是否能够进行其设计功能的故障探查方法，而操作检查是一种通过操作检查对象来确认其是否能够完成设计功能的故障探查方法。两种检查方式的共性是都不需要对检查对象进行定量检测，差异在于操作检查侧重于对产生期望结果的能力的确认，而目视检查侧重于对检查对象外观状况的确认。

3. 检验/功能检查

功能检查是一种通过定量检测确认检查对象的一种或多种功能是否在规定标准内的潜在故障探查方法。检验（Inspection）并非一种具体的检查方法，而是根据检查手段的差异分为一般目视检查（GVI）、详细检查（DET）和特别详细检查（SDI）。一般目视检查主要为检测明显损伤、故障和不正常的迹象而进行的对内部/外部、安装/组件的目视检查。在检查区域，为了提高目视检查的可达性，可以借助反光镜。这种检查应该在正常光照条件下（如日光、机库内灯光、手电筒或者落地灯等）进行。为了更好地接近检查区域，有时还需要拆开或打开检查口盖和门等，架设台架、梯子或者工作平台。而详细检查是为了检测损伤、故障或不正常的迹象，对一个特定的项目、安装和组件进行仔细地检查。这种检查还包括必要的触感检查，以确认部件、组件、安装的牢固性和安全性。检查时需要有良好的照明条件以及反光镜、放大镜等辅助工具，必要时还需要进行表面清洁、退漆处理和巧妙的接近手段。特别详细检查是一种为了检测损伤、故障或不正常的迹象而对一个特定的项目、安装和组件进行的更详细检查。这种检查可能需要专门的无损检测技术（NDI）和设备，有时还需执行复杂的清洁、接近或者分解工作。

目视检查、一般目视检查、详细检查和特别详细检查都是针对静态对象的故障探查方法，检查深度从前往后逐步增加，能够发现问题的范围也逐步加大。四种目视检查方法的差异见表 3-3。

表 3-3　四种目视检查方法的差异

检查方法	目视检查（VCK）	一般目视检查（GVI）	详细检查（DET）	特别详细检查（SDI）
方法	目视	目视	目视、触感	目视、NDI
光源	无要求	正常光照条件	良好光照	良好光照
工具	无要求	反光镜	反光镜、放大镜	NDI 设备
距离	无要求	接近	可触及	依赖于 NDI 方法

对于上述几种维修任务的应用，以飞机起落架收上功能为例说明它们的差异。操作检查时，起落架完成收上则测试通过；功能检查时，起落架必须在手册规定的时间期限内完成收上才算测试通过；而目视检查和检验是对静态对象的状态检查，不适用于对此项功能的故障探查。

4. 恢复

恢复是指通过必要的维修工作，诸如清洁、换件、翻修等，使维修对象达到规定的性能标准。恢复并非一个特定的维修工作，在实际维修工程管理中，机务人员习惯性将其视为翻修，这是不合理的。翻修是实施恢复任务的一种方法，但并非唯一方法。最合理的实施方法应基于维修对象应达到的"特定标准"确定。以飞机的马桶冲水活门为例，工程调查发现其可靠性达不到预期的主要原因是内部脏，脏又会加剧活门内部轴承的磨损和卡阻。航空公司可能在维修方案中增加一个针对该冲水活门的恢复任务，要求定期送车间清洁。车间对活门执行恢复任务的目标是清洁并满足部件出厂测试要求（最低要求）；但如果航空公司希望对活门定期翻修，那么修理车间执行恢复任务的目标是对活门深度分解、检查和修理，使其达到最佳的性能状态。航空公司工程技术人员编制维修方案时，常常出现使用"恢复"任务类型时不说明具体维修方式或目标的现象，这将导致维修任务的执行缺少标准。

5. 报废

报废是一个相对明确的维修工作，就是部附件在规定的寿命期限内退役，停止使用。报废总体来说是一个最不经济的任务类型，无论飞机制造厂家编制维修大纲，还是航空公司编制客户化维修方案，都会谨慎使用。

总体来说，上述各种维修任务从前往后的执行成本是逐步增加的。每个 MSI 项目都会有一定的故障后果影响，为了降低这些影响，航空公司希望以最低成本的预防性维修工作来提高系统的可靠性或提前发现故障并维修。为了达成这个目的，MSG-3 为每一种故障后果类别的 MSI 设计了一个维修任务挑选逻辑，见图 3-4。

润滑和勤务任务是最经济的预防性维修工作，但是其作用更多体现在保持系统/部件的设计能力上，并非一个故障探查方法。因而无论该任务是否有效，MSI 项目都需要继续寻找一个适用且有效的维修任务来探查故障或潜在缺陷。

对于 6、7、9 类不影响飞机运行安全的 MSI 项目，航空公司期望以最低的成本缓解故障后果影响，因而一旦找到适用且有效的故障探查任务，不会再继续评估成本更高的维修任务类型。如果找不到有效的维修任务类型，工作组会建议飞机制造厂家重新设计该 MSI 功能系统，从改进系统可靠性或提高系统可维修性角度解决问题。如果更改系统设计的成本太高，飞机制造厂家可以拒绝工作组的建议。由于故障探查任务本身并不能提高检查对象的固有可靠性，执行这些任务只是通过增加少量的计划维修成本来避免更大数量的非计划维修损失。如果这些 MSI 项目的固有可靠性太低，航空公司无论如何执行计划维修任务都会承担较高的维修成本时，就会向飞机制造厂家施加压力，要求通过更改产品/系统的设计来降低总维修成本。

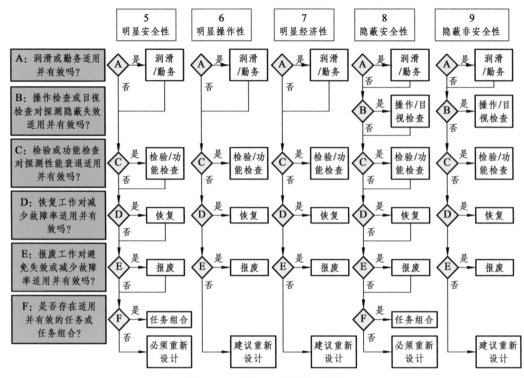

图 3-4　维修任务挑选逻辑

　　对于影响安全的 5、8 类 MSI 项目来说，必须采取尽可能多的措施降低故障对安全性的影响，因而 MSG-3 分析决断逻辑不仅需要评估每一种维修任务类型的适用性和有效性，还要考虑组合任务的效果。当找不到有效的维修任务时，飞机制造厂家必须重新设计该系统。这种分析逻辑使 5、8 类 MSI 项目可能同时产生多个维修任务，大部分情况下这些任务因为具有不同的维修间隔，可以有效地配合执行，实现对影响飞行安全的故障的多路径探查和预防。但是航空公司实施这些维修任务时会遇到一些特殊情况，如一项维修任务的执行可能导致另一项维修任务失去意义，或者维修大纲推荐的维修任务执行困难且存在更好的维修任务可以选择。这种情况常见于飞机客舱应急设备上，主要原因是客舱应急设备很多属于 BFE（买方提供的设备），构型繁多，设备更新换代频繁。工作组开展 MSG-3 分析时，不能考虑所有可能安装到飞机上 BFE 设备的功能、原理和故障模式，因而无法给出对每个航空公司都合适的维修任务。而对此类维修任务的优化也是航空公司开展维修可靠性管理的目的之一。

　　另外需要指出的是，目视检查和操作检查理论上并不适用于 5、6、7 类显性 MSI 项目，因为这些项目出现故障时是可以被机组人员发现的，无须通过机务人员的定期检查去发现。但是工程实践中，机务部门有责任保持飞机的完好性，尽量降低飞机故障对机组人员的影响，如果等待机组人员报告故障后再处理，不仅一线机务维修人员面临排故的时间压力，机务管理人员也会承受来自飞行与客舱部门的压力。因而在航空公司编制维修方案时，很多显性 MSI 项目仍有可能基于航空公司可靠性管理的结果增加目视检查或操作检查任务。

3.3.1.4　间隔的确定

当 MSI 项目的维修任务确定以后，维修工作组还应该确定每一项计划维修任务的时间间隔。如何确定一个最优的维修间隔，这是一个贯穿于飞机系统/设备整个生命周期的技术难题。飞机交付给航空公司以后，工业指导委员会（ISC）的一项非常重要的任务就是基于飞机实际运行情况调整维修任务的间隔，修订维修大纲。

在飞机/设备投入运行之前，维修工作组也必须给这些维修任务制定一个尽量合适的初始推荐间隔，而此时能够参考的技术资料主要包括以下内容：

（1）飞机/部件制造厂家的实验数据和技术分析报告；

（2）飞机/部件制造厂家的推荐技术资料；

（3）类似机型/系统/部件的使用经验数据；

（4）航空公司维修经验和建议；

（5）维修工作组工程评估计算结果。

维修项目的间隔太长将起不到减少重大故障发生概率、降低功能失效影响的目的；间隔太短不仅会增加维修成本，也会因维修任务执行次数的增加导致人为差错风险的升高，进而对系统可靠性和安全性产生不良影响。因而维修工作组在编制维修大纲时，需要制定一个被 MRB（维修审查委员会）、ISC 等机构普遍认可的维修间隔工程评估计算方法，并据此科学地确定维修间隔。

维修间隔的确定主要包括恰当的时间参数和合适的间隔数值。时间参数包括飞机/发动机/APU（辅助动力系统）的小时、循环、日历时间和字母检等。随着飞机利用率的升高和民航飞机维修精细化管理的发展，维修大纲中普遍不再采用字母检（如 A 检、C 检、D 检等）定义维修任务间隔，小时、循环和日历成为最常用的间隔参数类型。这种间隔定义方式赋予了航空公司更大的自由度，以制定与航空公司运行特征相符的定检组包计划。时间参数类型的选择还与维修任务所针对的故障模式密切相关。当维修项目的性能下降与其工作时间相关性高时，一般采用小时作为间隔参数，如气滤的清洁任务；当性能下降对其工作次数/循环数更敏感时，一般采用循环作为时间参数，比如发动机启动机翻修任务；而当维修任务的性能下降与飞机/部件是否运行没有关系时，一般采用日历时间（如年、月、天等）作为间隔参数，如飞机应急电池的报废任务。当维修项目的性能与各个参数都有关系时，应同时使用多种参数进行间隔定义，并按照先到为准的原则控制。

对于维修项目间隔数值的确定，一般是基于间隔优化评估模型的计算结果和工程评估综合确定。当飞机没有实际运行数据参考时，评估计算主要基于厂家设计寿命、实验数据和类似机型/系统经验计算，并选取一个相对保守的结果。当飞机交付使用后，工业指导委员会将利用世界机队运行数据基于国际维修评审委员会政策委员会（IMRBPB）的 IP44 决议案给出的维修任务间隔优化原则进行间隔评估和调整。

3.3.2　结构分析逻辑

飞机结构具有损伤机理复杂、维修困难、对飞行安全影响大的特点。航空历史上很多重大空难都是飞机结构损伤导致的，因而民航法规中有很多飞机结构的初始适航和持

续适航要求。为了保证飞机在整个生命周期内的结构完整性和安全、可靠，MSG-3 提供了一个复杂的飞机结构分析评估程序来编制预定维修检查任务。

3.3.2.1 结构重要项目的挑选

飞机整体结构庞大而复杂，且不同结构部件的重要性和损伤曝露风险也差别较大。就像飞机系统/发动机维修任务制定时需要挑选 MSI 项目一样，结构维修任务的分析首先从结构项目的识别与分类开始。

飞机结构由所有承载部件组成，主要包括机翼、机身、尾翼、发动机吊架、起落架、飞行操纵面和相应的连接点。对于作动结构件，如起落架、飞行控制作动筒和舱门结构等，一般将其视为飞机功能系统并在系统/动力装置分析程序中分析，结构分析程序主要分析飞机的静态结构。

飞机结构按照其来源、重要性、故障后果影响以及损伤机理等有多种不同的分类，而维修工程管理中常见的结构类型有以下几种。

1. 基准结构（Baseline Structure，BS）

基准结构是指依据机型的初始型号合格证/型号认可证或型号合格证/型号认可证更改进行设计的飞机结构，与基准结构相对应的是改装结构。

2. 主要结构（Primary Structure，PS）

主要结构是指主要承受飞行、地面或增压载荷的结构，主要结构包含重要结构（PSE/SSI）和其他结构。

3. 结构重要项目（Structural Significant Item，SSI）

结构重要项目是指那些承受飞行、地面或增压载荷，并且其失效会导致灾难性后果的结构项目，是重要的主要结构。与结构重要项目对应的是其他结构项目。

4. 基准结构元件（Principal Structure Element，PSE）

基准结构元件是指任何对飞行、地面、增压或操纵载荷产生重要影响的结构元件，并且其故障后果是灾难性的。所有的 PSE 都被认为是 SSI，但 SSI 并非都是 PSE。

5. 疲劳关键结构（Fatigue Critical Structure，FCS）

疲劳关键结构是指航空器上易产生疲劳裂纹从而导致航空器重大故障的结构。疲劳关键结构还包括这样的结构，如果它被修理或改装，则容易产生疲劳开裂并导致灾难性破坏。这类结构可以是基准结构或改装结构的一部分。

开展飞机结构维修任务分析前，需要基于飞机区域、部位特点建立飞机结构项目清单，并根据结构失效的影响将飞机结构项目分成 SSI 和其他结构项目。不同的结构项目类型具有不同的维修任务分析逻辑。

3.3.2.2 结构损伤的来源

飞机结构因材料、位置、负荷状态、工作环境的差异，其损伤形式繁多。但究其来

源，可将结构损伤分成以下三种：

1. 意外损伤（Accidental Damage，AD）

意外损伤的特点是发生随机，它可以降低结构的固有剩余强度水平。意外损伤可能是飞机制造、维修过程中的人为差错导致的，也可能是飞机运行中地面运输设备刮碰、外来物撞击、雨水/除冰液侵蚀等原因导致的。当飞机结构件的材料不同时，意外损伤的表现形式会差异很大。对于金属结构来说，意外损伤多是由外而内的，比如凹坑、划痕、撕裂等。但是对于非金属结构，尤其是复合材料结构，其意外损伤可能仅仅表现在内部损伤，如复合材料的分层。

2. 环境恶化（Environmental Deterioration，ED）

环境恶化是指由于不良天气或者工作环境恶化所引起的结构强度变化。对于金属结构来说，电化学腐蚀是典型的环境恶化引起的损伤，包括缝隙腐蚀、应力腐蚀等。腐蚀损伤对金属结构件工作环境的变化非常敏感。而非金属对环境的变化相对不敏感，非金属材质的老化、复合材料黏接剂的性能退化等都需要在特定环境（如高温、振动等）中有长期的时效影响。

3. 疲劳损伤（Fatigue Damage，FD）

疲劳损伤是指飞机结构件在交变载荷作用下产生初始裂纹并持续扩展造成的损伤。这种损伤是一个与交变载荷持续次数正相关的累积过程。

除了上述三种损伤外，结构分析中还特别关注金属结构的腐蚀损伤。腐蚀存在多种形式，因而与上述三种损伤来源都有一定的关系，但并不属于上述任意一种类型，它是基于损伤现象进行的分类。从腐蚀类型来说，飞机结构遭受的化学腐蚀具有随机性，多数属于意外损伤，比如飞机货舱腐蚀性液体（如水银、酸性/碱性溶液等）；而电化学腐蚀普遍与环境恶化有关。但电化学腐蚀也有一定的随机性，比如防腐层的偶然性破坏、海鲜液体的偶然性泼洒、结构部件加工中的应力集中等。对于金属结构来说，交变载荷和腐蚀性环境的联合作用往往会显著降低结构件的疲劳性能，造成腐蚀疲劳，使其达不到预期的损伤容限标准。因而腐蚀损伤也是金属结构维修任务分析过程中必须重点考虑的。

3.3.2.3　预定结构维修任务的确定

基于 MSG-3 分析决断逻辑制订飞机结构计划维修工作的根本目的是以一个比较经济的方式在飞机服役周期内保持其固有适航性。为此，MSG-3 针对不同的结构类型和损伤类型制定不同的维修任务分析逻辑，具体流程见图 3-5。

飞机所有的结构项目都需要分析，但是 SSI 项目需要重点分析，而其他结构只需要进行简单分析。对于其他结构项目，首先与现有飞机的类似项目进行比较。对于类似结构或被飞机制造厂家认为不是新材料或新设计理念的项目，由结构工作组基于维修经验直接给出维修建议。而对于基于新设计/新材料的维修项目，由制造厂家给出维修建议。

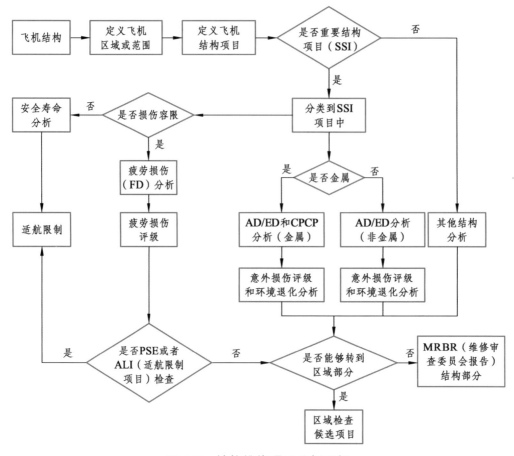

图 3-5　结构维修项目分析逻辑

疲劳损伤是所有飞机结构必须面对的损伤。对于 SSI 项目来说，首先要判断其设计是否符合损伤容限标准。对于不满足损伤容限要求的部件来说，必须按照"安全寿命"理念进行安全寿命分析，并将分析结果纳入飞机适航限制维修项目中。结构部件的安全寿命受制造厂家疲劳试验进度的影响，在初始维修大纲编制期间一般数值较小，但后续会根据疲劳实验数据的积累而增加。目前各主流民航机型中，最主要的安全寿命结构件就是飞机的起落架。但并不是起落架上的所有部件都需要设置安全寿命，飞机制造厂家会为各个机型的不同构型起落架制定各自的起落架寿命件清单。

对于符合损伤容限设计要求的 SSI 项目，需要进行疲劳损伤分析和评级。首先要考虑 SSI 项目的疲劳损伤在飞机日常运行和维护过程中是否容易被发现，如果可以轻易发现，那么它们符合"破损安全"理念，无须额外制定疲劳相关维修检查工作。但如果这个裂纹不易被发现，预定结构维修任务需要提供足够的裂纹发现机会。为了降低维修成本，目视检查是探查结构裂纹的首选，但是当目视检查不适用或效果不好时，工作组要考虑适当增加无损探伤工作。但是特定情况下，无损探伤也可能因结构设计不合理而无法执行，此时结构工作组会通知制造厂家更改结构设计，或者考虑将此 SSI 项目按照"安

全寿命"理念进行分析，在裂纹出现之前进行更换。确定了 SSI 项目使用的裂纹检查方式以后，工作组还要评估裂纹出现的时间、裂纹扩展的速率、裂纹对结构部件强度的影响、不同裂纹检查方法能够探查的裂纹范围等，并基于一定的安全裕度针对不同裂纹探查方法设定检查间隔，包括初始间隔和重复间隔等。

对于 SSI 项目，除了对疲劳损伤的分析外，还要同时进行意外损伤（AD）和环境恶化损伤（ED）的分析。这些分析要综合考虑 SSI 项目的位置、损伤源的暴露频次、损伤位置、损伤对结构功能的影响、损伤对环境的敏感度等多种因素。金属结构与非金属结构的具体分析逻辑也有一定的差异，因为两种材料的性能与故障模式有较大的差异。

对于金属结构来说，还需要进行腐蚀预防与控制方案（CPCP）的分析。由于 CPCP 与 ED 有一定的相似性，CPCP 的分析结果需要与 ED 分析结果进行比较，将相似的维修要求进行合并处理。

3.3.2.4　结构维修任务的整合

MSG-3 的结构分析过程中会产生多种不同的结构维修任务类型，有些是结构件的安全寿命限制，有些是针对 SSI 的补充结构疲劳检查要求，还有针对 SSI 项目其他损伤和其他结构项目的一般目视检查、详细检查和特别详细检查要求。对于部分一般目视检查要求，当它们刚好与来自系统、区域的维修任务的检查位置和间隔接近时，将被整合在区域检查任务中。因而结构维修任务会被整合成三类维修要求，分别是结构适航限制维修要求、维修大纲结构检查任务和维修大纲区域检查任务。

3.3.3　L/HIRF 防护系统分析逻辑

在强对流天气下，飞机无论是飞行中还是停放在地面上，被雷击的现象经常发生。而雷击时会在雷击点产生大量热聚集，并伴随大电流冲击和电磁冲击，这样不仅会造成飞机结构损伤，也可能影响飞机的通信、导航等弱电系统的正常工作。为了保证飞机系统和结构的安全可靠，飞机设计有一套闪电/高强度辐射场防护系统，包括部件级防护和飞机级防护，见图 3-6。部件级防护主要针对有 L/HIRF 防护需求的 LRU 件（航线可更换部件），防护措施有过滤插针接口、过滤电容、瞬时保护设备等；而飞机级防护分布于飞机各个位置，由飞机金属结构、大量的电缆、接地线、接线桩、连接器、射频线圈等共同构成。以 B787 飞机为例，由于机身结构采用了大量的非金属材料，飞机专门设计了电流回路网络（CRN）用作地线以及 L/HIRF 防护，同时机身复合材料中增加一层金属网用于导电，参见图 3-7。

制定 L/HIRF 维修工作的主要目的是降低单一故障（如雷击）或同时发生的普通故障（如 ED 或 AD）对飞机适航性的影响。对于部件级 L/HIRF 防护，其维修要求一般由部件制造厂家制定，并体现在部件 CMM（附件维修手册）中。而飞机级 L/HIRF 防护系统的维修要求由维修工作组按照 MSG-3 分析决断逻辑制定。

图 3-6　闪电/高强度辐射场防护系统示意图

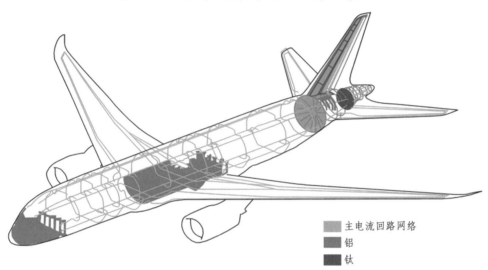

主电流回路网络

铝

钛

图 3-7　B787 飞机电流回路网络示意图

3.3.3.1　L/HIFR 防护系统的识别

首先需要识别所有飞机 L/HIRF 防护系统的位置及其对应的附件，建立一个 LHSI（L/HIRF 敏感项目）清单。由于飞机级 L/HIRF 防护系统是一个整体系统，而且缺少核心功能部件，由飞机结构和一些导线、接线桩、接线片、搭接线、搭接带等共同构成，对 L/HIRF 防护系统的识别依据就是它们所在的区域位置。

3.3.3.2　任务的确定

对 LHSI 进行维修任务分析的前提是对它们可能出现的损伤有清晰的认识。对每一个 EHSI 要评估其遭受 AD、ED 损伤的可能性，以及损伤带来的后果。对于 L/HIRF 防护系统来说，ED 损伤评估时要考虑大气污染、腐蚀液体、冷凝水、高温环境、振动的影响，而 AD 损伤评估时也要考虑使用和维修过程中随机发生的损伤，比如工作中可能踩到接头区域，意外碰撞扯断搭接线等。而这些损伤发生的概率以及损伤发生时对 L/HIRF 防护系统的危害是否严重则决定了相应维修任务的间隔。

　　制定 L/HIRF 防护系统维修任务时，工程师首先应考虑借鉴已有的维修检查任务以及类似系统的工程经验。如果有数据或经验支持，对此类系统无须维护，则 L/HIRF 维修任务分析可以停止；否则需要评估 LHSI 的性能退化模式，并制定有针对性的维护措施。如果分析认为性能退化风险可以接受，无须制定维修措施，分析也可以终止。

　　对于 L/HIRF 防护系统，由于其部件主要分布于各个区域中，且普遍结构简单、位置可见，优先考虑将其维护任务整合到区域检查任务中，无须制定专门的 L/HIRF 防护系统维修任务。如果区域检查任务无效，则应考虑在不分解 L/HIRF 防护系统的情况下是否有合适的维修任务可以选择。如果需要分解，但部附件分解后会严重降低防护系统的能力，则需要放弃制定维修任务或者更改设计。制定合适的维修任务及其间隔后，仍需要评估此工作是否可以被航空器的质量保证措施所满足。对于无法被已有的维修任务、管理措施所满足的维修要求，则应制定专门的 L/HIRF 防护系统维修任务，并放在维修大纲的系统部分。

　　L/HIRF 防护系统维修任务分析流程见图 3-8。

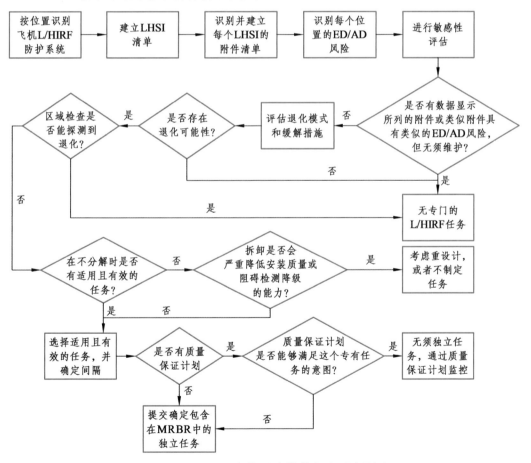

图 3-8　L/HIRF 防护系统维修任务分析流程

3.3.4　区域分析逻辑

区域分析程序需要对飞机的每个区域的总体状况和安全性进行评估分析，一般在系统分析、结构分析和 L/HIRF 防护系统分析后面开展，作为对其他三类分析逻辑的补充。它主要针对飞机的辅助项目，比如每个区域内的线路、管路、部件安装、其他结构和盖板等。区域分析程序包括标准区域分析（EAP）和增强区域分析（EZAP）。增强区域分析是针对 EWIS 系统的附加分析逻辑，目的是阻止点火源的产生和最大限度减少可燃材料的积聚。

3.3.4.1　区域划分

区域分析的对象是飞机区域。为了便于分析，飞机制造厂家通常是按照 ATA-2200 规范（或 ATA-100 规范）的定义将飞机内部和外部分成不同的区域，并对不同位置的面板/口盖进行编号。一般情况下，民航大飞机区域的基本划分情况如表 3-4 所示。

表 3-4　飞机主区域划分

主区域	区域描述
100	下机身
200	上机身
300	尾翼及机身尾部
400	动力装置及吊架
500	左大翼
600	右大翼
700	起落架及起落架舱门
800	客舱及货舱门

区域分析时，还需将表 3-4 中的主区域进一步细化，形成一系列子区域。为了便于使用和识别，区域编号一般遵循以下规则：

对于左右对称的飞机系统或结构，奇数代表机身中线左侧区域，偶数代表机身中线右侧区域。比如 410 代表左侧发动机，420 代表右侧发动机。

区域号的编写顺序：对于大翼和水平尾翼，按照从内侧到外侧、从前往后的原则编号；对于机身，按照从前往后，从中心向两边的原则；对于垂直尾翼，按照从翼根到翼尖的原则编号。

对于飞机的主要结构件，如各个舱门、飞行操纵舵面等，都会分配单独的区域号。

每个区域应有明确的边界。维修工作组需要详细分析每个区域的具体信息，并建立一个数据单。区域信息应包括区域位置和接近路径、尺寸与容积、所安装系统和部件的类型、线束的功率大小、L/HIRF 的防护特性、潜在的易燃材料等。这些易燃材料可能是飞机功能设计带来的（如燃油蒸汽），也可能是维修、使用过程中的污染物积聚（如飞絮、碎屑等）。这些信息对后续的维修任务分析有重要作用。

3.3.4.2　区域任务分析

维修工作组需要对每一个区域都进行区域分析，分析流程见图 3-9。对于只包含结构的区域，由于这些结构可能已经被结构分析逻辑分析过了，因而区域维修工作组需要基于结构维修工作组的分析结果判断是否有必要继续开展区域分析。如果没有必要，此区域将不制定区域检查任务；否则需要对此区域开展标准区域分析。

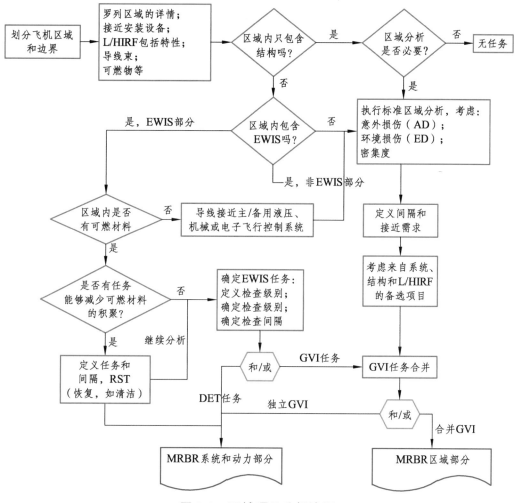

图 3-9　区域项目分析流程

对于除了结构之外，还有其他设备或系统的区域，首先需要判断此区域内是否包含电气线路互联系统（EWIS）。在中国民用航空规章中，EWIS 是指任何导线、线路装置或其组合，包括端点装置，安装于飞机的任何部位，用于两个或多个端点之间传输电能（包括数据和信号）。因而 EWIS 可能包括以下部附件和装置：

（1）导线和电缆。

（2）汇流条。

（3）电气装置的端点，包括继电器、断路器、开关、接触器、接线块、跳开关和其他电路保护装置的端点。

（4）插头，包括贯穿插头。

（5）插头附件。

（6）电气接地和搭铁装置及其相应的连接。

（7）接线片。

（8）给导线提供附加保护的材料，包括导线绝缘、导线套管、用于搭铁具有电气端点的导管。

（9）屏蔽线和编织线。

（10）卡箍或其他用于布线和固定导线束的装置。

（11）电缆束缚装置。

（12）标牌或其他识别措施。

（13）压力封严。

（14）在支架、面板、设备架、连接盒、分配面板和设备架的背板内部的 EWIS 组件，包括但不限于电路板的背板、线路集成单元和设备外部线路。

这个 EWIS 定义相对零散、复杂。总体来说，EWIS 指飞机型号设计中明确有电能传输的一切线路或设备及其相关附件。不在飞机型号设计范围内的便携式电气设备（如客舱内的个人平板计算机）和只传输光信号的光纤不被视为 EWIS。

飞机制造厂家对 EWIS 系统具有特定的设计要求，以满足民航规章的要求。但是 EWIS 部件范围广，涉及部附件众多，而且在飞机制造、使用和维修环节容易受到环境因素和意外损伤影响而性能退化或故障。因而对于 EWIS，需要考虑制定附加维修工作以保证其持续适航，这就是增强区域分析逻辑产生的原因。增强区域分析逻辑是对标准区域分析逻辑的补充，无论区域内包含的对象是否属于 EWIS，标准区域分析是必须要开展的。

增强区域分析的主要目的是通过编制独立的检查和恢复工作，将易燃材料造成的污染降低到最低程度。如果确认所分析的 EWIS 不属于易燃物且不会有易燃物积聚，则无须制定 EWIS 专门的维护任务，增强区域分析流程停止。反之，则应研究确定有效的任务/措施减少易燃物，并根据易燃物的积聚速度、风险等级、接近困难度等确定任务间隔。增强区域分析产生的维修任务类别较多，可能是一般目视检查、详细检查，也可能是恢复（清洁）。

标准区域分析的目的是通过制定区域检查任务，定期检查规定区域内系统、附件、结构的内外表面外露部分的总体状况和牢固性。该类任务的检查对象主要包括检查区域内的所有导线束、液压管、水/废水管路、气源管、附件、接头、支架以及可见结构，而检查内容是确认它们是否有劣化迹象，包括管路擦伤、支架松动、导线破损、钢索及滑轮磨损、油液渗漏、排放不畅以及结构的裂纹、缺口、脱漆、腐蚀等现象。由于标准区域分析产生的维修任务默认为一般目视检查，其分析工作的重点是确定检查范围和检查间隔。制定分级表是标准区域分析的主要方法。分级时主要考虑检查对象的意外损伤、环境恶化损伤发生的可能性、后果严重性，区域内设备的密集度，以及完成检查工作所需的接近通路等。通过收集工作组成员对所分析区域各个评价维度的评分，确定该区域开展一般目视检查的间隔分组，产生初始维修大纲推荐间隔。

3.3.4.3　区域检查任务的整合

　　标准区域分析过程中，需要对来自其他分析逻辑的一般目视检查任务进行整合。无论是系统/动力装置分析、结构分析、L/HIRF 防护系统分析，还是增强区域分析，都会产生不少一般目视检查任务。从航空公司的角度来说，这些不同来源的一般目视检查任务分别执行，必将导致飞机停场时间的增加和任务执行的重复，而任务整合必将提高经济性。

　　区域检查任务的整合逻辑以标准区域分析产生的一般目视检查任务为主，如图 3-10 所示。只有其他分析决断逻辑产生的 GVI 任务与标准区域分析产生的 GVI 任务具有相同的接近路径且标准区域分析产生的任务执行更频繁时，这些 GVI 任务才会整合到区域检查任务中。否则，来自结构分析的 GVI 任务应保留在结构检查部分，来自系统/动力装置分析的 GVI 任务保留在系统/动力装置检查的 MSI 对应章节，而来自 L/HIRF 防护系统分析和增强区域分析的所有项目都归类到系统/动力装置检查的特定章节中。飞机制造厂家一般选择 ATA20 作为特定章节，并在任务来源或任务描述中标记任务的产生逻辑，如 EZAP、EWIS 或 L/HIRF 等。

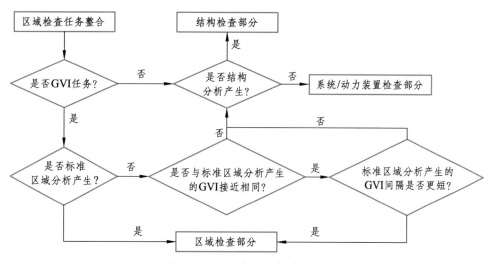

图 3-10　区域任务整合逻辑

第 4 章

维修方案的编制与优化

虽然 MSG-3 分析逻辑已经成为飞机维修大纲编制的基本指导思想，但其离航空公司的实际要求仍然比较远。航空公司基于其监管局方批准的客户化维修方案开展飞机维修工作，维修方案的编制和优化工作是航空公司维修工程管理的重要组成部分。MSG-3 分析逻辑如何应用到维修方案中并指导飞机维修呢？

4.1　飞机维修大纲的产生

航空器维修大纲又称为航空器计划维修要求（SMR），是指航空器制造厂家对新型号或衍生型号航空器建议并由航空器评审组（AEG）或维修审查委员会（MRB）批准、认可的计划维修任务。计划维修任务可以包含在航空器维修手册中，也可以编制单独的文件。目前，大部分国家民航当局以维修审查委员会报告（MRBR）的方式予以批准或公布。维修大纲的编制需要民航局、飞机制造厂家、动力装置/部附件供应商以及航空公司共同参与。

4.1.1　相关组织的建立与职责

维修大纲作为飞机的持续适航文件，其编制、修订和审批伴随着该型号飞机的整个生命周期，因而需要组建专门的组织机构保证各个环节工作的顺利开展。这些机构包括航空器评审组（AEG）、维修审查委员会（MRB）、工业指导委员会以及维修工作组（WG）等。这些组织机构由来自不同领域、专业的人员构成，履行不同的职责，共同保证维修大纲的合规性和持续有效。

一般来说，飞机制造厂家对新型号航空器立项后就会寻找首批用户以及意向用户，同时向其监管局方申请启动航空器的型号审定工作，维修大纲的编制工作也随之启动。飞机制造厂家会邀请发动机、螺旋桨供应商，机载设备供应商以及客户航空公司代表组建工业指导委员会（ISC）。其主要任务就是组织维修大纲草案的编写和修订，并协调维修审查委员会（MRB），争取通过 MRB 的审查和批准。ISC 一般由飞机制造厂家和航空公司共同推荐的主席领导。为加强航空公司在维修大纲编制过程中的话语权，主席一般由航空公司代表担任，飞机制造厂家代表担任副主席/联合主席。

ISC 作为维修大纲编制和修订工作的领导机构，并不参与具体的技术分析和报告起草工作，而是编制、批准政策和程序手册（PPH），组建工作组（WG），指导和监督各个工作组按照 PPH 要求编制和修订维修大纲草案。工作组一般按照专业以及 MSG-3 分析逻辑类别划分，如区域组、结构组、动力装置组、系统-机电组、系统-航电组等。这些工作组的成员由 ISC 选定的制造人和航空公司代表组成，其任务是按照 PPH 程序，以 MSG-3 分析逻辑确定所负责部分的维修任务和维修间隔。

飞机制造厂家监管局方也会同时组建 MRB，其成员均是来自不同部门的有资格的局方人员。MRB 的主要任务是监督维修大纲的编制与修订过程，审查和批准 ISC 提交的维修大纲草案（MRBRP）。MRB 的主席一般是由航空器评审组（AEG）指派，代表 AEG 实施对维修大纲的评估审定工作。为了保证维修大纲的编制和修订符合局方的监管要求，

MRB 主席会选派 MRB 成员参与到 ISC 和各 WG 的工作中，监督其工作开展情况，并适时提出局方建议。

4.1.2　PPH 与 MRBR 的编制与审批

政策和程序手册（PPH）是 ISC 组建后首先需要编制的管理文件，用以明确各方职责、计划安排、MSG-3 分析逻辑以及工作表格要求等。ISC、WG、MRB 成员都应依据 PPH 开展维修大纲的编制和审批工作。由于各个组织的成员是来自不同公司、机构的代表，人员流动性较大，成员对政策、程序的了解程度不一，MSG-3 分析逻辑也在不断改版中，明确的程序、政策和标准是避免工作组织混乱的唯一选择。

WG 成员在开展维修任务分析工作前除了接受必要的 PPH 内容培训，还需要接受新机型相关专业知识的培训，这些培训一般是由飞机、发动机及机载设备供应商提供。在熟悉工作程序和专业知识后，WG 小组成员需要按照预定流程和逻辑对飞机系统进行逐项分析，划分飞机区域，挑选重要维修项目（MSI）和结构重要项目（SSI），确定维修任务，设置维修间隔，并最终形成维修大纲草案。在开展项目分析的工程中，WG 成员需要借鉴行业经验、详细机型或系统的经验以及供应商建议等，并对不合理的设计提出设计更改建议。

WG 编制和修订的维修大纲草案首先需要得到 ISC 的审议通过，然后才能由 ISC 向 MRB 申请批准。MRB 对维修大纲草案批准后，即形成 MRB 报告（简称 MRBR）。但是考虑到飞机需要在不同国家运行，该 MRBR 同样需要提交航空公司监管局方开展其他局方的 AEG 评审。其他局方对维修大纲的评审修改意见也会反馈回 ISC，最终体现在 MRBR 中。

4.2　航空公司维修方案的编制

4.2.1　维修方案的基本概念

维修方案（MP）的概念有广义和狭义之分。狭义的维修方案是民航维修人员俗称的航空公司维修方案，它是一套航空公司技术文件，用于描述、说明适用于航空公司运行的特定飞机，并确保其安全运行的维修任务及其实施周期和相关的程序等。通俗点说，狭义的维修方案是航空公司飞机维修活动的依据和标准，规定了航空公司运营的飞机应在什么时候执行什么样的定期维修工作。但是在美国联邦航空局（FAA）、中国民用航空管理局（CAAC）等局方的一些法规或 AD 中有时提到的维修方案并非前文所描述的维修方案，而是有更广泛的含义，本书称之为广义维修方案。比如 FAA 在 AC-120-16 中描述了持续适航维修方案（CAMP）的概念，CAMP 应包含 10 个方面的要素：

　① 适航性责任；
　② 航空营运人的维修手册；
　③ 航空营运人的维修机构；
　④ 维修和改装的实施及批准；

⑤ 计划维修大纲；

⑥ 必检项目；

⑦ 维修记录管理和保存系统；

⑧ 外委维修；

⑨ 人员培训；

⑩ 持续分析和监控系统。

可以看出，这里的 CAMP 与狭义的航空公司维修方案差别很大，航空公司维修方案仅仅属于 CAMP 的"计划维修大纲"部分。CAMP 本质上是指航空公司维修工程管理体系，其内容与航空公司维修工程管理手册（MEMM）非常相似。

除非另有说明，本书中所提及的维修方案默认为狭义的航空公司维修方案。

4.2.2 维修方案的编制依据

维修方案作为航空公司开展飞机维修的法定技术性文件，既要保证飞机的运行安全性和可靠性，又要兼顾飞机的经济性，加强对运行成本的控制。因而编制客户化维修方案的过程中，航空公司需要参考制造厂家相关初始及持续适航文件、制造厂家其他维护建议、局方法规要求以及航空公司维修和管理经验等，参见图 4-1。维修大纲是维修方案编制的主要依据，但并不能完全满足各方对飞机维修的安全、成本和管理需要。

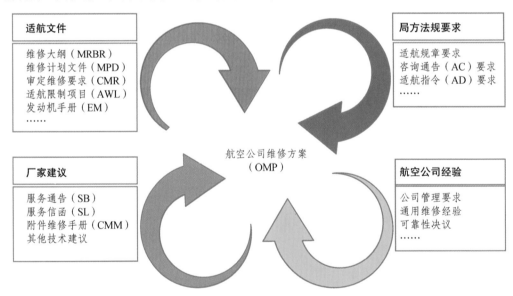

图 4-1　编制维修方案的参考依据

从飞行安全的角度来说，使用 MSG-3 决断逻辑编制维修大纲有其局限性，比如不考虑故障模式的叠加，无法反映最新的飞机维修理论研究成果等。这时需要通过设置不同的故障分析逻辑或要求，制定强制性的维修要求来弥补维修大纲的安全风险漏洞，这些维修要求一般体现在审定维修要求（CMR）和适航限制项目中。

审定维修要求（CMR）是在航空器适航审定期间建立的强制性计划维修要求，作为

型号合格审定运行限制要求。CMR 是基于一个与 MSG 分析方法完全不同的分析过程发展的维修任务，用于探测和发现潜在的、存在显著安全隐患的危险或致命的失效状况，并不提供任何预防性维护措施。CMR 制定逻辑与 MSG-3 的最大区别是要考虑多重故障的叠加影响。虽然 CMR 项目与 MRBR 项目的产生逻辑不同，但是对航空公司来说其维修过程可能是类似的。因而，为了避免重复性工作，不同的维修任务编制机构也会加强沟通，尽可能地将相同的维修任务整合在一起，降低航空公司的维修成本。但由于 CMR 项目和 MRBR 项目具有不同的管理要求，航空公司需要清晰了解这些维修要求的来源类别以及各自的间隔时限，以避免在维修方案中错误地降低维护检查标准。

适航限制项目是一类维修要求的统称，它是持续适航文件（ICA）中规定的强制性维修任务，包括所有强制的更换时限、检查间隔和检查程序。适航限制项目包含内容比较广，可能包括安全寿命部件、失效安全部件的报废任务、重要结构部件的疲劳检查任务、燃油箱系统安全项目、飞机系统重要部件的寿命限制等。不同的维修内容在不同的飞机制造厂家还有不同的类别名称，如适航限制文件（AWL）、适航限制项目（ALI）、燃油适航限制项目（FAL）、特殊符合性项目（SCI）、关键设计构型控制限制（CDCCL）等。

适航限制项目与 MRB 项目之间关系比较复杂，多是因产品实际可靠性达不到设计目标，或者实验数据不足、缺少冗余设计等原因，基于安全考虑，对一些维修要求提高安全级别，或者按照更保守的间隔、要求进行维护而增加的一些限制，成为适航限制。这部分内容多是随着飞机运行数据的积累、部件的升级、验证工作的完成、新的不安全情况的发现和对飞机失效机理的新发现等原因持续修订。

从成本角度和维修管理角度来说，维修大纲的编制主要考虑世界机队的基本状况。而不同航空公司的飞机上有不少买方提供设备（BFE），不同航空公司的管理方法和能力相差也较大，维修大纲的维修项目覆盖范围和推荐方法对特定航空公司并不一定合适。因而航空公司需要借鉴制造厂家的维修建议和自己的维修、管理经验弥补维修大纲的不足，编制航空公司客户化的维修方案。

除此之外，航空公司所在国的民航局基于社会公众安全及民航监管需要，也会在民航法规和适航指令中针对特定的航空器运行类型提出某些维修要求，这部分内容也应该加入航空公司维修方案中。民航规章中典型的维修要求有针对应急定位发射机（ELT）的定期检查和测试要求，针对飞机整机的定期称重要求，针对飞机饮用水系统的定期消毒要求，以及针对高高原、RVSM（缩小垂直间隔运行）等特殊运行的特殊维护要求等。

4.2.3　维修方案的编制原则

维修方案作为局方监管航空公司开展飞机维修工作的主要技术文件，在编制过程中应考虑以下几方面的问题：

1. 内容的全面性

无论是制造厂家、局方还是航空公司提出的各种重复性的计划维修要求，在航空公司内部要么通过重复性的工程指令（EO）完成，要么加入航空公司维修方案。中国民航局在咨询通告 AC-121-53 中给出了航空公司编制维修方案的指导意见，对维修方案应包含的内容也有要求。因而维修方案编制时，应综合考虑各类维修要求，强制维修要求不能遗漏，持续适航文件中的推荐维修要求也应全部评估。重要维修项目的缺失属于维修方案管理类的维修差错。

2. 执行的方便性

预防性维修的根本目的是以较低的维修成本保证飞机安全运行。维修任务执行的便利性对维修成本和飞机的正常运行影响很大。维修任务的执行对人、机、料、法、环等都有一定的要求。当相关维修资源保障困难时，必然会影响维修工作的完成质量和效率，进而影响飞机的安全和运行。

以飞机的结构疲劳裂纹检查为例，维修方案可以选择短间隔的目视检查，也可以选择长间隔的NDT（无损检测）检查。航空公司应以任务执行便利性作为工程决策的依据。目视检查执行频繁，对人员资质、工具、场地要求不高，但如发现有裂纹，预留的故障处理时间短；NDT检查可以提前发现早期裂纹故障，给航空公司预留的故障处理时间长，但是对人员资质、检测设备、场地等要求更高。如果执行相关检查的接近比较简单，航空公司通常优先选择目视检查；反之，NDT检查是一个更好的选择。

任务执行的便利性与飞机系统/部件的可维修性、航空公司管理手段、维修能力等都密切相关，各个公司面临的情况不一，是一个动态考量因素。以飞机救生衣恢复任务为例，维修大纲中要求定期恢复救生衣，不同厂家、规格的救生衣的恢复间隔是有差异的，而这些救生衣没有序号，且安装位置可能经常变动。航空公司如果选择由附件监控人员按照救生衣序号进行控制，工作量较大，且失控风险高。但如果选择通过定期检查救生衣的剩余寿命的方式控制，会造成一定的时限浪费，且增加了一线机务人员的工作量。如果航空公司利用RFID（射频识别）技术管理救生衣，单次检查一架B737NG飞机的所有救生衣时限仅需几十秒时间，因而可以通过加密检查频次来规避前两种控制方法的缺点。航空公司在编制维修方案时，需要将需要满足的维修要求与自身维修管理实际情况相结合，基于便利性原则制定最合适的维修任务。

3. 维修的经济性

航空公司的根本目的是盈利，因而维修方案的编制必须考虑经济性，以合理的维修成本达到最佳的安全性和可靠性水平。对维修任务经济性的评估比较复杂，但实际工作中航空公司多采用简单的投入产出模型估算。所谓投入，是指维修成本投入，包括维修工时费用、航材/工具费用、附件修理费用、停场损失、维修管理成本等。而产出一般是指因执行该预防性维修而避免的经济损失，包括因减少的航班延误/取消/返航等事件避免的损失，因减少了旅客投诉/负面舆论而避免的公司声誉/品牌价值损失，因减少非计划维修而产生的维修成本损失。

对于航空公司，重点关注目标相关的维修任务，经济性评估仅是工程决策的次要考虑因素，而其他维修任务的制定应首先考虑经济性。安全性是所有航空公司必然的追求，因而影响安全的维修项目，如AD、CMR等项目不会首先考虑经济性。一些航空公司在特定时间段内也可能将诸如"优质客舱服务""高放行可靠度"或"最干净的飞机外表"要素提升为公司战略发展目标，此时与这些战略目标相关的维修任务也会适当降低

经济性的权重。当航空公司的关注重心有重大调整时，航空公司也应重新审视现有的维修任务是否需要相应调整。

4.2.4　维修方案的内容构成

根据 AC-121/135-53R1 的说明，维修方案应至少包括一般信息、载重平衡控制、航空器的计划检查和维修任务、航空器的非计划检查和维修任务、发动机/螺旋桨/部件的修理和翻修、结构检查/机身翻修、必检项目、维修资料的使用、航空器结构完整性大纲等相关内容。结合本章 4.2.1 对维修方案基本概念的说明，可知该内容要求并不符合狭义维修方案的概念。在实际的工程实践中，航空器非计划检查和维修任务、必检项目以及维修资料的使用要求等并不能在狭义的维修方案中详细体现，一般仅在维修方案中做简要说明，以便通过局方的符合性审查。

航空公司维修方案主要围绕航空器的计划维修检查任务及相关使用说明编写。这些计划维修要求主要来源于维修大纲、发动机/螺旋桨/部件厂家技术文件、持续适航文件以及局方规章要求，涵盖对飞机系统、区域、结构、发动机/螺旋桨/部附件。而说明性材料则包括手册构成、适用范围、执行原则、修订说明及附录数据等。

除了来自 AC-121/135-53R1 的要求外，其他咨询通告或局方规范性文件中也有零星对维修方案内容的要求，比如 EWIS 相关维修任务和燃油箱系统安全分析相关维修任务，需要在维修方案管理系统中有明确标识，维修方案项目的编制和执行应充分考虑人为因素等。

4.3　维修方案的修订与优化

航空公司初始维修方案是在飞机投入运行前编制的，其维修要求不可能与飞机的实际运行状况完全契合，因而需要在飞机运行期间持续调整和完善。导致维修方案持续修订的原因非常多，参考技术文件的变更、飞机构型的变化以及航空公司运行经验的积累都会导致维修任务的修订。但如何修订才能产生一部好的维修方案呢？

4.3.1　维修方案的用途

对于航空公司来说，维修方案是保证飞机持续适航性的技术文件，也是保证飞机安全性和可靠性的预防性维修措施，还是落实维修工程管理责任的重要手段。只有弄清楚维修方案在航空公司手册管理体系中的定位，才能有效地管理它、应用它。

作为保证航空器持续适航的重要技术性文件，维修方案是局方、质量部门以及相关民航组织对航空公司监管、审核的重要内容。维修方案关键内容的缺失或错误将导致飞机不适航，或者质量审核不通过。这将对公司的正常运营产生严重影响。

作为提供飞机预防性维修要求的主要技术文件，维修方案的好坏直接影响飞机的安全性和可靠性。重要检查项目缺失或与飞机故障发生规律不匹配，要么无法有效拦截飞机的重大功能失效而增加飞机运行风险，要么执行过多的无效检查而导致成本浪费。

要做好维修方案，还应对维修方案在飞机维修工作中的定位有正确的认识。飞机维修工作由计划性维修和非计划维修构成。而开展计划性维修的两种主要手段就是维修方案和工程指令（EO）。其中，工程指令多应用于阶段性的、一次性的计划维修工作，而维修方案应用于长期的、重复性的计划维修工作。工程指令属于航空公司内部技术文件，无须局方批准，因而工程指令的修订和执行政策灵活。而维修方案的任何修改都需要局方批准，维修方案的修订和执行都有明确的程序要求，规范性和严肃性更强。僵化地将非计划维修要求或暂时性维修要求加入维修方案，可能增加下游维修控制部门的工作难度，同时也会带来一定的适航性风险。

4.3.2　维修方案的特点

基于维修方案的上述用途，一部好的维修方案应具有强制性、规范性、准确性的特点。

强制性是指加入维修方案的维修项目必须按照维修方案的要求落实，否则就会导致飞机不适航，哪怕该维修项目是航空公司基于自己的经验增加的。当维修项目因特殊原因导致无法按期执行时，航空公司要么按照维修方案给定的原则申请公司内部的短期间隔偏离，要么向局方申请偏离。如果无法获得偏离批准，航空器只能停止运行，否则就会造成航空器严重维修差错。

规范性和准确性是指维修方案中应基于维修方案管理的内在逻辑准确定义维修项目，避免错误和歧义。以故障后果类别字段为例，它来源于维修大纲，基于 MSG-3 分析决断逻辑产生，航空公司基于自己维修经验增加的任务不应填写该字段。故障后果类别会直接影响该维修项目的评估、修订和监管要求，AC-121/135-53R1 中指出 5、8 类维修项目不能删除，AC-121-FS-2018-74 中对燃油箱安全相关的不同类别 MRBR 项目也有不同的管理要求。维修任务类型的不同代表不同的维修深度和方法，一般来说功能检查比操作检查的级别深，不能用操作检查任务来满足一个功能检查任务，反之则可。规范、准确地定义维修项目是确保维修要求得到正确执行的必要条件。

4.3.3　维修方案的执行

是否能够达到预防性维修的期望效果，维修方案的执行环节也非常重要。维修项目制定不合理或者维修项目得不到正确执行都将达不到预期效果。因而对维修项目优化的关键是监测维修项目的执行效果，并有针对性地采取措施，通过闭环迭代的方式不断提高维修项目与航空器实际运行状况之间的契合度。

以下问题可能导致维修项目不能正确执行：

4.3.3.1　执行方式不合理

维修项目的控制级别一般分为飞机级和部件级。所谓飞机级，就是指维修任务以飞机为控制对象，控制每一架飞机最近一次执行该维修任务以来的时间参数（如飞行小时、飞行循环、日历天数等）。而部件级是指以单一部件为控制对象，控制每一个序号部件的使用时间。控制级别的不同将导致控制部门和控制方式的差异，对实际控制对象的时限裕度要求也不一样。以飞机每 3 000 FH（Flight Hour，飞行时间）水洗发动机任务为例，如果控制到飞机级，只需跟踪每一架飞机上次水洗发动机以来的飞行时间即可；但若是控制到部件级，则需要跟踪每一台发动机上次执行水洗发动机以来的飞行时间。一个维护周期内，飞机没有换发时，两种控制方式没有差异；但是若出现串发、换发的现象，按照飞机控制时个别发动机可能超过 3 000 FH 没有执行水洗工作。

　　控制方式应该如何选择，主要考虑两点因素：可行性和必要性。如果一个部件没有序号，控制到部件级会非常困难，因为航空公司没有办法跟踪不同部件的使用时间。当一项维修要求会被非计划维修工作触发时，就需要由有能力控制的部门参与控制。表 4-1 中列出了某航空公司有关维修任务控制方式可行性分析的 3 个例子。

表 4-1　维修任务控制方式分析

编号	任务描述	任务间隔	控制方式分析
案例 1	恢复（离位清洁）IDG（整体驱动发电机）滑油冷却器	发动机送修时	发动机送修由发动机工程管理部门控制，发动机更换由生产计划部门控制，而 IDG 滑油冷却器的送修由附件监控部门和航材送修部门控制，发动机送修存在计划与非计划的情况。这种情况下，将此项目加入"发动机更换工作包"，并由生产计划部门控制最合适
案例 2	功能测试发动机灭火瓶压力电门	灭火瓶修理时	灭火瓶可能因计划或非计划原因拆下，但送修必然经过附件监控部门和航材送修部门，因而由附件监控部门控制此维修任务最合适
案例 3	操作测试 IDG 脱开功能	IDG 更换时	IDG 可能因计划或非计划原因更换，对于非计划原因更换，生产计划部门和附件监控部门都不能及时获知，因而两个部门均不能有效控制此维修项目的执行。此时只能依靠实施 IDG 更换的工作者主动执行此任务，因而需要将"操作测试 IDG 脱开功能"的维修要求直接加入 IDG 更换工作程序中。当工作者按手册程序实施 IDG 更换时，自动执行此维修要求

　　总体来说，维修项目的执行控制到部件级需要更多的管理成本，维修要求也更严格。因而不必要的情况下维修项目优先考虑按飞机级进行控制。判断此必要性，除了参考维修大纲的说明外，还有三个判断依据：一是看该维修任务是否需要送附件车间完成，二是看维修工作是针对飞机系统的还是部件的，三是看维修工作超期造成的后果。

4.3.3.2　工作内容执行不正确

　　民航维修行业一直以来强调按照手册、程序施工。维修方案中的维修要求一般会体现在工作单卡上，并由工作者依据工作单卡施工。当工作单卡内容有错误或歧义时，工

作者自然无法正确执行。另外，即使工作单卡是正确的，工作者也可能因为各种人为因素的影响而错误执行维修工作或偏离标准施工步骤完成工作。施工质量不高是世界民航维修业界普遍存在的问题，需要航空公司通过系统性治理手段解决，包括对工作单卡的优化、对施工人员的培训、对维修资源的准备以及维修工作的监督和检验等。

4.3.4 维修方案的修订与优化

维修方案要求航空公司不断付出维修成本，因而需要不断地调整优化，使支出的成本带来合理的回报。除了航空器适航性方面产生的收益外，跟踪航空器的安全性和可靠性指标，评价维修项目的执行效果，动态调整维修项目是维修方案管理的重要组成部分。

对航空公司来说，维修方案的调整分为被动和主动两种方式。被动调整是指基于适航管理需要、现有维修要求和飞机最新构型变化而产生的维修方案修订，无须触发基于故障数据的工程评估流程。而主动调整是航空公司基于自身管理需要而开展的工程评估论证结果产生的维修方案修订，属于维修方案优化范畴。

4.4 可靠性管理与维修方案的关系

维修方案主要依据维修大纲编制而成，为什么还需要不断优化调整呢？这是因为基于 MSG-2/MSG-3 分析决断逻辑编制的维修大纲也存在以下与生俱来的局限性：

1. 分析决断逻辑局限性

MSG-2/MSG-3 分析决断逻辑需要兼顾经济性和安全性，因而不可能对所有分析对象设定维修任务。对于 MSG-2 分析产生的状态监控类项目以及 MSG-3 分析产生的非 MSI/SSI 类项目，一般不会产生维修任务，但是这并不意味着它们对经济性完全没有影响。因为 MSG 决断逻辑中的经济性与常规理解上的经济性有所差异，它侧重于指是否因故障产生其他附加经济损失。以飞机客舱照明灯故障为例，在 MSG-3 分析时一般认为既不影响安全性也不影响经济性，但照明灯低可靠性必然导致大量部件非计划更换，这一定会影响经济性。同时，航空公司基于公司品牌和客舱服务质量的提升需要，也会增加一些特别的维修任务，比如客舱设施状况的检查和清洁、厕所马桶区域的定期深度清洁等，这些维修要求无法从常规的 MSG 分析决断逻辑中产生。

2. 假设和预测的局限性

维修大纲的编制是在新机型投入运行前完成的，新机型研发一般会应用很多新设计、新理念、新材料等。而飞机故障模式的分析与维修任务的确定过程中参考了很多假设、预测的信息与数据，与飞机实际运行结果必然有很多偏差。B737MAX 飞机机动特性增强系统（MCAS）设计缺陷导致的两起空难事故就是血淋淋的例子。B737MAX 的大部分功能系统和结构与 B737NG 飞机都是相同或相似的，因而其维修大纲的分析过程与 B737NG 也非常相似，但 MCAS 系统是波音研发并首次应用于民航飞机的功能系统。B737MAX 飞机在编制维修大纲时，对 MCAS 系统的工作原理和关联故障模式的假设和预测不准确，没有发现迎角传感器故障可能导致的灾难性后果。假设在 MSG-3 系统维修任务分析过程中发现了该严重影响飞行安全的故障模式，在找不到有效的维修措施避免迎角传感器故障的情况下，维修工作组必然会要求波音修改系统设计原理，从而避免空难悲剧的发生。

3. 相似性原理的局限性

新机型的研发必然会借鉴现有机型的一些成功设计思路和部件，这对缩短研发周期、提高研发成功率、降低运行成本等方面都有好处。自然，维修大纲的编制也会参考这些相似系统或部件的经验数据，但是这些数据并不一定合适。各种构型、参数的细微差异都将导致不可预测的影响。以 B737CL 和 B737NG 机型的空调冲压进气门作动筒为例，两个机型该部件的工作原理、部件号都完全一样，但是该部件在两种机型上的使用可靠性差异非常大，B737NG 上该件的故障率较高。当维修大纲直接借鉴 B737CL 经验确定 B737NG 该部件的维修任务和间隔时，必然不能满足航空公司维修管理要求。

4. 全局性原则的局限性

维修大纲属于非客户化技术资料，因而维修大纲编制过程中也考虑全球机队的各种运行需求和维护能力，提供广泛且相对保守的维修建议，这就会与航空公司个体的机队实际运行情况存在偏差。最典型的例子就是波音、空客的维修大纲中对飞机气滤的推荐更换间隔普遍高于中国航空公司的实际更换间隔。维修大纲编制时，维修工作组成员不会专门考虑中国某些时期空气污染严重的问题，也不会特别考虑中东地区的沙漠气候和高纬度地区的极寒天气。航空公司有责任基于自己飞机的特殊运行环境对维修大纲推荐的维修任务进行适当调整。

5. 人员知识和能力的局限性

参与维修大纲编制与审批的人员可能来自局方、航空公司、飞机和部件制造厂家，但无论他们来自哪里、何种岗位，他们对 MSG 理论、新机型系统原理、航空公司运行管理等知识的了解都是不全面的。在开展故障模式分析和维修项目确定的过程中，受限于认知偏差和交流障碍等因素，所有参与人员都可能给出错误的意见或建议。

所以无论是维修大纲、维修计划文件，还是发动机手册等技术文件，在飞机服役的整个生命周期中都是不断修订的，可能的修订内容包括编辑性错误的修正、维修间隔的调整、任务适用性定义的调整、任务描述的修改/完善、任务区域/工时/接近盖板的修改等。这些属于制造厂家开展的对预防性维修工作的迭代完善。除此之外，局方也要求航空公司建立可靠性管理系统，从用户角度持续监督维修方案的有效性，包括内容、执行等方面。

飞机/部件制造厂家、民航局、航空公司三方协作并发挥不同作用，目标是使维修方案成为飞机安全、正常运行的保障。三者之间的关系如图 4-2 所示。

飞机制造厂家制定了初始维修大纲以后，需要持续收集航空公司的运行可靠性数据、问题反馈以及局方的监管要求，通过设计改进和维修大纲的迭代修订履行其持续适航责任。

民航局方作为监管方，同时监督飞机制造厂家和航空公司的工作开展情况，并根据航空公司报告的可靠性数据颁发适航指令和其他管理要求，审查飞机制造厂家以及航空公司的重要程序手册和技术文件。

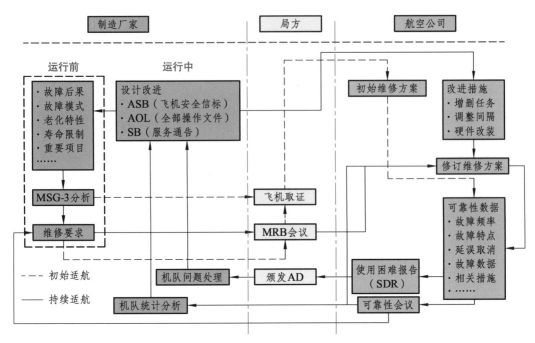

图 4-2 维修方案编制过程中角色定位

　　航空公司根据飞机制造厂家的技术资料和局方的监管法规、指令的要求编制及修订维修方案，并通过可靠性管理系统监督维修方案的执行情况，收集和分析可靠性数据，并向局方和飞机制造厂家反馈。因而航空公司可靠性管理不仅是本公司维修方案优化和机队工程管理的需要，也是局方/制造厂家了解机队运行状况并制定监管要求、改进计划的重要数据来源。

第 5 章

飞机系统可靠性

相对于其他工业设备来说，飞机是一个非常复杂而庞大的系统。飞机营运过程中会发生各种各样的故障。它们会有不同的故障机理、不同的概率分布模型、不同的故障影响和不同的表现形式。对飞机系统开展可靠性管理，必须对飞机系统的故障特点有正确的认识，才能够建立合理的可靠性评价方法，找到影响机队可靠性的关键因素，管理好飞机系统的可靠性。

5.1 飞机系统故障特点

5.1.1 故障、失效与缺陷

在讨论飞机系统的故障之前，我们需要弄明白民航维修中常见的三个词语的差异：故障、失效与缺陷。产品丧失完成规定功能能力的事件称为失效或功能失效。而故障是指产品不能执行规定功能的状态。故障通常是产品本身失效后的状态，但也可能在失效之前就已存在。缺陷是产品不满足预期的使用要求或合理期望的一种状态。故障是缺陷的子集，并非所有的缺陷均会导致功能失效。

但以上只是对三个术语的狭义定义，对飞机系统而言，实际情况更复杂，因为分析产品缺陷的影响时不仅要考虑对产品设计功能的影响，还要考虑对飞机适航性的影响。以飞机液压系统漏油为例，通常在飞机维修手册中存在两个判断标准，分别是维护标准和放行标准。当飞机某液压部件的渗漏速率低于维护标准时，该渗漏既不会导致液压系统功能失效，也不会对飞机适航性产生影响，可被视为飞机的正常状态，当然航空公司也可以将其视为缺陷进行处理；当渗漏速率大于维护标准而小于放行标准时，该状况达不到航空公司对该液压部件的合理期望，应被视为渗漏缺陷，但仍然不会影响液压系统的正常功能和飞机的适航性；而当渗漏速率大于放行标准以后，即使液压系统仍然能正常工作，飞机已经达不到适航标准，航空公司必须进行必要的维修或者执行故障保留程序，此时渗漏缺陷必须被视为渗漏故障；如果压力系统因持续渗漏而低压关断，则应被视为液压系统功能失效。当我们将飞机视为一个整体系统时，对航空公司来说，飞机系统的规定功能就是正常营运，那么导致飞机从适航状态变成不适航状况的事件就属于广义上的飞机失效。而可能使飞机处于不适航状态的情况非常多，可能是一个突发事件，也可能是一些飞机缺陷或虚假维护信息，这些可以统称为广义的飞机故障。因而对于机务人员来说，失效、缺陷和故障之间的区分并不明显，在可靠性管理系统中被统称为故障数据。

5.1.2 故障分类

飞机故障按照产生原因的差异可以分为机械故障和非机械故障。机械故障是指飞机系统部件在正常工作过程中因磨损、性能衰退、老化、自身设计/制造缺陷、维护不良等因素产生的故障、缺陷或异常现象。而非机械故障主要是指外部因素对飞机系统/部件造成的突发性的损伤和干扰。其中机械原因的故障根据故障影响的深度又可以分为功能失

效、性能衰退、缺陷、假信息 4 个级别；非机械故障根据诱因类型可以分为天气原因、人为原因、外物损伤 3 种情况。表 5-1 列出了各类型的民航飞机常见故障事例。

表 5-1　民航飞机常见故障事例

故障类型	子类型	故障描述
机械故障	功能失效	➤ 左 1 号门前厕所马桶无法冲水； ➤ 右发 IDG 自动关断； ➤ 起飞滑跑时出现空速不一致信息
	性能衰退	➤ 左发排气温度（EGT）超限； ➤ 客舱空调制冷效果差； ➤ 驾驶舱控制面板旋钮不灵敏
	缺陷	➤ 雷达罩表面掉漆； ➤ 左主起落架减振支柱渗油； ➤ 客舱应急指示灯牌破损
	假信息	➤ 左大翼下部有油液渗漏（确认为残留除冰液）； ➤ 飞行中出现 XXX 状态信息（确认为虚假信息）； ➤ 乘务员反映 XXX 区域有异响（无法重现）
非机械故障	天气原因	➤ 机身左下部发现有 3 个雷击点； ➤ 驾驶舱 1 号窗玻璃被冰雹击中，产生裂纹； ➤ 左 2 号门无法打开（被冰雪冻住）
	人为差错	➤ 飞机重着陆； ➤ 乘务员误操作，释放滑梯； ➤ 起落架无法收上（漏取下起落架安全销）
	外物损伤	➤ 下甚高频天线被小拖车撞掉； ➤ 左发被鸟击； ➤ 货舱被水银泼洒

一般来说，机械故障与飞机系统/部件的使用可靠性息息相关，具有相对固定的发生概率分布模型，可以通过良好的维护或设计更改来减少或避免，因而是维修可靠性管理以及工程管理重点关注的故障。而非机械故障主要是由民航维修行业外的不可控因素所驱动的，具有突发性和随机性，航空公司能够采取的措施有限，主要是做好组织程序管理以及对意外损伤的应急预案，降低非机械原因故障的影响。

飞机故障还可以按照报告人的差异进行分类，分别为机组报告故障（P 类）、客舱报告故障（C 类）和维护报告故障（M 类）。机组报告故障是飞行员在履行其正常职责的过程中发现的故障，主要记录在飞行记录本上。这类故障要么有驾驶舱效应，要么可以被飞行员明显感知到，一般属于比较重要的故障。客舱报告故障是乘务员在履行其正常职责的过程中发现的故障，通常记录在客舱记录本上，主要是客舱设施、应急设备、灯光等与旅客服务有直接关系的故障。由于客舱设备的数量多、单价低、对安全性和正常性影响不大，而且很多部件没有序号，难以开展部件级可靠性管理，因而通常不被重视。但客舱设施的好坏直接影响旅客对航空公司的观感，而庞大数量的客舱设备也同样会产生庞大的维修成本，航空公司非常有必要加强对客舱故障的监控和工程管理。维护报告故障是指机务人员在飞机检修过程中发现的故障，可能记录在飞行记录本和客舱记录本上，也可能记录在非例行卡上。维护报告故障涵盖飞机的所有系统和结构，也是飞机故障的主要构成部分。维护报告类故障可能是诸如发动机叶片断裂、机身结构穿透性裂纹之类的重大故障，也可能是面板螺钉松动、蒙皮掉漆之类的轻微缺陷。从数量上来看，一个真实故障可能对应一条维护报告故障，但也可能对应多条维护报告故障，比如对油液渗漏的持续跟踪检查。因而航空公司一般不会直接使用原始的维护报告故障进行飞机性能监控，而是需要进行进一步的分类和数据清洗。

5.1.3 故障原因

飞机的非机械故障的原因相对明显而单一，而机械故障的原因比较复杂，但不同的部件/结构也具有相对应的故障原因和故障概率分布特征。了解飞机常见的故障原因和故障机理，有助于机务人员开展可靠性调查和制定有针对性的纠正措施，通过良好的维护提高飞机系统的使用可靠性。常见的故障原因有以下几种：

5.1.3.1 污染

污染是导致飞机系统、结构故障的最常见的原因，包括空气污染、油液污染、腐蚀性液体污染、粉尘污染以及 EWIS 污染等。污染不会直接导致飞机系统、结构和部件故障，但会持续恶化其工作环境，加速飞机部附件和结构的故障，或者为 EWIS 系统增加起火风险。

气路污染在空气质量较差或风沙较大的国家/地区影响最严重。空气中的粉尘会堵塞气滤，降低气路流量，降低空调系统的制冷/通风效果，并增加相关部件的工作负载，导致风扇、涡轮叶片的疲劳断裂。对于电子设备来说，气滤堵塞也会降低散热效果，导致电子元器件在高温环境下提前故障或超温保护。空气污染不仅对滤网造成影响，同样会加速精密气动部件的磨损，导致机械膜盒的压力调节异常等。气路污染难以避免，航空公司需要根据运行环境的特点灵活调节气滤的清洁/更换间隔，并对受影响较大的部件视情增加离位清洁工作。气滤污染导致的故障概率与部件在污染环境下的工作时间正相关。虽然污染物主要集中于对流层内，但当污染物积聚后，部件在飞机巡航期间工作时仍持续受影响，因而分析空气污染故障数据时，飞行小时是最合适的时间参数。

油液污染是指飞机滑油、液压油以及燃油因杂质增多而导致性能下降或油滤堵塞，进而导致功能系统或关联部件故障。滑油环路较短，且更新频率较高，因而相对不容易遭受污染。滑油的主要污染源有三个：润滑环路内部磨损产生的碎屑、加错滑油型号、加油车残留污染物。一般来说，发动机安装有碎屑探测堵头和滤网，通过定期清洁/检查这些油滤和堵头可以有效监控内部碎屑的污染情况。而加错滑油和加油车污染属于小概率事件，在民航维修中并不常见。液压油污染相对隐蔽，且对液压部件的影响隐蔽而缓慢，容易被忽视。液压油的污染物主要来自液压部件的磨损碎屑、氧化反应、灰尘/水汽/空气入侵等。当液压油被污染以后，颗粒度的增多将加速封严的磨损，导致油液渗漏故障的增加；含水量的增加会加速金属部件的锈蚀和液压油的乳化，影响活门的正常工作；油液中的空气会导致液压部件的气蚀和喘振，加速液压部件的腐蚀和疲劳裂纹的产生。由于液压油的污染和危害都是缓慢发生的，航空公司定期对飞机液压油化验就可以有效控制污染的发展。而燃油主要面临微生物的污染。当燃油含水量较多且长期放置时，容易滋生微生物。而微生物大量繁殖后可能堵塞油滤、腐蚀油箱结构。控制燃油污染的方法有三种：定期排放燃油沉淀（主要是水分）、向燃油箱投放杀菌剂、对燃油箱燃油定期取样化验。相对于空气污染，油液污染产生的危害不够明显，而且污染源是可控的，因而航空公司一般不会对油液系统的关联部件增加额外的清洁工作。

腐蚀性液体一般是指飞机系统泄漏的油液、除/防冰液、厕所废水管路泼洒液体、运输的海鲜产品泄漏的溶液以及其他化工液体等。货舱区域和厕所废水管路区域的腐蚀性液体主要污染的是飞机结构。如果污染物没能及时清理，很容易导致飞机金属结构的二级及以上腐蚀，影响飞行安全。而除/防冰液和飞机系统泄漏的油液会对飞机的线路、插头、滑轮和轴承等部位造成不利影响，包括绝缘电阻增加、腐蚀、卡阻等问题。对腐蚀性液体污染的防控主要依赖对维修管理制度的优化和对飞机维修质量的提高（包括标准线路施工和飞机防腐施工等），但航空公司也可以适当缩短容易腐蚀区域的结构检查间隔，及时清理污染物。

粉尘污染主要是指飞机部附件内部、外部的积炭或积尘现象。高温环境下工作的部件非常容易出现积炭现象，而积炭会破损部件内部的基准设计外形，导致其工作性能的衰退。常见的容易积炭的部件有发动机点火嘴、ACM（空气循环机）压气机叶片、发动机尾喷管等。积炭问题难以预防，一般的应对措施就是增加部件离位内部清洁任务。积尘现象普遍存在于飞机的各个部位，但对活动结构和电子产品影响最大，会导致活门、接头的卡阻和电子产品的散热不良。飞机的水系统污染物也可以视为一种特殊的粉尘污染，包括废水系统的排放物沉积污染和饮用水系统的钙化物沉淀污染等。水系统污染物与系统工作时间正相关，且具有加速聚集的特点，因而在日常使用中通过频繁而简单的定期清洁工作保持系统状况的良好非常重要，比如每周或每个 A 检定期用清洗剂冲洗飞机废水管路。

EWIS 污染主要是指空气中的细小绒状物在飞机空气不流通的开放区域内的缓慢积聚。这些绒状物积聚较多后，遇到点火源后非常容易燃烧，导致较大的安全风险，因而包含 EWIS 的区域都需要开展 EZAP 分析，制定定期的易燃物清除工作。EWIS 污染物的积聚与飞机的工作时间关系不大，而是与该区域在空气中的暴露时间密切相关，因而EWIS 污染物的定期清除间隔一般采用日历时间参数定义。

5.1.3.2　磨损

磨损作为零部件失效的一个基本类型，在飞机上普遍存在于各种活动或可能与其他人/物品接触的部件或结构上。活动部件的磨损在产品设计过程中已经预测到，因而会有相应的设计特征或维护措施应对，包括飞机轮胎的磨损更换、活动连接的定期润滑、活

动部件的性能监控等。但是超出制造厂家和航空公司预期的磨损会导致更多的突发或隐蔽故障，造成航空公司难以忍受的危害。这一类磨损故障的发生更多是安装不良和/或超预期的机械振动导致的，常见于飞机管路和线路的磨损。

安装不良的现象包括管/导线束的长度不合理、布局/走向不错误、卡箍松动/缺失等。在安装不良的情况下，管路/线路可能在运动过程中与其他部件/结构接触而磨损，也可能因为本身的振动而使管线与卡箍或相邻的其他管线之间磨损，而这种磨损不会立刻对飞机功能系统产生危害，因而很容易被维修人员忽视。当磨损积累到临界点后，可能造成飞机油液的快速泄漏或电路的间歇性故障。管路磨损产生的漏油容易观察到，但备件准备和更换可能存在困难；线路故障则难以隔离故障点，尤其是当磨损点在卡箍内或导线束内时，非常容易导致重复性故障。对管路和线路磨损故障的预防比较困难，主要方法就是规范维修工作质量，增加对维修人员的标准线路施工培训和区域检查工作技巧培训，尽量减少不良安装的发生概率，增加定期维修工作中发现不良安装的概率，缩短不良安装状况在飞机上的存在时间。对于老龄飞机来说，不良安装的存在时间较长，很多管路和线路逐渐进入磨损临界点，因而发生液压管漏油或者线路故障的概率偏高，航空公司可以考虑结合发动机大修对发动机导线束（高振动区域）进行分解检查，并重点检查区域检查工作范围内的管路和线路磨损迹象。

5.1.3.3　疲劳

疲劳是飞机结构常见的故障原因之一，但并非仅限于飞机结构，飞机的系统部件也经常发生。对于一个部件来说，只要其承受交变载荷，必然会出现疲劳故障。而当材料/结构的疲劳寿命远低于产品的设计寿命时，疲劳故障就会凸显出来。对于飞机结构部件来说，在飞机运行中承受的疲劳载荷包括机身客舱的增减压、机翼的上下颤振、飞行操纵面的作动、结构件迎风面的交替变化等。而对于系统部件来说，疲劳载荷来源更广泛，包括活动部件的作动应力、机身的振动、液压部件的空穴效应和水锤效应、热疲劳损伤等。

疲劳载荷难以避免，但减少疲劳故障的方法很多。对于飞机结构来说，由于疲劳故障的危害大、修复困难，优化飞机结构、提高结构部件的疲劳寿命是第一选项，而利用安全寿命、失效安全和损伤容限理念做好对关键结构的维护也必不可少，MSG-3 的结构分析逻辑提供了编制此类维修任务的方法。对于系统部件的疲劳问题，部件生产厂家会通过持续优化产品设计来减少疲劳载荷或提高疲劳寿命，航空公司则是通过优化维修方案提前发现疲劳损伤，降低部件疲劳故障的危害。典型的系统疲劳故障就是某型飞机发动机起动机卡箍断裂，航空公司通过定期拆下卡箍进行详细目视检查来预防其突然断裂。但这种目视检查方法只适用于那些裂纹扩展周期较长的部件或者按照失效安全理念设计的部件。有些航空公司遭遇过飞机起落架下锁机构弹簧断裂丢失的故障，弹簧的结构特点决定了其裂纹扩展速度非常快，常规的目视检查无法有效拦截。这种情况下，航空公司能够选择的应对措施就是定期更换该弹簧，而更换时限根据所能收集到的故障数据和厂家建议综合确定。

材料的疲劳寿命一般是用交变载荷发生次数定义的，这意味着疲劳故障与交变载荷次数正相关。对于飞机来说，大部分交变载荷的发生次数与飞机的起落正相关，比如每

一个飞行起落对应一个完整的座舱增压-减压循环和一个起落架收放循环，因而对飞机的疲劳故障的分析和维修任务的时限定义一般采用飞行循环参数。但是飞机的大翼和飞行操纵机构所承受的交变载荷持续存在于飞机的整个飞行过程中，因而对它们开展疲劳损伤分析时必须考虑飞行小时的影响，并评估其是否占主导地位。不同机型、不同运营环境下飞机航段长度（飞行小时与飞行循环的比值）是不同的，因而航空公司应根据所运营飞机的运行特点选择合适的时间参数。

5.1.3.4　腐蚀

腐蚀是飞机结构的另一个常见故障，航空公司可以根据腐蚀预防与控制大纲开展对飞机结构腐蚀的预防与控制工作。但是腐蚀也普遍存在于飞机系统部件中，是导致部件性能下降或其他关联故障的重要原因之一，下面重点探讨一下飞机非常规的腐蚀问题。

风蚀，是风的侵蚀，并非常规意义上的腐蚀，多发于飞机的外表结构的迎风边缘区域。飞机巡航飞行期间，外表迎风面遭遇高速气流的持续摩擦，飞机复合材料结构机翼前缘、机身蒙皮凸起的铆钉漆层和标志标识、风挡封严等区域都容易出现损伤、剥落或褪色。这些损伤虽然对飞机结构安全性影响不大，但会影响飞机的美观性和适航性，进而影响维修成本。航空公司可以通过定期喷涂飞机或者采用抗风蚀喷涂工艺解决风蚀问题。

飞机电气接头的电化学腐蚀也比较常见，尤其是插头、插钉和天线底座。腐蚀发生以后，电路接头内部接触电阻增加，从而出现电路故障或者系统性能异常；同时天线内部腐蚀还可能降低天线的结构强度，导致天线断裂丢失。正常情况下，无论是电插头，还是电线，在安装时都会喷涂防腐剂，并安装密封封严或施加密封胶。但飞机很多电插头或天线仍会经常遭受水汽或其他污染液体如除/防冰液的侵袭，使其内部形成腐蚀环境。这种侵袭有些是产品设计缺陷导致的，有些则是密封条件被破坏导致的，航空公司工程技术人员需要根据产品的安装位置和故障情况综合判断。对于机身下天线来说，货舱内部下区域的封严破损是导致水汽入侵的常见原因；对于机身上天线来说，客舱冷凝水汽通过同轴电缆入侵是常见原因。对电气接头和天线的内部腐蚀故障的预防首先是提高线路标准施工质量，其次是督促厂家改进设计或定期对安装接头/天线检查和重新封胶。

腐蚀也是封存飞机需要特别预防的故障之一。飞机进入封存状态前需要进行特别保护，比如堵住各个口盖、控制客舱湿度等，主要目的就是预防飞机结构腐蚀故障的产生。同时，对于飞机维修方案中以日历时间参数定义的与腐蚀防护相关的维修任务，封存期间时间继续累加。考虑到维修成本因素，虽然局方和飞机制造厂家不要求航空公司对封存期间到期的腐蚀相关维修任务立即执行，但要求在飞机投入运行前对所有超期维修项目必须重新执行一次，并在封存期间视情增加腐蚀相关检查机会。飞机在不是特别干燥的环境（如沿海区域）中长期停放时，湿润空气、雨雪以及温度变化产生的冷凝水非常容易在飞机的结构和系统部件的特定部位形成易腐蚀环境。因而很多飞机系统部件在正常工作环境下并不会出现严重的腐蚀问题，但在封存状态下就会快速出现腐蚀，比如飞机的发动机引气压力调节与关断活门。航空公司对长期封存的飞机，除了遵循飞机维护手册（AMM）要求做好封存保护和定期勤务工作外，还应结合飞机、部件的特点制定额外的防护或检查措施，不能放任腐蚀的产生和加速蔓延。

5.1.3.5 老化

高分子材料在加工、储存和使用过程中，在光、热、水、化学与生物侵蚀等内外因素的综合作用下，产生降解，表现为性能逐渐下降，从而部分丧失或全部丧失其使用价值，这种现象就是老化。老化问题普遍存在于各种非金属材料中，包括塑料、橡胶、纤维、胶黏剂，这些在飞机的系统和结构中都有广泛分布。因而，老化是导致飞机故障的主要原因之一，而且随着机龄的增加而越发显著。

在飞机的整个生命周期中，飞机结构部件的老化问题并非困扰航空公司的首要问题，因为飞机制造厂家在飞机结构设计时已经考虑了主要结构部件的寿命和剩余强度，飞机复合材料结构部件一般在正常服役期限内不会出现老化问题。但线路、管路、封严、电子元器件以及飞机系统功能部件的老化是航空公司经常要面对的困扰。

飞机的电气线路广泛分布于飞机的各个部位，很多线路具有较高的可靠性。但这些线路外部的绝缘层和导线夹、卡箍等随着服役时间的增加不可避免地出现老化现象，非金属材料变硬、变脆，一方面会加剧对相邻线路的磨损，另一方面也会降低材料强度，容易出现开裂、断裂的问题。高温环境会加速非金属材料的老化，因而发动机区域的导线束老化问题最严重。线路老化后因绝缘保护层的破损而容易出现短路或断路现象，在振动环境下容易出现间歇性的线路故障，机务维修人员隔离故障非常困难，对航班安全性和正常性带来较大挑战。但常规的线路目视检查工作并不能有效预防线路的老化问题，反而可能因为对线路的频繁拆装而增加其故障概率。当航空公司意识到线路老化严重时，一次性、批量的预防性更换是最好的应对措施。

飞机常见的液压软管有特氟龙软件和不锈钢编制软件，其内部材质均为非金属材料，但老化问题并不突出，根本原因在于这些液压管的疲劳寿命远低于其老化寿命。液压管往往是因为制造缺陷、磨损、频繁弯折以及液压波动产生的疲劳等原因而损坏。封严老化才是油液渗漏不可忽视的原因之一。飞机液压系统的工作压力约为 21 MPa 或 34 MPa，为了防止油液渗漏，在液压管接头、液压部件结合面等位置使用了大量非金属密封圈。这些橡胶密封圈具有较好的亲油性、回弹性和机械强度，可有效预防油液渗漏。但随着使用时间的增加，密封圈外部接触不到油液的部位首先开始老化，并逐步向内扩展。老化以后，密封圈变硬、变脆，回弹性和机械强度降低并逐步碎裂，特定情况下就会产生油液渗漏故障。相对于线路老化位置的不确定性，液压部件封严老化问题容易被机务维修人员锁定位置，因而航空公司可以根据维修经验对某些液压管接头或液压部件的结合面开展定期的目视检查工作，当发现周边有黑色痕迹时，说明此位置的密封圈橡胶已经出现了老化后的磨损、剥离问题，需要选择合适时机进行预防性更换。

飞机航电设备内部元器件的老化问题也是影响飞机正常运行和维修成本的重要因素。航电设备内部构成非常复杂，包括印刷电路板、电池、电线、电阻、电容、电感、晶体管、焊接点等，而它们都存在不同程度的老化问题。基于民航维修经验，航电设备内部的电池、电容和焊接点是最容易出现老化问题的。航电设备内部的电池有些可以充电，有些不能充电。但无论是否可以充电，随着使用时间的增加，电池性能必然会衰退，导致航电设备内部的存储器、计算芯片等需要持续供电的元器件出现数据丢失现象或其他故障。电容是电路中常见的元器件，一般由两个导体与非金属的介电材料组成。通常电容在长期充放电的工程中出现过压、过温的现象，电极板和绝缘介质都会出现性能变化。对于电解电容器来说，电解液在长期高温环境下工作会缓慢泄漏而干涸，也可能因过压高温而鼓包漏液。电路板的焊点老化是指焊接点在长期的温度变化、振动、蠕变等物理作用或者长期高温环境的氧化作用下产生虚焊现象。虚焊很容易导致航电设备的间歇性故障，且难以在常规的部件修理中检测出来，导致部件频繁送修或报废。

对于航空公司来说，航电设备的老化往往伴随着新产品的停产，这就导致航空公司无法为飞机提供可靠的备件，严重影响飞机的安全性、可靠性和经济性。但是对于该问题，航空公司往往找不到有效的预防性维修措施，只能寄希望于部件的升级改装或者寻找有丰富维修经验的 MRO 厂家修理。飞机气象雷达收发机是典型的容易出现老化的航电设备。气象雷达系统可以有效探测飞行航路上的结冰、雷电、风切变等恶劣气象环境，有效保障飞行安全。由于气象雷达工作载荷非常大，内部电子元器件老化速度较快，导致使用时间较长的收发机频繁故障，严重影响飞机的正常使用。但是由于该件的采购和维修成本非常高，航空公司不可能频繁采购新件，只能不断忍受老化部件的低可靠性，或者通过采用双气象雷达收发机构型增加系统的总体可靠性。

除了上述常见的老化问题外，飞机的复合材料功能设备和客舱设施也都存在老化问题。飞机客舱座椅、厨房、厕所、壁板等都采用了大量的复合材料，这些设备在长期的使用过程中会逐渐变黄，严重影响旅客体验和航空公司形象，因而需要定期翻新。飞机内部的救生衣、防护呼吸面罩（PBE）等应急救生设备因为采用非金属材料制造，也因老化问题影响使用寿命，需要定期检查和更换。飞机空调分配管路也是采用复合材料制造，在长期使用后容易因老化问题剥离碎屑到空调空气中，或者因结构强度下降而出现管路沉降。但是对于这种普遍老化的系统功能构件，航空公司没有办法通过定期维修任务来预防，频繁拆装检查只会加速老化部件的损坏。

飞机基于结构维修的经济性设置了设计服役目标（DSO），其实飞机系统设备和部件的老化问题也同样存在，且难以预防。因而维修能力不强的客运航空公司一般会在飞机进入老龄阶段后就将其退役。

5.1.3.6　振动

飞机运行时，飞机结构和设备时刻处于振动环境中。如前文所说，振动会加速磨损、疲劳、老化等故障的发生。除此之外，振动还会直接或间接地造成其他很多故障或潜在故障的发生。

振动会导致紧固件的松动，包括铆钉、螺栓、螺钉、螺帽的松脱，引起零部件的丢失和损伤、油液渗漏、控制旋钮失灵、电路断开等故障。为了预防这些松动，民航维修中采用了打保险、紧固胶、防松垫片等应对措施，但这些问题仍然频繁发生。但是紧固件由紧变松是一个缓慢发展的过程，因而航空公司有机会在紧固件没有彻底松脱前发现它们并给予纠正。航空公司可以对容易松动的部位增加定期目视检查和操作检查任务，提高区域检查质量，对液压管接头位置施加标记漆等措施，提高已经松动部位被尽快发现的概率。

振动会直接导致飞机的异常现象，进而影响乘客体验或者影响机组人员执行飞行任务。比如，某型飞机经常出现异常抖动或者因振动产生异响。由于这种故障现象经常无法在地面上重现，真实故障原因难以被确定，对机务维修人员造成较大的挑战。而真实原因可能只是特定条件下的共振效应，也可能是飞机的某些功能系统异常。航空公司遇到此类故障后，经常求助飞机制造厂家，或者尝试性地做一些维修工作。

振动同样会直接导致飞机故障，比如某型飞机的自动减速板手柄常常因振动原因而离开设置位，导致飞机在滑跑起飞过程中出现起飞构型警告。而飞机的邻近电门或者机载设备中的微动电门也会因为飞机的振动而出现错误动作，进而导致飞机出现假信息或者错误操作。某些航空公司出现的应急定位发射机自动误触发和飞机客舱/货舱舱门警告故障都属于此类问题。对于此类故障，航空公司只能通过增加临近电门或者微动电门/手柄的间隙裕度来降低机身振动的影响。

5.1.3.7 干扰

此处所说的干扰是指在飞机运行过程中，外部环境因素导致的飞机暂时性的故障或虚假故障。在机务人员不清楚真实原因的情况下，盲目开展排故工作，不但影响飞机的正常运营，还会因误换件和飞机停场而增加维修成本。常见的干扰因素有天气干扰、外物干扰、地形干扰和电磁波干扰。

天气干扰包括极端温度、低气压、高湿度和强阵风等。实际飞机运行中，低温对飞机的干扰非常严重且常见。在中国西北、东北地区的冬季运行中，在低温环境下，不同材料之间的热胀冷缩引起的形变和密封圈弹性下降等因素共同导致一些燃油/液压油相关部件的密封效果下降，因而经常出现轻度的油液渗漏现象。这些部件包括起落架减振支柱、起落架小车减摆器、发动机高压涡轮间隙控制活门以及发动机驱动泵等。当温度回升以后，这些漏油现象又会消失。因而有经验的维修人员一般都会使用加温机对起落架区域加温，启动发动机并运转一段时间，只有温度回升以后仍然持续漏油，维修人员才会考虑更换漏油部件。除了油液渗漏，低温还会导致飞机作动筒的作动阻力增大、电子设备通电启动出错等，因而在飞机航前准备阶段，低温环境下长期断电的飞机经常会出现大量的虚假故障信息。除了低温的影响，积雪和结冰会导致飞机客舱门开关困难，较强的阵风可能导致发动机启动失败，雷雨和低气压可能导致飞机的空速不一致故障等。这些恶劣天气对飞机系统的干扰是有规律可循的，有经验的维修人员通过合理的处置方法可以有效降低它们造成的影响。

外物对飞机的干扰主要是指外来物影响飞机系统、设备的正常工作，或导致飞行、机务人员对飞机故障的误判。常见的干扰物有货舱货物、客舱旅客物品、维修人员工具以及飞机外部冷凝水、除冰液等。货舱货物产生非正常移动时，可能阻挡货舱门的开启，进而影响飞机的正常运行；旅客手机、平板计算机等物品可能滑落到座椅缝隙里而难以取出，导致座椅无法收放；维修工具遗留在飞机作动机构区域，可能导致作动机构卡阻；而机翼残留除冰液和冷凝水容易被机务和飞行人员误判为油液渗漏，从而因故障排查而影响后续航班。外物对飞机的影响相对较少且随机性较强，而且影响比较轻微，只需加强管理和对关键人员的提醒。

地形干扰和电磁波干扰的对象主要是飞机的通信和导航系统。地形干扰的干扰源不会轻易变化，因而地形干扰一般发生在特定的机场和航线上。比如航路下方有较高的障碍物（建筑或山峰）时，B737NG 的无线电高度跳变会导致虚假的起落架构型警告故障信息。厦门机场周边的特殊地形导致该区域的低空风切变较多，对飞机安全运行造成较大的影响。根据厦门机场空管气象台统计的数据，2006 年至 2012 年期间，厦门机场航班遭遇低空风切变 118 次，并至少导致 38 架次的复飞事件。无线电干扰的来源相对分散且具有随机性，有些属于随机出现的干扰信号（如非法电台），有些则是通信基站和卫星系统升级等。比如 Collins 厂家曾在技术文件中说明，他们生产的卫星通信组件（SDU）在 2018 年由于全球各区卫星升级以及日本区域建设 4G 网络等原因，卫星通信会出现一段时间的中断或干扰，这不属于故障。但是对于机组人员和机务维修人员来说，在不清楚原因的情况下，干扰事件的发生就意味着飞机可能存在故障。

5.1.3.8　设计/制造缺陷

我们一般认为一个构型的产品普遍存在的、导致产品使用可靠性与设计可靠性存在较大差距的问题为设计缺陷，认为个别产品存在的、因制造过程存在瑕疵而使其使用可靠性明显低于同构型其他产品的问题为制造缺陷。设计/制造缺陷不仅会降低飞机系统/部件本身对上述各种故障原因的抵抗能力，也可能直接导致故障的产生。B737MAX 飞机 MCAS 系统的设计缺陷导致两起飞机空难，而各个型号的飞机上都存在着各种各样的设计缺陷和制造缺陷，比如 A320 飞机早期常见的双发引气同时失效故障：当某一侧发动机的引气系统因为故障而关断后，另一侧发动机引气因为负载增大很快也超温关断，导致飞机无法继续运行。

航空公司在飞机运行中发现了可能的设计缺陷和制造缺陷后，一般会反馈给飞机或部件生产厂家。厂家收到重大故障或者反馈较多的故障后也会启动工程调查，确认所反映故障是否是设计或制造缺陷，并有针对性地制定纠正措施，包括改装升级、商务赔偿以及预防性维修措施等，而航空公司在厂家建议措施产生之前会考虑制定临时性的应对措施。

除了上述主要原因外，导致飞机故障的原因还有很多，比如复合材料的分层、机械部件的形变（蠕变）或烧蚀、电子元器件性能的漂移、消耗性材料的不足等。而飞机系统、部件的故障往往并非由单一的原因导致，而且多种原因共同存在并相互促进，导致部件功能的加速衰退。而要减少飞机故障率，提高其使用可靠性，必须找到故障的关键因素，有的放矢，才能以最低的成本获得最高的收益。

5.1.4　故障概率分布类型

对于复杂的机械系统而言，合适的预防性维修策略是控制系统故障率的关键。在前面对 MSG-3 分析决断逻辑讨论中，我们可以知道预防性维修策略的制定需要首先弄清楚以下三个问题。

问题 1：是否有必要通过预防性维修减少故障？

问题 2：是否存在合适的维修任务？

问题 3：如何确定合适的维修间隔？

只有三个问题都能够解答，我们才能得到有效且经济的预防性维修策略。但是正确回答这些问题的前提是对故障的发生机理和发生概率有正确的认识，否则将产生很高的试错成本。如前文所说，复杂机械系统的存活样本故障率随时间的分布规律有六种不同类型，那么不同类型的分布规律一般对应什么系统/部件？这种分布规律的故障应该如何采取维修策略呢？

5.1.4.1 浴盆曲线

浴盆曲线的故障率随时间的增加呈现"快速下降→基本稳定→快速增加"的趋势，如图 5-1 所示。新系统/部件刚刚投入使用阶段一般因制造、装配、储存、运输、安装等环节中产生的不规范操作而具有较高的故障率，这一阶段称为系统磨合期或早期失效期。随着系统的磨合以及缺陷故障的修复，故障率快速下降到一个较低的水平并趋于稳定，进入了随机失效期。由于早期失效在故障模式以及时间分布上具有明显的随机性，难以在使用中预防，因而航空公司一般采用事后维修的策略，通过加强对系统/部件的跟踪和备件、工具的保障，降低早期失效对运行的影响。此外，为了减少早期失效的发生，部件厂家会在部件出厂前开展严酷环境下的测试；而航空公司也可以通过维修经验交流和人员培训减少产品安装、维护过程中的人为差错。

图 5-1　浴盆曲线

随机失效期也称为正常服役期。在这一阶段发生的故障具有即使知道可能发生但无法预知的特点，且故障率随时间的增加变动很小。这些突发性的故障多起因于系统/部件可靠性设计中的隐患以及使用/维护不当。产品在随机失效期的可靠性是其固有可靠性与产品使用/维护方案共同决定的，因而通过提高可靠性设计质量、改进使用管理、加强故障监控和维护保养，可以有效降低这一阶段的故障率。

但是随着使用时间的继续增加，疲劳、老化、磨损等不断降低产品的性能，产品逐步进入故障频发阶段，故障率随时间持续上升，这一阶段就是损耗故障期。对于浴盆曲线来说，损耗故障期具有明显的时间节点，是航空公司开展预防性维修的时间窗口。如果能够找到损耗故障期部件的主要故障机理，并有针对性地开展预防性维修，比如计划性更换磨损或老化零部件，可以有效延缓损耗期的到来。更激进的措施是制定部件寿命时限，在产品刚刚进入损耗期时就拆下报废，但这种做法需要付出较高的维修成本，一般只适用于有严重故障后果且难以修复的部件。

浴盆曲线是一种理想化的故障率分布形式，一般不会出现在单一故障模式或者复杂故障模式的系统/部件上，在有 2~4 种故障模式的机械系统/部件上出现的概率较高。因而实际上飞机系统、部件的故障率符合浴盆曲线的只有 4%左右。

5.1.4.2　损耗曲线

　　损耗曲线与浴盆曲线的主要区别就是没有早期失效期，系统/部件从出厂使用开始持续维持一个恒定或略微增加的故障率，直至进入故障率快速增加的损耗期，如图 5-2 所示。损耗曲线也是只发生在故障模式简单的系统和部件上，比如金属结构的疲劳损伤、机械部件的磨损故障以及系统、部件可预期的材料消耗。在疲劳寿命、最小可接受磨损余量等临界值到达之前，这些系统只会因各种随机故障的影响而保持一个较低的故障率。一旦达到该临界值，产品性能会快速衰退，故障率持续升高。飞机轮胎的磨损、活动机构润滑功能的丧失、金属部件的疲劳断裂等都基本符合该分布曲线。服从损耗曲线的飞机系统和部件很少，只占飞机故障的 2%左右。对于此类部件，航空公司的最好应对措施就是定时维修，在系统或部件进入损耗期之前完成更换、翻新或者消耗性材料的补充。

图 5-2　损耗曲线

5.1.4.3　老化曲线

　　老化曲线的故障率随使用时间持续缓慢增加，且无明显的转折点和损耗期，如图 5-3 所示。这种特征曲线很少出现在单一部件上，而是出现在复杂机械系统上，比如涡轮发动机。从故障机理上来说，复杂机械系统一般是由简单机械部件通过串并联的关系组合而成的。而简单机械部件的故障概率基本上符合威布尔分布或对数正态分布中的一种，因而普遍存在损耗期，但损耗期对应的时间节点各不相同。对于复杂机械系统来说，其综合故障率则是由诸多简单部件叠加而成的，且排故换件和定期维护导致这些部件具有不同的初始时间，最终是复杂机械系统呈现出一种故障率缓慢持续增加的老化曲线，如图 5-4 所示。

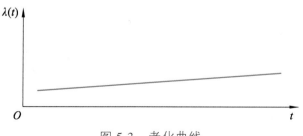

图 5-3　老化曲线

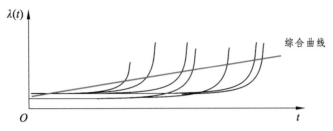

图 5-4　老化曲线的产生机理

服从老化曲线的故障占飞机故障的 5%左右。由于此类故障并没有明显的老化寿命，也不会有集中的故障模式，航空公司不会针对这类系统建立综合性的预防性维护措施。即使制定预防性措施，这些措施要么是对某一故障模式的预防，要么是对复杂系统的性能确认。比如发动机的定期水洗工作是针对发动机压气机和涡轮叶片的定期清洁，而飞机空调单组件增压测试是验证飞机的气密性是否满足运行要求。

5.1.4.4　爆发曲线

爆发曲线由使用初期的爆发增长期和后续的持续稳定期构成，如图 5-5 所示。部分新件或车间修理件经历了精密的调节和检查测试后，隐藏缺陷得到排除，因而在刚开始使用的较短时间内就有较低的故障率。但是部件性能容易受到工作条件或运行环境的影响，其故障率快速增加到一个稳定值。这种故障特征常常发生在使用过程中难以保持其出厂性能标准的系统和部件上，比如缺少污染防护装置的部件和在机上被使用和维护的系统。在大部分服役内，爆发曲线的故障率维持不变，因而航空公司不会采用硬时限的方式开展预防性维修工作。服从爆发曲线的故障占飞机系统故障的 7%左右。

图 5-5　爆发曲线

5.1.4.5　随机曲线

随机曲线的故障率是一个恒定值，意味着无论系统部件的使用时间是多长，新件和旧件在下一刻故障的可能性是一样的，如图 5-6 所示。这是指数分布故障概率的最主要特征。一般来说，只有简单电子元器件服从该故障特征，约占飞机故障的 14%。航空公司对服从随机曲线的系统和部件一般也不会制定预防性维修措施，而是采用事后维修的策略。

5.1.4.6　早期失效曲线

早期失效曲线由早期失效阶段和随机失效阶段构成，早期失效阶段的故障率较高，但会随使用时间的增加而下降并进入随机失效阶段，如图 5-7 所示。但随机失效阶段的故障率会随时间缓慢增加。符合这种失效特征的系统和部件在飞机上非常多，占比约 68%，其中分布最多的是复杂电子部件。

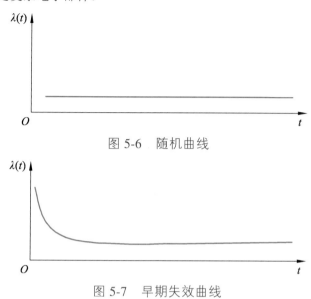

图 5-6　随机曲线

图 5-7　早期失效曲线

　　对于复杂电子系统来说，由于内部元器件繁多，制造缺陷、外界干扰因素影响以及软硬件兼容性等诸多因素决定了其容易出现早期失效。单一电子元器件故障率恒定的特性决定了其随机失效期内相对稳定的故障率。但是复杂电子系统的构造元器件中难以避免地存在一些具有机械特性的部件，比如电路板固定装置、焊点、导线、微动电门等，这些部件容易受到磨损、疲劳、老化、振动等因素的影响，具有明显的损耗故障期。因而随着使用时间的增加，复杂电子系统的故障率会有缓慢的升高趋势。

　　总体来说，降低复杂电子系统故障的关键是控制早期失效率，这主要由飞机系统和电子部件的设计、制造厂家完成，主要措施包括优化设计、延长测试时间和对电子元器件的老化处理等。对于航空公司来说，事后维修仍是最合理的维修策略，但是需要有成熟的故障应对方案和足够的备件来降低突发故障的影响。

5.2　如何衡量飞机可靠性

　　飞机是一个特别复杂的系统，要全面而准确地描述其可靠性并非易事。不同人员基于个人或岗位需要，希望了解的可靠性信息的侧重点也不一样，有人关注宏观可靠性指标，有人关注其安全性指标，还有人关注其运行指标或故障率。总体来说，民航业内按照飞机利用率、航班正常率、飞机故障率这三个维度形成了几种约定俗成的飞机级可靠性指标，用于衡量飞机的总体可靠性水平。

　　常见的利用率指标包括飞机可用率和飞机日利用率。可用率指标表征航空公司可随时执行正常飞行任务的飞机架日占比，它能够反映出航空公司机队总体使用可靠性状况，是机队固有可靠性和航空公司维修管理能力的综合体现。但是不同航空公司对飞机可用率的计算方法并不相同，分歧点集中在对分母的选择上：选择在册架日还是在用架日（有关架日数据的说明详见本书第 7 章）。在册架日是航空公司名义上拥有的飞机运力，而在用架日是航空公司实际投入营运的飞机运力。航空公司引进的飞机也可能因飞机重大缺陷、社会环境的突然变化或航空公司经营方向的重大调整而不能按计划投入运行，这些影响因为对于航空公司维修管理系统来说都是不可控的。因而使用在册架日计算的飞机可用率适合于评价航空公司整体经营状况，使用在用架日计算的飞机可用率适合于评价航空公司机务维修保障水平。考虑到可用率指标主要在民航维修领域使用，使用在用架日计算可用率的方法更常见。

$$可用率 = \frac{可用架日}{在用架日} \times 100\%$$

可用率指标能够反映飞机的总体技术状态，但无法反映飞机的实际使用情况。日利用率用于描述飞机平均每天的使用时间，是反映航空公司经营状况的重要指标，也是航空公司制定停场检修计划的重要参考指标。日利用率根据分子的选择差异可以分为空中日利用率和空地日利用率。空中日利用率使用空中飞行时间作为分子，一般用于飞机定期维修计划的控制；空地日利用率使用空地时间作为分子，一般用于航空公司航班调配与经营状况分析。日利用率计算公式分母的选择同样存在两种情况：在用架日和可用架日。相对于可用架日，在用架日还包含了停场检修、故障、短期封存等原因导致的不可用架日。因而使用在用架日计算日利用率，能够反映出飞机在一个长期时间段内的整体使用状况，一般用于定期维修计划的控制；而选择可用架日计算日利用率，更能够反映出飞机的短期使用状况，一般用于航空公司生产经营管理。航空公司可以根据实际需要选择不同的日利用率计算方法，但需要在输出结果中明确标注其计算公式。

航班正常性指标一般包括签派可靠度指标和运行可靠度指标。其中签派可靠度只关注航班放行的及时性，并不关注航班放行以后的运行是否正常，主要采集航班延误和取消事件数据；而运行可靠度关注计划营运航班能否正常完成，主要采集航班的延误、取消、返航和备降事件数据。签派可靠度和运行可靠度指标关注航班运行的结果，而部分航空公司还使用了关注面更广泛的航班不正常率指标。航班不正常指标关注营运航班运行全过程中的所有不正常事件，包括延误、取消、滑回、中断起飞、返航、备降、换机、复飞等，而且不同事件可能在一次航班运行中同时发生。虽然不同正常性指标数据的事件收集对象有所差异，但其数据收集和计算过程有以下共同点：

（1）导致航班不正常的主要原因应与机务维修密切相关，要么是飞机系统、结构、部件的故障或疑似故障，要么是机务维修管理和资源保障问题，如飞机定检出场延迟、拖车晚到、放行人员晚到等。

（2）只统计首班数据，忽略首班不正常事件导致的后续航班延误、取消、换机等事件。

（3）一般选择计划执行的营运航班总量用于指标计算，它是营运起落数与航班取消数量之和。但考虑到取消航班数量较少，对指标计算结果影响不大，很多航空公司将实际营运起落数量等同于营运航班计划数量。

故障率指标是飞机系统/部件可靠性的最直观反映。根据故障统计方式的不同，常见

的故障率指标有机组报告率、飞机故障率、使用困难报告率。机组报告故障是由飞行员通过口头或飞行记录反映的需要机务人员处理的飞机功能失效或异常，它主要来源于驾驶舱效应，往往对飞行安全或客舱服务质量有显著影响，属于飞机的关键故障。机组报告率指标关注飞机众多故障中的关键少数，与飞机安全性和正常性指标有密切关系。飞机故障率指标则是关注更广泛的飞机故障，包括机组报告故障、机务报告故障和客舱报告故障。理论上来说，飞机故障率指标更能够真实反映飞机的故障情况。但是在可靠性管理实践中，我们发现飞机故障数据中充斥着大量的消耗型故障和客舱设施故障。常见的消耗型故障包括轮胎磨平、刹车磨损、手提氧气瓶压力不足、打印纸补充等。而诸如客舱灯光、旅客座椅设施、客舱小电视、烧水器、马桶等与旅客服务相关的设施、设备，单位成本低、安装数量多，固有可靠性差，因而会产生大量的故障报告信息。将所有故障报告数据直接用于飞机故障率的计算，会导致影响飞机安全性、正常性、经济性的重要故障被掩盖的后果。因而，航空公司一般选择按照 ATA 章节细分统计飞机故障率，或者剔除掉部分类型不重要的故障数据后统计飞机总体故障率。使用困难报告则是航空公司按照局方适航规章和咨询通告要求收集和报告的可能危及飞行安全、降低飞行品质、增加机组负担的重要故障或事件。使用困难报告相对于机组故障报告来说，收集范围更广，对重要故障的关注更突出。因而，使用困难报告率可以直接反映出航空公司对重大故障的管控水平，是飞机系统可靠性的重要衡量指标。飞机故障在飞机检修、地面运行和空中飞行阶段均可能发生，且无关飞机的运行状态，因而航空公司普遍采用飞行时间或者空地时间计算故障率指标。

5.3　影响飞机系统可靠性的因素

对于航空公司来说，机务维修系统的主要职责就是及时提供可用运力，并保障计划营运航班的顺利完成。航空公司通常使用飞机系统可靠性指标以及维修成本综合评价机务维修系统的管控水平。飞机系统可靠性是飞机固有可靠性、航空公司运行管理和维修保障能力的综合反映。要提高飞机系统的系统可靠性指标，必须对影响各个指标的关键因素有清晰的认识，并制定措施弥补短板。总体来说，影响因素主要包括飞机自身因素、维修管理因素和外界影响因素三类。如果只关注飞机自身因素，执着于降低飞机故障率，可能出现事倍功半的效果。

不可否认，飞机的固有可靠性是影响飞机系统可靠性指标的最重要因素。固有可靠性低往往意味着故障率高，航空公司需要更多的飞机停场时间和维修资源排故，飞机可用率、日利用率、签派可靠度等关键指标必然下降。飞机固有可靠性低还可能体现在飞机定期检修要求多、故障后的运行限制多等方面，它们对飞机的可用率指标、航班正常性指标也有重要影响。因而，飞机系统/部件的升级改装成为提升飞机系统可靠性的重要手段。但是改装往往伴随着大量维修成本支出，而且并非一定能够成功提升可靠性，不应成为维修工程管理的首选措施。

机务维修管理能力是影响飞机系统可靠性的第二大因素。维修管理能力是对机务维

修系统运作情况的综合评价，具体到维修业务中，又可以细分为机队工程管理、现场排故管理、维修资源保障与配置管理、数据收集与统计方法等。有效的工程管理可以通过改装提高系统的固有可靠性，通过优化维修策略提高系统的使用可靠性；高效的现场排故管理可以提高故障排除的效率和质量，降低飞机故障对运行的不利影响；而对维修资源的优化配置可以提高检修和排故效率、减少飞机停场等待时间，从而提高飞机的利用率指标和航班正常性指标；而数据收集和统计方法则对飞机系统可靠性指标结果有直接影响，比如干扰数据、责任定性错误数据导致可靠性指标计算结果差于真实值，计算公式不合理导致计算结果与真实系统可靠性关联度差等。

公司经营策略对飞机系统可靠性有重大影响。可靠性管理的核心思想是将可靠性指标维持在可接受水平之上，盲目比较不同航空公司的可靠性指标或者过度追求较高的可靠性指标都是不恰当的。比如低成本航空公司以维修成本为导向制定维修策略，不会过度追求单项可靠性指标的提升；货运航空公司对航班不正常指标没有过高的要求，可以使用大量的老旧飞机和二手航材，但也必然会出现故障率偏高、可用率偏低的现象；而国有大型航空公司对安全性、正常性、经济性以及品牌美誉度都有较高的要求，对飞机系统可靠性指标的要求普遍较高。

公司管控能力也会影响飞机系统可靠性。机务维修保障只是航空公司飞机运行体系中的一环，机务系统与航空公司其他业务部门之间的协同配合也至关重要。航线规划部门与机务维修部门缺乏配合会导致飞机过站维修保障时间或资源不足，航班延误或取消事件的发生概率必然升高；飞行、客舱等空勤部门与机务维修部门之间缺乏配合可能导致飞机故障率的升高或故障影响增加；战略规划部门与机务维修部门之间缺乏配合可能导致机队构型复杂、维修管理难度增加。

飞机系统可靠性是一个笼统的概念。具体到可靠性管理工作中，我们需要根据管理需求设计具体的可靠性指标，并持续监控其变化趋势，或者对标有相似基本面的其他航空公司的可靠性指标。

第 6 章

民航可靠性管理体系的建立

民航维修可靠性管理对于飞机维修和运行来说并非必不可少。但是如果缺少可靠性管理工作，飞机维修质量和效率难以保证，民航维修系统也难以健康、持续地发展。可以说，可靠性管理是飞机维修体系的"维生素"。但是可靠性管理是一个相对抽象的概念，要在实际的飞机维修管理中落实，需要有足够的资源支持和程序保障。因而航空公司需要建立一个与其维修工程管理体系相匹配的维修可靠性管理体系，并获得监管局方的批准。

6.1　局方对民航可靠性管理的基本要求

1978 年 3 月，FAA 发布了咨询通告 AC 120-17A，在民航维修行业内首次向 FAR 121 和 FAR 127 营运人介绍了一种基于可靠性管理方法的维修控制体系。在此咨询通告中，FAA 给出的可靠性管理体系有完整的要素和流程，并持续生效 40 余年。2010 年 9 月，FAA 发布了咨询通告 AC 120-79A，对 FAR 121 和 FAR135 营运人提出了建立持续分析和调查系统（CASS）的要求。CASS 并非传统意义上的可靠性管理系统，但与可靠性管理体系有密切关系，它将可靠性管理、质量审核和安全管理整合到了一起，且不仅仅局限于维修领域。FAA 建议航空公司将基于 AC 120-17A 的可靠性管理体系整合到 CASS 中，因为可靠性管理体系只侧重维修方案中的定期维护要求，而 CASS 是针对维修方案所有要素的全面审计监督和分析计划。这里需要指出的是，CASS 中提到的维修方案是指广义的维修方案（CAMP）。

2018 年 12 月 19 日，FAA 发布了咨询通告 AC-120-17B 以取代 AC-102-17A，给出了与 CAMP、CASS 相匹配的可靠性方案编制指导原则和维修方案任务间隔调整评估逻辑。新的咨询通告中融合了最近几十年民航维修行业的发展成果，包括 EWIS、燃油箱安全分析项目、机务维修信息管理方法以及基于数理统计的可靠性分析建模方法等内容。

欧洲航空安全局（EASA）在有关维修方案的法规 AMC Part M.A. 302 中指出，航空公司基于 MSG 分析决断逻辑或状态监控建立维修方案时必须开展可靠性管理工作。但 EASA 没有给出对如何开展可靠性管理工作给出具体的指导意见。

中国民用航空管理局（CAAC）于 1993 年 4 月 15 日发布了 AC-145-01R1《民用航空器可靠性管理》，2005 年 3 月发布了 AC-121-54《可靠性方案》，2017 年 8 月发布了 AC-121-54R1《可靠性方案》，对 CCAR-121 部营运人除湿租以外的飞机提出可靠性管理要求和指导方法，以持续监控航空公司维修方案和维修实施的有效性。此咨询通告依据 CCAR-121 部第 121.368 条相关要求制定。

综上可见，开展可靠性管理工作是航空公司履行航空营运人持续适航责任的必然要求，具有强制性。无论是民航局对航空公司运行合格审定、年检还是不定期专项检查，航空公司可靠性工作是否符合局方规章以及航空公司可靠性方案的要求都是检查重点。除此之外，航空公司加入航空联盟（如国际航协）以及租赁飞机时，相关合同条款中也有关于飞机维修可靠性管理的相关要求。

6.2　可靠性管理体系的基本要素

民航维修可靠性管理的根本目的是持续监督维修方案和维修实施的有效性，通过持续不断的工程纠正措施和维修管理改进保证飞机的安全、可靠。因而可靠性管理工作的基本思路与全面质量管理中的戴明环类似，基本流程如图 6-1 所示。

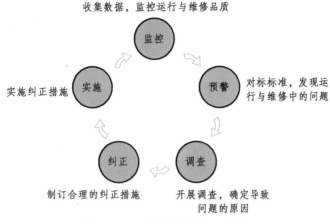

图 6-1　可靠性管理基本流程

可靠性管理的两个基本要素是实施机构和工作流程。这也是局方对航空公司可靠性管理工作的监管重点，而监管方式是审核和批准航空公司可靠性方案。航空公司需要在可靠性方案中详细说明可靠性管理体系的构成、工作标准和流程、组织架构和职责的内容，并按照可靠性方案的要求开展可靠性管理工作。

6.3　可靠性管理组织架构

可靠性管理工作需要对航空公司维修实施过程和维修效果的全方位监督，对问题的纠正措施可能涉及维修系统各业务部门。为了确保可靠性管理工作的顺利开展，航空公司需要有一个能够驱动机务维修各职能部门的权威机构来组织可靠性管理工作，同时也需要一个业务部门在该权威机构的领导下按照可靠性方案的要求落实具体工作。

6.3.1　可靠性管理机构

可靠性管理机构应是航空公司维修可靠性管理最高权力机构，负责组建航空公司可靠性管理体系，审查和批准对可靠性方案的修改，并确保航空公司维修系统各部门遵循可靠性方案的原则和要求开展可靠性管理工作。

根据民航法规要求，可靠性管理机构的成员应当由维修系统各部门人员共同组成，并被授权代表该部门；可靠性管理机构负责人应当由航空公司维修副总经理或其授权人担任，并且可靠性管理机构主要活动的最终结论和提交局方批准的方案修改都应当由该负责人决定。可靠性管理机构通过召开可靠性管理会议的形式履行其管理职责，通常包括：

① 组建航空公司可靠性管理体系，并对其进行管理和控制；

② 审议和批准航空公司可靠性控制方案；

③ 审议和批准航空公司维修方案；

④ 持续监督航空公司机队可靠性状况和可靠性工作开展情况；

⑤ 组织机队可靠性调查，决议可靠性纠正措施；

⑥ 就航空公司的可靠性管理工作与局方沟通协调。

可靠性管理机构的人员构成的多样性使其决策过程能够综合各个相关部门的意见和建议，确保了决策的权威性。而其负面效果就是决策质量和决策效率不高，机队规模越大的公司这种现象越明显。这种现象主要是由以下几个矛盾导致的。

1. 全面性与专业性的矛盾

可靠性管理涉及飞机维修的各个环节，为了确保可靠性管理机构的决策符合航空公司的最大利益，其决策过程需要参考各个相关部门的意见与建议，同时可靠性决议的落实也需要各个业务部门的支持与配合，因而可靠性管理机构成员来自多个不同部门。为了保证机构成员能够有足够权限代表其部门决策，这些成员多为各业务部门的主要负责人或者业务主管。

但是在维修工程管理实践中，可靠性管理机构讨论决策的各个可靠性议题往往只侧重于某一个专业或机型，该会议模式经常导致参会人员的专业性不足的问题。当可靠性会议无法对议题开展充分的专业性讨论和评估时，可靠性决议就容易出现可执行性不高或执行效果不佳的现象。

2. 权威性与及时性的矛盾

可靠性管理机构成员多由各业务部门管理人员兼职，因而成员常常因为出差、时间冲突等原因缺席会议。可靠性会议召开需要足够的成员出席率，因而无法频繁召开会议，这样就会导致待决议可靠性项目的积压。工程纠正措施无法及时确定和实施，工程管理效率必然下降。而若要提高可靠性决策效率，要么不经过可靠性管理会议，要么降低参会人员级别并缩短会议召开周期，但这些做法都会降低可靠性管理会议的权威性。

大型航空公司普遍机型多、分/子公司多，其维修人员专业细分度更高，管理层级更多，可靠性决议权威性、专业性与及时性之间的矛盾也更突出。为了解决这些问题，大型航空公司一般会将可靠性管理机构按照机型、专业、类型等细分为多个层级，并根据不同层级可靠性管理机构的职责配备合适的成员。常见的可靠性管理机构细分方式见表6-1，不同的分类标准可以组合使用，比如技术类层级可以按照专业细分，而系统专业还可以继续按照机型或厂家细分。因而航空公司可以灵活制定与其维修管理系统相匹配的可靠性管理多层级机构。

表 6-1 可靠性管理机构分类方式

分类方式	类 型	类型说明
议题类型	政策类	可靠性方案修订，维修管理方式/政策变更
	技术类	对直接影响飞机安全性、正常性、经济性项目的技术讨论、评审与决议，可按专业或机队进一步细分
专业	发动机	可按供应商进一步细分为 GE（通用电气公司）、PW（普惠公司）、RR（罗罗公司）等
	结构	可按专业进一步细分为疲劳、腐蚀、意外损伤等
	系统	可按机型细分，或按专业细分为机电、电子等
	维修方案	可按机型、专业、任务类型等进一步细分
机队	机型	A320、A330、B737NG 等
	厂家	波音、空客、商飞等
	构型	窄体机、宽体机等
		小型飞机、中型飞机、大型飞机等

多层级的可靠性管理机构中，下层管理机构侧重于解决技术性问题，主要由工程技术部门工程师参与，对机队运行中出现的可靠性问题及时启动调查和讨论，可以满足可靠性决议对专业性和及时性的需求；中层可靠性管理机构侧重于对可靠性项目的决议和落实，主要由各业务部门人员参加，对下层可靠性管理机构提交的技术解决方案进行评审和决议，并协调各业务部门推动可靠性决议的执行，可以满足可靠性决议对全面性的需求；上层可靠性管理机构重点解决与可靠性管理相关的政策性问题以及对飞机安全性、经济性有重大影响的技术性问题，其成员主要来自机务维修系统管理层，可以满足可靠性决议对权威性的需求。

多层级的可靠性管理机构虽然能够满足航空公司维修管理需要，但存在运作复杂、组织管理困难、不同层级可靠性管理机构分工不清晰、同一层级管理机构之间决议冲突等问题，对可靠性管理部门要求较高。

6.3.2 可靠性管理部门

无论可靠性管理机构如何设置，都是一个虚拟的松散机构，不负责日常可靠性管理事务。航空公司需要有一个可靠性管理部门负责按照可靠性方案规定的流程和原则配合可靠性管理机构开展具体的可靠性管理工作。可靠性管理部门可以是维修系统的一个独立业务部门，也可以由多个业务部门根据业务关联性联合承担。

可靠性管理部门的基本工作内容：

① 数据收集职能：制定航空公司可靠性数据收集标准，编制和发布可靠性报表；

② 性能监控职能：制定和维护可靠性监控性能模型，发布可靠性预警项目清单；

③ 可靠性调查管理职能：管理可靠性调查项目的启动和关闭；

④ 可靠性会议管理职能：协调组织可靠性会议的召开，跟踪落实可靠性决议；

⑤ 可靠性方案管理职能：承担可靠性方案的编写、修订、报批与执行工作。

基于对上述基本工作的关注重心的差异，当航空公司需要加强对可靠性管理工作的合规性时，一般是将可靠性管理列为质量管理序列；当航空公司关注可靠性管理工作对机队工程管理的促进作用时，一般是将可靠性管理列为工程管理序列。航空公司刚刚建立可靠性管理体系时，为了在维修系统内建立"以可靠性为中心的维修"理念，打通可靠性管理的工作流程，满足局方对航空公司可靠性管理工作法规符合性检查，一般将可靠性管理部门设置在质量管理体系中。在解决了可靠性管理体系从无到有的问题以后，为了切实发挥可靠性管理在机务维修工程管理中的作用，提高机队的运行可靠性，航空公司会增加对可靠性管理工作的工程技术资源投入，可靠性管理部门会慢慢转换到工程管理体系中。但无论可靠性管理部门如何设置，可靠性管理工作有效的开展离不开足够的机务维修资源支持和机务维修各业务部门之间的密切配合。

6.4 可靠性控制方案

CCAR-121 部第 368 条指出，121 营运人应制定可靠性方案来说明可靠性管理体系的工作方式，而可靠性方案及其任何修订应得到局方的批准。可靠性方案是局方监管航空公司可靠性管理工作开展情况的抓手，也是航空公司飞机维修领域非常重要的程序手册之一。

可靠性方案的编写形式比较自由，航空公司可以将其编写为一个完整手册，也可以按照机型或者专业编写成多个分册，关键是要满足局方法规对手册内容的要求。

6.4.1 内容构成

可靠性方案需要说清楚航空公司可靠性管理体系的运作模式以及该方案本身的管理要求，因而其内容应至少包括对方案基本信息、可靠性管理机构以及可靠性控制体系的说明。方案基本信息一般包括方案的批准证明、修订控制、总体叙述、术语定义、适用范围、批准和修订原则等内容。对可靠性管理机构的说明，应至少包括管理机构的人员组成、职责与分工、工作方式等内容。可靠性控制体系应至少包括数据收集、数据分析、改正措施、性能标准、数据显示和报告、维修间隔调整和工作内容变更等要素。

当飞机需要执行一些特殊运行时，局方规章对特殊运行相关的飞机系统有更高的可靠性要求，一般需要航空公司在特殊运行航班执行前开展相关系统的附加维护检查工作，比如对 ETOPS（双发飞机延程运行）航班，需要特别计算发动机滑油耗量，检查货舱密封性等；对于高高原航班，需要特别检查机组和旅客氧气系统；对于跨水航班，需要确保飞机有足够的救生设备等。与此同时，为了对航空公司特殊运行航班可靠性进行更精细的监控，局方对部分特殊运行类型还有补充可靠性管理要求，这些要求多是建立在可靠性通用管理要求基础上的面向事件的管理要求，即及时向局方报告与特殊运行密切相关的重要事件和相关可靠性数据并视需开展工程调查。常见的补充可靠性管理要求的特殊运行有 ETOPS 运行、高高原运行以及 CATⅡ（仪表着陆系统Ⅱ类）/HUD（平视显示

仪）运行。当航空公司申请上述特殊运行能力时，也应在其可靠性方案中描述这些补充可靠性管理要求。

6.4.2　修订与批准

可靠性方案是需要局方批准的航空公司受控技术文件，其修订和批准有严格的管理要求。首先，对提交局方批准的可靠性方案的修订应由可靠性管理机构负责人决定。如上文所说，可靠性管理机构并非一个业务部门，不会参与对可靠性方案的编写与修订，只是承担审核与批准职责。因而对可靠性方案的修改普遍执行二级批准原则，首先由航空公司可靠性管理机构内部批准，然后由监管局方正式批准。

正常情况下，对可靠性方案的任何修订都应得到可靠性管理机构的批准。而可靠性管理机构是建立在初始可靠性方案生效的前提下的，因而初始可靠性方案提交局方审批前无须经过可靠性管理机构批准。可靠性会议完成对可靠性方案的更改提议评审后，由可靠性管理机构负责人在可靠性方案或其临时修订页上签字批准。

可靠性方案完成内部审批后再提交局方审批。但局方为了提高监管效率，只对航空公司初始可靠性方案以及可靠性方案的重要修订进行审批。以下内容一般被认为是对可靠性方案的重要修订。

① 导致航空公司可靠性管理机构设置变化的修订；
② 导致可靠性方案适用范围变化的修订；
③ 导致数据收集系统实质性变化的修订；
④ 导致可靠性性能监控模型和标准实质性改变的修订；
⑤ 导致可靠性数据分析方法变化的修订；
⑥ 导致维修方案项目更改原则和流程重大变化的修订。

局方对可靠性方案的审批按照方案的编写/修订情况分为初始方案、重要修订和不重要修订三类，每种类型有不同的时限和审批材料要求，如图 6-2 所示。

图 6-2　可靠性方案的审批要求对比

初始方案的审批一般要求至少在机队计划投入运行前 30 天向局方提交审批申请。对可靠性方案的重要修订在获得局方批准前不能实施，且应在计划开始实施日期前至少 30 天向局方提出报批申请；而对于不重要的修订，航空公司可以直接实施，并在实施后的

30 天内向局方报备，如局方对修订内容有不同意见，则暂停实施并重新修订。

向局方提交相关审批材料的目的是让局方充分了解航空公司可靠性管理体系的运作机制，使局方相信航空公司的可靠性管理方法能够满足法规要求，从而更容易获得局方的批准。局方对航空公司申请材料的具体格式并无明确要求，主要进行合规性审查，当审核认为可以接受航空公司对可靠性方案的更改时，将在方案的批准页和有效页清单盖章并签字批准。

6.5   可靠性管理工作的外委

考虑到很多飞机营运人存在执管飞机数量较少、维修工程管理能力薄弱的问题，民航法规中允许营运人将其维修工程管理职能委托给其他有资质的公司/机构，这自然也包括维修方案和可靠性管理工作。对于可靠性管理来说，营运人既可以委托他人建立自己的可靠性管理体系，也可以加入他人或者飞机制造厂家成熟的可靠性管理体系中。但是无论哪一种形式，营运人仍需要编制自己的可靠性控制方案来说明其可靠性管理模式和流程，以便于承担自己的适航管理责任。

一般来说，当委托其他公司建立自己的可靠性管理体系并开展可靠性管理时，基本工作流程与航空公司自己开展可靠性管理区别不大。可靠性管理机构无论何时都应由营运人自身主导，确保可靠性管理机构的工作首先保证委托方的利益。可靠性管理部门的相关工作可以全部由被委托方开展，但被可靠性管理机构监督。

当营运人加入其他航空公司可靠性管理体系时，应有自己的可靠性管理机构和可靠性管理部门，但其职责应偏向监督和协调，参与、审核和监督所加入的可靠性管理体系的活动，确保对方将营运人的飞机纳入其可靠性管理体系并按照双方的协议开展可靠性管理工作。在这种模式下，营运人的可靠性管理机构和部门类似于其他航空公司分/子公司的可靠性管理分支机构，但具有一定的自主权。

第 7 章

民航可靠性管理体系的运作

可靠性管理体系的核心是可靠性控制系统。可靠性控制系统是一个闭环的质量管理系统，通过观察飞机系统和部件的运行可靠性状况，并与预定的可接受标准相比较，对不良趋势及时采取措施进行纠正，使目标可靠性指标维持在可接受的水平。

可靠性控制系统的基本构成都是相似的，但是不同公司开展具体工作的流程、标准和方式差别较大，这既与航空公司组建维修管理体系的时代背景有关系，也与其维修工程管理模式和能力有关系。如果航空公司因机队规模小、维修工程管理能力薄弱等原因加入其他航空公司或飞机制造厂家的可靠性管理体系，该航空公司要么直接使用别人的可靠性控制系统，要么按照该可靠性管理体系的要求建立类似的可靠性控制系统。如果航空公司组建自己的可靠性管理体系，则需要设计一个满足自身维修工程管理需要的可靠性控制系统。一个好的可靠性控制系统可以显著提升可靠性管理效率和质量，进而对提高维修工程管理能力、降低维修成本方面产生巨大促进作用。

下面将详细探讨可靠性控制系统的各组成要素的工程实践方法，为航空公司可靠性管理工程师提供参考。

7.1　数据收集系统

可靠性是样本群体的一个统计属性，因而对可靠性的管理离不开数据统计分析，收集数据是展开可靠性管理工作的前提条件。数据收集系统为飞机可靠性管理提供及时、完整、准确的各类飞机维修和性能数据，以支持后续各项工作的开展。数据收集工作涉及机务维修工作的各个环节，需要维修人员全员参与，做到容易但做好困难。航空公司应在可靠性方案和相关工作程序中明确数据收集的类型、方式、责任部门/人员、时限要求和内容标准，并持续监督所收集数据的质量。

7.1.1　数据价值

21 世纪是信息时代，人们普遍认可了数据的价值。但是对于机务维修数据的价值，机务维修人员普遍缺少清晰而全面的认识，因而对数据收集工作的重视和资源投入不够，当深受其害时已难以弥补。飞机维修数据的价值由其能够发挥的作用决定，而数据能够发挥的作用又与数据的数量和质量密切相关。数据的数量不仅体现在数据条目上，还应体现在数据类型、分布年份等统计指标上；数据质量则体现在数据的颗粒度、数据的准确度以及数据的可用性等方面。

对维修数据的分析有助于提升机务维修管理效率和决策质量。无论是机务维修管理政策的制定，还是工程技术文件的评估，都建立在对机队运行状态全面了解的基础上。机务管理人员和工程技术人员需要通过数据分析及时把握机务维修系统和飞机系统的薄弱环节，有针对性地制定纠正措施，合理决策，有的放矢。脱离对机队运行数据分析的决策就像盲人摸象。

好的机务维修数据可显著提升机务维修各业务部门的工作效率。无论是维修方案的优化、航材送修索赔，还是维修人员工时管理、飞机故障的排除，都离不开对维修数据

的分析。维修数据可用且好用将明显降低各业务部门人员数据处理的时间周期，提高工作效率，进而降低机务人力成本、减少盲目决策损失。

维修数据在飞机适航性管理方面也发挥了重要作用。为了确保飞机安全运行，局方对航空公司二手航材、PMA 件使用以及老龄飞机结构完整性管理方面都有严格的管理要求，而维修记录的管理就是重要内容。维修数据的不完整将直接影响二手航材和飞机历史结构修理/改装适航性。对于航材来说，如果找不到部件历史装机履历，要么按照最保守的算法估算其使用时间，要么直接报废。对于结构修理或改装来说，如果缺少满足要求的修理记录，需要重新执行修理或改装，无论是修理方案的制定，还是飞机长时间停场，都可能需要较高的维修成本。类似的问题在航材索赔、飞机退租等环节也时有发生。

飞机维修数据还可能与航空公司的财务费用直接关联，它表现在对航材租赁、飞机/部件包修等费用的结算上。航空公司很多财务费用的结算与飞机的飞行时间、飞行循环等运行数据挂钩，而数据收集标准和方式的差异对运行数据统计结果会产生较大的影响。以飞行小时统计为例，空中飞行时间与轮挡时间（地面滑行与空中飞行时间之和）相差约 15%，飞行记录本记录时间与 ACARS（飞机通信寻址与报告系统）记录时间相差可能达到 3%。不当的时间参数选择会产生较大的财务费用差异，因而航空公司会在合同约定范围内采用对自己有利的运行数据进行费用结算。

鉴于飞机维修数据在机务维修领域各环节中体现出的价值，各航空公司、飞机/部件制造厂家开始将其视为重要资产，并不断尝试丰富自己的维修数据，常见的方法有数据共享、数据采购等。数据共享最常见，其中航空公司之间常见的数据共享是机队可靠性指标数据的交换与对标，以及工程纠正措施的经验交流。而航空公司与飞机制造厂家之间的数据共享更深入，一般是航空公司加入飞机制造厂家的可靠性数据共享计划，向飞机制造厂家定期提供规定类型和格式的维修数据，并对等获得该数据共享计划中的世界机队数据资源。民航业务比较有名的可靠性数据共享计划有空客的飞机运营信息在线系统（IDOLS）和波音的在用飞机数据共享系统（In-Service Data Program，ISDP）。而航空公司与部件供应商之间的数据共享相对较少，一般是一方有需求时才会向另一方申请，数据需求量不大，且多数情况下不是对等交换。通过数据采购的方式获取维修数据在民航业内相对较少，早期主要是航空公司向飞机制造厂家采购特定类型数据，但近几年来高校、企业因科研需求向航空公司采购维修数据的需求有增加趋势。

7.1.2　维修数据类型

民航机务维修数据按数据的产生来源可以分成以下几大类。

1. 构型数据

构型数据是记录飞机/部件的属性、构型、能力等基本信息的数据，包括飞机的机型、厂家序号、发动机型号、APU 型号、生产和交付日期、执管单位、客舱布局、特殊运行能力、SB（服务通告）/EO（工程指令）完成状态等。构型数据不是可靠性性能监控所需的核心数据，但属于可靠性数据分析与纠正措施制定时必须参考的数据。

民航维修可靠性管理（系统运作）

2. 运行数据

运行数据是反映飞机使用状况的数据，包括飞机的飞行架日、飞行小时、飞行循环、连续起落、航班历史、航班类型。运行数据反映了飞机的运行特点，也是计算各类指标数据的基础数据。

3. 故障数据

故障数据是飞机运行期间报告的与飞机系统故障或机务维修管理相关的不正常信息，或飞机/部件检修过程中产生的与故障相关的数据。常见的故障数据包括机组/客舱报告、维护记录、工作单卡执行记录、非例行卡记录、航班延误/取消事件报告、飞机使用困难报告、部件拆装记录、结构损伤修理记录、部件修理报告、化验/检测报告等。故障数据是飞机/部件可靠性状况的最直接反映，是飞机可靠性管理所需的核心数据。

4. 业务数据

业务数据是指机务维修业务开展过程中形成的数据。与可靠性管理相关的业务数据侧重于航材业务数据以及附件监控业务数据，如部件的采购、验收、发料、拆装、送修等业务产生的数据，以及工程管理业务数据，如 AD/SB 评估、维修方案修订与 EO 编写等。业务数据是可靠性管理对维修实施过程监控的窗口，可靠性数据分析与纠正措施制定时一般会参考此类数据。

5. 指标数据

指标数据是基于故障数据、业务数据、运行数据等原始数据按照预定的公式计算产生的数据，一般用于管理/评价或对标/考核，常见于各种可靠性报表中，也是管理人员最常用的维修数据。指标数据种类繁多，既有行业内约定俗成且标准统一的数据，如航段长度、部件 MTBUR（平均非计划拆换间隔时间）、MTBF（平均失效间隔时间）等；也有行业内普遍使用但计算方法各异的数据，如放行可靠度、飞机故障率、飞机可用率等；更有基于公司内部管理需要临时产生的数据，如航前延误率，换件 NFF（无故障发现）率等。指标数据管理的核心是标准。标准清晰，指标数据才有价值；标准被公众接受度越高，指标数据的价值也越高。在不清楚别的公司的计算标准的情况下使用其指标数据对标很可能被误导。

7.1.3 数据收集要求

如上文所说，数据的价值是由其数量和质量共同决定的。数据数量的积累取决于航空公司机队规模、运营时长以及数据收集范围这三个要素，无法一蹴而就。数据质量则取决于航空公司对数据收集工作的管理要求。对数据质量影响最大的要素有以下几个：

1. 准确性

准确性是影响数据质量的最重要要素。无论是民航法规对维修记录的填写要求，还是航空公司业务管理对维修数据的使用要求，数据准确性都非常重要。数据错误不仅可能导致工作流的中断，还有可能导致构型判断错误或维修任务执行超期并进而影响飞行

安全。因此，当数据准确性不高时，部分关键维修业务所使用的数据必须由人工确认其准确性，但这样就会成为业务流程自动化的阻碍，工作效率难以提升。

常见的维修数据错误集中在 ATA 章节填写错误、部件序号录入错误、部件装机使用履历错误、非例行工卡与例行工卡关联错误、故障记录中的部件名称填写错误等。有些错误是人为差错导致的，有些则是维修工作管理不到位、维修记录填写标准不明确导致的。航空公司需要建立一个数据校验/审核机制，在对收集到的数据进行数据分析前对任何可能发现的疑问进行核实，以便提高性能监控模型预警准确率。当前航空公司对数据的校验和审核主要由人完成，随着机器学习和人工智能的发展，该工作将逐步由机器完成，最终实现录入数据的实时校验和修正。

2. 完整度

维修数据的完整度表征维修数据规定字段值的填写完成情况。一条完整的维修数据应该由多个信息要素共同构成。当关键信息拼图不完整时，数据质量就大打折扣。

人的因素是导致数据完整度不高的首要原因。数据填写/录入人员因为时间压力、个人能力或者贪图省事等原因而忽略对主观认为不重要信息要素的填写。数据录入标准的不统一也会导致所收集数据的填写完整度不高，比如所收集的故障数据来源于其他数据录入系统，而该数据录入系统的字段填写要求低于可靠性数据收集要求时，可靠性数据的部分字段就会出现空缺。

3. 颗粒度

颗粒度反映维修数据包含信息的精细程度。颗粒度与完整度相辅相成，通过增加维修数据包含的字段值可以从标准制定的角度提高数据颗粒度，但字段值增多导致收集难度的增加，进而导致数据完整度的降低。但数据完整度提高并不意味着颗粒度一定提高。以飞机故障记录的填写为例，故障记录数据颗粒度差异对比如表 7-1 所示。

表 7-1　故障记录数据颗粒度差异对比

编号	机号	章	节	日期	故障描述	排故措施
1	B-1234	32		2020-05-20	C 检换件	C 检换件
2	B-1235	32	00	2020-05-20	C 检换件	C 检换件
3	B-1236	32	40	2020-05-20	刹车计量活门漏油	更换刹车计量活门
4	B-1237	32	41	2020-05-20	左刹车计量活门漏油	更换刹车计量活门

2 号数据的完整度比 1 号数据高，但这两条数据颗粒度是一样的，这是因为 2 号数据的 ATA 节的填写值过于粗略，未包含实质性信息。2、3、4 号数据的完整度一样，但颗粒度逐渐提高，这是因为 ATA 节的填写值以及故障描述内容越来越具体，包含信息集中度越来越高。

数据颗粒度提高，意味着数据分析时对无关数据的剥离更便捷和准确。数据分析受到的干扰越少，分析结论越接近真相。但数据颗粒度并非越高越好，因为颗粒度高会导致数据收集难度的提高、数据收集效率的下降以及数据存储量的增加，而数据中超出使用需求的冗余信息越多，数据处理难度也越大。基于航空公司当前和未来的维修数据需求分析，确定一个相对合理的数据收集标准非常有必要。

4. 及时性

不同维修数据基于其用途对数据时效性有不同要求。从民航维修管理的角度来说，适航性报告的填报和调查具有时限要求，不同公司内部对业务流的管控也有时限要求，这些工作流通常由各类维修数据驱动，因而维修数据填报的及时性也非常重要。常见的对数据及时性要求较高的数据有飞机运行数据、机组报告数据、航班不正常及使用困难报告数据、结构腐蚀报告数据、构型变更数据等，这些数据与维修方案项目的适用性、维修项目执行控制、SDR（使用困难报告）事件上报、重复故障管理等有密切关系，收集不及时不仅满足不了民航规章要求，还可能导致飞机不适航，甚至影响飞行安全。

5. 可读性

维修数据与维修记录的重要区别在于维修数据是整理后的、便于阅读和处理。可靠性控制系统收集数据最直接的目的是对数据进行评价和分析。早期互联网技术（IT）尚未普及时，数据的收集和整理是非常耗费时间和精力的工作，因而可靠性管理工作只能针对小机队或者少量的可靠性性能监控对象开展。IT 系统的普及和飞速发展改变了民航可靠性管理，使可靠性管理工作不再受数据收集和整理工作的制约，数据处理和分析更简单便捷。国内某航空公司的实践经验表明，同样开展一项可靠性预警项目的工程调查，在部件拆换记录、使用时间和修理报告未实现电子化之前，工程师至少需要 1 周时间收集和整理相关调查数据；当维修数据实现电子化管理以后，数据收集和整理仅需半天时间，整个可靠性工程调查周期平均缩短 60%。

增强数据可读性的关键是对数据的结构化和数字化，利用数据库对维修数据的不同信息元素分类管理，并增加不同维修数据之间的关联关系。下面以一条航班延误事件报告数据来说明不同收集方法的差异，见表 7-2 和表 7-3。

表 7-2 示例数据 1

机型	机号	单位	ATA	日期	事件描述
B737NG	B-1234	北京	32	2020-5-20	执行合肥至北京 XXX 航班，滑出前绕机检查发现左 1 号刹车组件漏油，更换后正常，延误 30 min

表 7-3 示例数据 2

机型	机号	单位	ATA	日期	发生地	航班号	发生阶段	事件描述	后果
B737NG	B-1234	北京	32	2020-5-20	合肥	XXX	滑出前	绕机检查发现左 1 号刹车组件漏油，更换后正常	延误 30 min

数据 1 和数据 2 包含的信息量是相同的，但是数据 1 的很多信息混杂在"事件描述"字段中，而数据 2 在数据收集标准设计时做了更多的结构化，将特定的信息要素如"发生地""发生阶段""后果"等内容从"事件描述"中剥离出来。这样工程师使用数据 2

进行数据处理和分析时会便捷很多，数据 2 的可读性更高。

数据 1 和数据 2 一般都是由机务运行控制人员填报的。假设数据 1 是在 IT 平台上以数据库格式收集的，而数据 2 是通过纸质报告编写后扫描归集的。那么即使数据 2 结构化程度更高，对于工程师来说，其可读性也没有数据 1 高，因为数据 2 没有实现真正的数字化，无法被计算机直接识别和处理。

7.1.4 数据收集方法

基于对维修数据收集要求的分析可知，使用 IT 系统收集和管理维修数据是最佳选择，也是当前各航空公司普遍采取的方法。但 IT 系统与机务维修业务的融合方法、程度也各有不同。收集方式的不同主要受以下几个因素的影响：

1. 维修记录管理要求的独特性

民航规章对维修记录填写的主要要求是真实、明确与合规，目的是如实记录航空器/部件的维修过程，明确维修与放行人员的适航责任，因而签署记录是非常重要的维修记录元素。而维修数据收集工作虽然也强调记录的真实、准确性，但一般不用于人员责任追究，因而对签署/批准内容无太多要求。但是维修数据收集是建立在维修记录基础上的，当维修记录因电子签署技术的制约无法与 IT 系统深度融合时，维修数据收集同样受到制约。此类维修记录的典型代表就是飞行记录本的电子化以及工作单卡的电子化。随着驾驶舱 EFB、飞机维修手持终端以及无线数据传输技术的普及，电子化维修记录的填写与数据传输已经水到渠成，但是如何保证维修记录签署不被篡改成为民航监管部门批准维修记录全面电子化的拦路虎。而生物特征识别技术以及区块链技术为此问题的解决提供了可行思路。但是在此之前，航空公司能够采用的维修记录填写模式就是全部手填或者 IT 系统填写与手写签署相结合。而航空公司数据收集系统也只能通过对纸质记录的人工转录或系统数据共享的方式收集维修记录数据。

2. 维修记录来源的分散性

航空器维修具有资金投入大、技术门槛高、市场范围小的特点。因而为了保证机务维修产业的健康发展，航空器维修产业持续向全球化、专业化方向发展。航空公司的飞机/部件维修普遍采用自修与外委相结合的模式，不同航空公司的区别仅在于二者占比值。这就意味着航空公司的维修记录存在多种来源。虽然航空公司理论上可以要求承修其飞机/部件的维修单位提交符合其要求的维修记录，但是当航空公司因公司影响力、部件特殊性等原因处于弱势地位时，承修商并不一定愿意为航空公司提供维修记录定制服务。而维修记录来源、标准与格式的不统一必然会给航空公司维修数据收集工作带来较大挑战。很多维修记录需要航空公司人工转换成符合维修数据收集标准的故障数据，或者直接按原有格式存储成非结构化数据，部件修理报告就是最典型的代表。

3. 航空公司自身情况的差异性

航空公司的历史包袱、公司规模、管理模式的差异都会导致其数据收集体系的明显差异。一般情况下，机队越单一、公司组建越晚的航空公司，其维修数据收集体系越简

单、高效；而机队规模越庞大、历史越悠久的航空公司，其数据收集体系越复杂、落后。以国内三大航为例，在几十年的发展历程中，三大航融合了多家独立的航空公司，普遍运营过 15 种以上机型，且分/子公司众多。这种情况下，其数据收集体系的每一次改进都需要考虑新、老数据标准的兼容性、业务流程变更的过渡性以及维修记录管理的合规性等问题。而新航空公司组建自己的数据收集体系时，相当于在白纸上作画，各种新思路、新方法、新标准都可应用。

目前，航空公司内部常见的数据收集方法有四种，见图 7-1。方式 1 是获取纸质的维修记录，并由航空公司安排专人转录入可靠性数据收集系统；方式 2 是由维修人员直接在可靠性数据收集系统录入；方式 3 是由维修人员在其业务数据库中录入数据，并通过数据库接口程序自动或半自动地传送到可靠性数据收集系统中；方式 4 是由数据采集设备自动采集数据，并自动传输到可靠性数据收集系统中。航空公司一般根据数据的来源、特点等选择与公司管理模式相适应的收集方式组合。

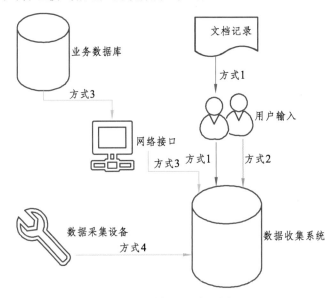

图 7-1　数据收集方法

对于航空公司来说，方式 1 的效率最低，且数据质量难以保证，应尽量避免；方式 2 和方式 4 收集数据最直接，但一般局限于航空公司内部使用；方式 3 的应用相对广泛，是航空公司解决多种数据来源的最佳办法。

7.1.5　常见维修数据

7.1.5.1　飞机运行数据

飞机运行数据是航空公司必须收集、统计的基础数据，它能够衡量航空公司的经营状况、飞机/部件的使用状况。运行数据的收集质量反映一个公司的管理精细化程度。

常见的飞机运行数据包括小时、起落（循环）数、飞机架日等。而小时又可以细分为飞机空地小时、飞机空中小时、飞机营运小时、发动机小时、APU 小时等；起落数可以分为营运起落数、正常起落数与连续起落数；飞机架日可以分为在册架日、在用架日、可用架日、不可用架日等。不同类型运行数据的差异见表7-4。小时与起落数数据属于生产数据，一般由机组人员填写或飞机系统自动记录；而飞机架日属于状态数据，一般是由机务人员基于飞机的状态统计填写。不同公司对这些术语的定义有一定差别。

表 7-4 常见飞机运行数据分类与说明

数据类型	解释说明
飞行小时	飞机从起飞机轮离地到着陆机轮接地经历的全部时间
空地小时	飞机从滑行前撤除轮挡至着陆停稳后放置轮挡的全部时间
营运小时	可能产生经营收入的航班对应的飞行小时
发动机小时	一般等同于飞机的飞行小时
正常起落	飞机从滑跑起飞到着陆完成的完整过程
连续起落	飞机着陆接地后没有使用刹车而再次起飞产生的额外起落
营运起落	能够产生经营收入的航班对应的飞行起落，一个商业航班因返航或备降而产生的多个起落只被视为一个营运起落
发动机循环	发动机从启动到关断且推力达到起飞功率的完整热循环
APU 循环	APU 从启动到关断的完整过程
在册架日	航空公司实际拥有的已注册飞机的架日，包括在用架日和不在用架日
在用架日	纳入航空公司运行规范和航空公司使用计划的飞机的架日，包括可用架日和不可用架日
不在用架日	除了在用架日外的其他在册架日，包括航空公司计划停止营运的飞机和没有纳入运行规范的飞机的架日
可用架日	包括飞行架日和备用架日
不可用架日	除可用架日之外的其他在用架日
飞行架日	执行正常飞行任务的架日
备用架日	停留在基地、可随时用于执行正常飞行任务的架日
检修架日	因执行计划性检修而不可用的架日
故障架日	因飞机故障而不可用的架日
改装架日	因执行飞机改装而不可用的架日，如改装的目的是改变飞机用途或消除其重大运行限制，可被视为不在用架日
封存架日	长期封存飞机的架日，一般被视为不在用架日
退出架日	飞机从停止商业运营至飞机因退租、出售或拆解而注销飞机注册号期间的架日，一般被视为不在用架日
引进架日	飞机从交付到货至投入首次正常飞行期间的架日，一般被视为不在用架日
禁用架日	飞机因事故、严重缺陷或其他原因被政府以指令形式禁止商业运营的飞机，一般被视为不在用架日

运行数据是通过对一次次的航班执行记录以及飞机状态变化情况的记录的汇总产生的。要想实现对运行数据的精准分类和汇总，就需要精准记录航班执行记录和飞机状态变化记录。当航空公司机队规模较大时，此类数据量也非常大，如果不能够通过 IT 系统实现数据自动收集与归类，必然难以保证数据收集的及时性与准确性。早期的飞行小时与飞行循环是通过飞行员填写的飞行记录本数据收集的，无论是飞行员的填写过程，还是机务人员将飞行记录本输入转录到维修数据收集系统的过程，人为填写/录入差错率高和数据误差大的问题都难以避免，APU 时间数据也难以收集到。而利用 ACARS（飞机通信寻址与报告系统）技术从飞机 QAR（快速存取记录器）数据中直接提取发动机启动、机轮离地、机轮触地以及停留刹车设置和取消时间，就可以由计算机系统自动收集到精确的飞机运行数据。飞行记录本数据将作为维修记录和备用数据使用。

除了收集小时、起落数等运行数据，航班特征信息也是运行数据的重要组成部分，它们对运行数据的细分归类、数据分析、特殊运行补充可靠性管理等有重要作用。这些特征信息包括航班起飞地与着陆地、航班类型（营运、训练、调机等）、航路特征（跨水、ETOPS、高高原、极地等）、特殊运行类别（RVSM、CATⅡ、HUD 等）。这些特殊信息可通过飞行记录本由飞行员填写获取，但优先应从航空公司运行控制部门的数据库自动获取。

架日数据是评价航空公司某一个时间段内飞机资源数量与状态的重要参考。架日数据的精准分类与记录需要航空公司强大的机务维修管理系统的支持。机务维修控制部门需要实时了解每一架飞机的准确状态，并在维修管理系统中记录状态的变化时间点。举例说明，一架飞机航后执行 4A 检，计划上午 10 点结束，12 点开始执行正常航班。如果计划顺利，这架飞机的架日情况应该是检修架日 0.5，飞行架日 0.5。但是实际上，该飞机上午 10 点完成 4A 检后，放行时发现一个没有包含在 A 检工作中的故障，且无法保留放行，需要排故。而航材需要从其他地方借调过来。下午 3 点，航材到件，开始排故，晚上 8 点完成排故，并开始执行航班。当航空公司维修管理系统对该飞机的每一个状态记录不清晰时，可将航材调件、排故等时间都记录到定检工作中，即检修架日 0.85，飞行架日 0.15；如维修管理系统精确记录飞机状态，那么架日数据可能是检修架日 0.5，故障架日 0.2，停场待修架日 0.15，飞行架日 0.15；如果航空公司缺乏记录此类数据的 IT 系统，数据统计精度会很低，这一天很可能忽略 0.15 的飞行架日，简单标记为 1 个检修架日。但是统计数据精度降低，必然会丧失部分真实信息，如航材保障能力不足的问题，不利于机务维修管理能力的提升。

7.1.5.2 飞机故障类数据

飞机故障类数据直接反映飞机的可靠性状况，是可靠性数据收集的核心，也是工程调查和数据分析的主要对象。因而故障类数据应包含的最关键信息是故障对象、故障现象以及排故措施，但是其他信息如章节号、发生地、数据来源、后果影响等也是对故障数据管理和分析的重要参考。常见的飞机故障类数据按照来源和类型分成以下几种，如表 7-5 所示。

表 7-5　常见飞机故障数据分类

类型	来源	说明
故障报告	机组报告	由飞行员在飞行记录本反映的故障
	客舱报告	由乘务员在客舱记录本反映的客舱设备/设施故障
	维护报告	由机务人员发现并在飞行记录本和客舱记录本填写的故障
	非例行卡	由机务人员填写的飞机检查和使用中发现的问题
事件报告	延误取消报告	描述因机务原因导致的航班延误或取消的事件报告
	使用困难报告	按民航局使用困难报告填报要求报告的飞机故障或事件报告
	结构损伤修理评估报告	机务人员针对飞机结构损伤填写的损伤描述、修理和评估报告

　　不用的故障报告类型包含的字段信息有所差异，下面针对数据收集中存在的共性问题和独有问题分别进行详细说明。

　　1. ATA 章节号的填写标准

　　民航飞机 ATA 章节编号普遍遵循 ATA100 规范，而 ATA 章节号也是民航维修管理中非常重要的分类依据。故障数据自然也需要按照 ATA 章节进行分类，以便于后续数据统计、预警、分析等工作的开展。但 ATA 章节填写质量不高的问题长期困扰可靠性工程师，主要有以下几方面原因。

　　第一个原因是 ATA100 规范对 ATA 章节的划分精度不高，只是精确到节号第 1 位，如表 7-6 所描述的例子，21-30 代表空调系统的客舱增压子系统，但是该子系统内仍可细分 21-31、21-32、21-33 等，子系统下还可以继续划分并精确到部件级，如 21-31-01、21-31-02 等。但是只有 ATA 前三位编号有统一标准，ATA 后三位一般由飞机制造厂家自行分配。表 7-6 的比对结果说明不同飞机制造厂家的编号差异很大。但是机务人员在航线维护中需要面对不同厂家的多种型号飞机，在填写维修记录时因 ATA 编号记不清而填错或者为了避免填错而降低填写精度的情况就会经常发生。

表 7-6　不同机型 ATA 编码差异对比

ATA 编码精确度	A320S		B737NG		E190	
3 位	21-30-00	增压系统	21-30-00	增压系统	21-30-00	增压系统
4 位	21-31-00	压力控制与监控	21-31-00	压力控制	21-31-00	压力控制与指示
	—	—	21-32-00	释压活门	21-32-00	客舱释压
	—	—	21-33-00	压力指示	21-33-00	货舱压力平衡
6 位	21-31-34	客舱压力控制器	21-31-01	客舱压力控制器	21-31-01	客舱压力控制器
	21-31-51	外流活门	21-31-03	后外流活门	21-31-02	外流活门

　　第二个原因是 ATA 章节号判断逻辑的不清晰。一条维修记录所属于的 ATA 章节是基于故障现象确定还是基于排故措施确定呢？对于大多数故障来说，故障现象和排故措施

具有相同的 ATA 章节号，因而不存在判断标准有分歧的问题。但工程实践中，当多个不同 ATA 系统的部件故障可产生同一种故障现象时，ATA 的判断标准就非常重要了。以 B737NG 飞机的 PSEU（邻近电门电子组件）灯亮故障为例，PSEU 组件被划分到 ATA32（起落架）中。但是导致 PSEU 灯亮的可能性非常多，最常见的是 ATA32 章的 PSEU 组件故障，而 ATA22 章的 FCC（飞行控制计算机）故障、ATA27 章的 FSEU（襟翼缝翼电子组件）故障、ATA34 章的 RA（无线电高度表）天线故障导致 PSEU 灯亮的现象也时有发生。这种情况下，以故障现象作为 ATA 编码标准显然是不合适的。但是以排故措施作为 ATA 章节号填写标准也存在不少问题。同样以 B737NG 的 PSEU 灯亮为例，由于可能导致该故障现象的部件较多，实际排故过程中存在多换件或误换件的现象。当我们以所更换部件的章节号决定故障记录的章节号时，同一个故障的连续排故过程会被分散到不同的 ATA 章节中记录，导致可靠性系统无法监测到重复故障的出现以及排故可能存在的问题。

数据填报人员的资源支持不足也是 ATA 填写质量不高的重要原因。资源支持体现在填报标准的传达、填报过程的引导以及填报结果的校验三个环节，而资源支持的载体就是数据填报平台。无论是机组人员还是机务人员填写维修记录/故障报告时，如果是在纸质媒介上手填，必然缺少信息参考与数据校验，填写质量完全依赖于机组、机务人员的知识储备和责任心。而数据填报系统的全面电子化、汉化、移动化有助于减少上述问题的产生。

对于 ATA 章节填报中存在的上述问题，民航维修行业当前主流的应对做法就是同时抓 IT 系统的规范输入和数据清洗工作。首先尽可能将维修数据收集 IT 系统的应用关口前移，在数据填报阶段就规范 ATA 章节号的录入，将故障现象 ATA 与排故措施 ATA 分开填报，并依据输入的故障代码、AMM 手册参考程序号和系统内置 ATA 章节号相关信息，基于 IT 系统机器学习算法产生相关推荐、提醒信息。其次，考虑到数据来源的分散性与差异性，由可靠性工程师选择性地执行数据清洗，对报告类数据与重要故障数据的填写结果进行审核和修改，允许同一条数据存在于多个章节号中，并设定比重。以航班延误取消数据为例，一次航班延误可能是由 2 至 3 个不同 ATA 章节的独立故障共同导致的。当航空公司或飞机制造厂家计算飞机不同 ATA 章节对飞机签派可靠性的贡献率时，草率地将该条延误数据归为某一个 ATA 章节是不合适的。可靠性工程师进行数据清洗时，应分析不同故障对本次延误的贡献率，并将贡献比值赋予其对应的章节号上。

2. 数据关联性填写

飞机的同一个故障最终可能反映到多种形式的故障数据中，以满足不同的管理需要。以飞机常见的鸟击事件为例：一架飞机被鸟击，并在飞机机头下部蒙皮处造成一个凹坑。相关故障数据的产生过程：

（1）机组人员看到飞鸟群并听到较大的撞击声，一般会填写机组报告，反映飞机机头位置可能被鸟击。飞机落地后，机务绕机检查发现凹坑后确认鸟击事实，并在飞行记录本填写检查及处理结果。这是一条完整的机组报告数据。

（2）由于凹坑较大，尺寸超过飞机结构损伤放行标准，航线机务人员会填写一份非例行卡，由结构工程师跟踪处理。结构工程师完成对损伤的评估和修理后，在非例行卡

上填写结构修理处理措施并放行飞机。这是一条完整的非例行卡数据。

（3）由于结构工程师对凹坑执行了结构损伤超规范维修，需要填写结构损伤修理评估报告，对修理方案进行评估和记录，并产生附加检查要求。这是一条完整的结构损伤修理评估报告。

（4）由于鸟击以及结构重要修理符合 SDR 事件报告要求，航空公司 SDR 填报人员需要将该故障按 SDR 填报要求向局方报告，形成一条 SDR 报告数据。

（5）由于结构损伤修理耗时较长，后续航班产生长时间延误，航空维修控制部门需要填报一个航班延误事件报告。

可见，飞机的同一个故障最终在维修数据收集系统中产生 5 种不同类型的故障数据。这些数据如果不建立关联关系，工程技术人员后续开展数据分析和总结时，要么每次都耗费时间弄明白这些故障数据反映的是同一个故障，要么误将其视为多个故障而产生错误分析结论。因而数据收集阶段建立不同数据类型之间的关联关系非常有必要。

我们评价维修方案任务是否有效，最直接的办法就是看执行该定期维护任务时发现了什么。这些发现结果会被记录在非例行卡数据中。因而非例行卡数据有一个非常关键的字段，一般被称为"关联文件编号"，它用来记录该非例行卡数据的产生源头，可以是一个例行工卡号或一个 EO 号，也可以是检验员的常规目视检查或其他工作指令。但是该字段一旦填写错误，或者漏填，就可能误导工程技术人员在评估维修方案项目时产生错误评估结论。

数据关联性信息宁缺勿错。为了保证关联信息的正确率，维修数据收集系统应尽量减少对人工填写的依赖，并适度增加系统校验功能。比如，我们要求每一次机械原因的航班延误取消事件都应关联故障处理报告，当数据填报人关联了一条故障处理数据时，系统应基于飞机号、日期、发生地、时间等信息检验延误取消事件与故障处理数据的符合性。我们希望非例行数据与例行工卡建立正确的关联关系，那么非例行卡应基于例行工卡在生产管理系统中创建，同时应基于飞机号、区域号、定检包、故障描述等信息校验非例行卡内容与例行工卡内容的符合性。

3. 数据清洗与特征标签

大部分故障数据本身就是维修记录，多为一线维修人员所填报，属于原始数据。如前文所述，受各种因素的制约，这些数据实际填报结果与航空公司实际需求之间存在不小差距。为了更好地使用这些数据，航空公司应有针对性地开展数据清洗。数据清洗，顾名思义就是对收集到的数据进行加工处理，剔除掉无效的、错误的数据，将有用的数据按照更高的标准进行修正、分类和归档。在缺少人工智能程序支持的情况下，复杂的数据清洗工作量非常大，航空公司应基于投入与回报的评估谨慎开展此工作。一般情况下，数据清洗工作主要针对航班延误取消事件数据和使用困难报告数据，一方面因为该类数据比较少，耗费人力成本不会太高；另一方面是因为它们是评价飞机运行可靠性状况的最重要的参考数据。

数据清洗时，维修记录类数据一般会保留一份原始版本，以满足维修记录不可更改的管理要求。对于其他类型的数据，数据清洗结果将直接覆盖原始内容，作为维修数据收集系统的唯一输出结果。数据清洗过程中，一项很重要的工作就是对数据分类，增加特征标签，提高数据的颗粒度，以便于后续使用。

7.1.5.3　指标数据的计算

指标数据是人们快速了解飞机系统、部件总体可靠性状况的最直接和快速的方式，因而在可靠性数据收集体系中扮演着重要角色。指标数据按照来源可以分成计算产生和收集产生两类。其中计算产生的指标数据主要是航空公司自己飞机的指标数据，一般由所收集到的各种原始维修数据按照预设公式计算产生。偶尔航空公司也利用外部数据和本公司的计算标准计算其他公司或世界机队的修正指标数据，但大多数情况下，航空公司是直接从飞机制造厂家、民航局或者其他航空公司获取需要的参考指标数据用于管理对标。

指标数据往往基于航空公司管理需要设置，计算标准经常变化，因而航空公司对指标数据的收集、存储应有明确的使用标准和有效期控制。为了避免混淆、方便记录，指标类数据一般采用将关键标准信息添加到指标名称中的命名方法。以飞机"放行可靠度"指标为例，该指标反映飞机正常执行航班的能力，是飞机固有可靠性与航空公司综合保障能力的综合体现。但是在没有明确"放行可靠度"计算标准的情况下，盲目对比不同航空公司、航空公司与世界机队的该指标没有意义。放行可靠度对应于航班不正常率，而航班不正常率可以基于不同的维度进行数据筛选和计算，如图 7-2 所示。如果将指标名称细化为"机械原因航班延误取消千次率"，通过指标名称就可以判断出其计算标准，更便于数据的对比。实际工作上，上述细化的指标名称仍不能保证数据标准的统一，这主要是不同公司对数据的分类标准差异造成的。以波音、空客公司计算机队放行可靠度时对航班延误取消事件的筛选差异为例，虽然两家公司都基本遵守 SPEC2000 规范，但对具体问题的处理仍保留不少公司特色。波音公司将勤务、预防性维护、正常磨损维

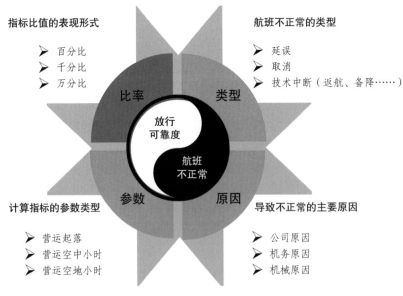

图 7-2　航班不正常率指标计算的影响因素

修以及计划维修导致的航班延误取消数据剔除，空客公司不仅剔除了这四类数据，还要求将缺航材、工具、人员等导致的航班延误取消事件数据剔除。对于这些数据，航空公司一般是不剔除的，因为它们是航空公司整体维修管理能力的反映。

基于机务维修管理需求的多样性，航空公司的指标数据的设置也应灵活、多样，以便同时满足飞机/发动机厂家、飞机租赁公司、局方以及航空公司不同业务部门的差异化需求。而这样做的前提条件是所收集的原始数据的颗粒度足够高，可靠性工程师对数据的后期清洗和分类应足够准确和详细，不同需求的数据筛选标准和计算公式要清晰。

机务维修管理中，常见的指标数据可分为飞机级和部件级，也可按照数据类型分为运行类、故障类和业务类。常用指标数据有以下类型，航空公司根据需要还可以按照不同的计算公式细分，如表 7-7 所示。

表 7-7　常见飞机故障数据分类

指标级别	数据类型	指标名称	备　注
飞机级	运行类	可用率	可用架日与在用架日的比值，表征飞机完好度
		日利用率	每天实际执行的飞行小时数
		航段长度	指一个飞行循环对应的飞行小时
	故障类	机组报告率	表征机组执行飞行任务期间发现的故障数量
		故障报告率	表征飞机综合故障数量
		航班不正常率	可分机械原因、非机械原因
		延误取消率	
		SDR 报告率	
		首班延误取消率	
		空中停车率	—
		非计划换发率	—
部件级	故障类	非计划拆换率	—
		MTBUR	—
		MTBF	—
		NFF 率	表征部件的排故准确率
	业务类	索赔率	表征部件的修理质量
		索赔成功率	—
		小时成本	表征部件每工作 1 h 的航材采购/维修成本

MTBUR 是部件平均非计划更换间隔时间，MTBF 是部件平均故障间隔，它们是工业界最常用的部件可靠性指标，容易记忆且容易理解。在民航维修行业，这两个指标的计算公式分别为

$$\text{MTBUR} = \frac{\text{总部件小时数}}{\text{部件非计划更换次数}}$$

$$MTBF = \frac{总部件小时数}{确认故障的部件拆换次数}$$

需要注意的是，此处给出的 MTBUR 与 MTBF 的计算公式与本书第 8 章中基于产品故障概率密度函数计算产生的 MTTF、MTBF 是有差异的。此公式属于民航维修行业针对可修件和不可修件统一使用的简化计算公式。虽然该公式看起来简单，但是航空公司要想准确计算这两个指标数据仍存在较大的困难。首先，很多航空公司并没有能力直接跟踪每一个装机部件的使用时间，只能够记录飞机的飞行时间。因而航空公司经常采用飞机时间与部件装机数（QTY）的乘积作为部件总小时数。但是当飞机构型复杂以后，同一个件号在不同飞机上的装机数并不一定一样，可能是因为该件号的选装数量不一样，也可能是因为存在替换件号。这种情况下使用飞机时间与 QTY 的乘积作为部件小时，将会产生较大的误差。若要精确计算部件小时，需要航空公司采集飞机的运行数据，详细记录每一个航班的飞行数据，并基于以下逻辑对某一个时间段内部件总小时数进行汇总计算：

（1）假设要计算 B737NG 机队中，2019 年 1 月 1 日（标记为 D1）至 2019 年 12 月 31 日（标记为 D2）之间的 PNXX1 部件的总飞行小时数。

（2）查询机队所有飞机中，当前 PNXX1 在用部件的履历清单，包括每一个部件的安装日期（标记为 Ins）

（3）查询机队所有飞机中，PNXX1 部件的所有拆换记录（含计划拆换和非计划拆换），包括部件的安装日期（标记为 Ins）和拆下日期（Rem）。

（4）对于每一个部件的每一条记录来说，其安装日期和拆下日期只会存在表 7-8 所列九种可能性，根据几个日期的先后顺序，选择合适的起始和截止日期计算每条记录对应的部件小时数。计算方法就是截止日期对应的飞机总小时数减去起始日期对应的飞机总小时数。

（5）将每一条记录对应的部件小时数汇总，就形成了总的部件小时数。这种计算方法既规避了机队构型变化带来的 QTY 难以确定的问题，也规避了部件计划拆换、串件等导致的 TSR（自上次修理以来的使用小时）不清零问题。但是需要航空公司收集的运行数据和部件拆换数据具有较高的颗粒度和关联性。

表 7-8　部件 MTBUR 值计算方法

记录类型	日期顺序（从前往后）				起始日期	截止日期
在用记录	Ins	D1	D2	—	Ins	D2
	D1	Ins	D2	—	Ins	D2
	D1	D2	Ins	—	NA	NA
拆换记录	Ins	Rem	D1	D2	NA	NA
	Ins	D1	Rem	D2	D1	Rem
	Ins	D1	D2	Rem	D1	D2
	D1	Ins	Rem	D2	Ins	Rem
	D1	Ins	D2	Rem	Ins	D2
	D1	D2	Ins	Rem	NA	NA

对于 MTBUR 的计算，难点是如何获得分子的准确值，对部件非计划拆换次数的统计（分母）是比较简单的。而对于 MTBF 计算来说，获得确认故障的部件拆换次数同样不容易，因为部件是否确认故障需要部件送修以后才能获知。想要准确获得该信息，部件修理的以下几个节点必须同时达成。

（1）部件拆换时，工作者需要详细记录部件的故障现象，同时航空公司需要将该信息发送给部件修理厂家。

（2）部件修理厂家需要对航空公司提供的故障信息进行验证与核实，并在修理报告中明确说明是否确认故障。

（3）航空公司航材验收部门对修后返回的部件验收入库时，必须检查修理报告，并在航空公司维修管理系统中标记该信息。

但是随着航材共享计划的推行，航空公司自购航材占比逐步降低，航空公司主导的航材送修也慢慢减少。同时，因为航空公司对部件修理质量的要求越来越高，部件修理厂家因为各种原因越来越不愿意将承修部件标注为"无故障发现"。因而航空公司收集准确的"确认故障的部件更换次数"数据越来越困难，MTBF 指标值也逐渐不再使用。

7.1.5.4　部件可靠性数据的收集

部件是飞机功能系统的核心，因而飞机系统可靠性主要是由部件可靠性决定的。对飞机系统可靠性的管理离不开对部件可靠性数据的收集和分析。部件可靠性数据是指与某一实物件序号有明确关联的可靠性数据，包括运行数据、故障数据和业务数据等，它是飞机可靠性数据的子类。

飞机部件根据管理需要有不同的分类方式，不同类型的部件具有不同的可靠性数据收集要求。按照可修复性分类，部件可分为周转件、可修件和消耗件；按照产权分类，部件可分为自购件、租借件、小时付费件；按照可跟踪性分类，部件可分为序号件和非序号件；按照来源分类，部件可以分为原厂件、标准件、PMA 件和自制件；按照重要性，部件可以分为不可放行（NoGo）件、有条件放行（GoIf）件和其他件。除此之外，根据库存、运输、工程管理、成本控制等不同管理需要，航材管理中还会遇到其他特殊分类方式，如危险品、禁装件、含油件、高价件等。对于可靠性管理系统来说，我们为了跟踪和分析部件的可靠性，需要跟踪部件的使用时间、故障数量、故障模式、修理发现、维修成本、故障影响等因素。因此，主要根据部件的可修复性和可跟踪性进行分类管理，并视需采用其他分类方法作为补充。

周转件是指技术上可以不限次数修复使用且具有厂家发布的技术文件、能够按照序号追踪的航材。可修件是指技术上可以修复但不具备厂家正式发布的技术文件的航材。而消耗件是指技术上不可修的航材。可修件和消耗件可能存在序号，但也可能没有序号。同时，航空公司可以根据工程管理需要，将周转件或可修件按消耗件管理。从上述定义可知，周转件是航空公司部件可靠性数据收集的主要对象。

部件运行数据主要是指部件的装机使用时间数据，包括 TSN（自新件以来的使用小时）、CSN（新件循环数）、TSO（自上次翻修以来的使用小时）、CSO（翻修后循环数）、TSR（自上次修理以来的使用小时）、CSR（修理后循环数）、TSI（自上次安装以来的使

用小时）和 CSI（安装后循环数）等在飞机或 APU 上的使用时间。若要精确地记录这些时间，需要做到两个方面的事情：一是部件需要有精确的跟踪编号，二是准确跟踪部件的拆装操作（包括串件操作）。需要跟踪使用时间的部件大部分都是周转件，直接采用件号与序号跟踪即可。但是对于以下三类部件，还需要额外采取其他补充措施。

1. 改装导致的件号或序号发生变更的部件

航空公司的航材管理系统中需要设置一个实物编号，用于追踪改装导致的件/序号发生变更的部件，并且可以被可靠性数据收集系统识别。否则，可靠性管理系统会将旧件误判为新件，部件使用时间记录出错，并可能导致可靠性性能监控结果以及故障调查发生错误。

2. 没有序号的可修理部件

有些可修件与消耗件并没有序号，但是航空公司需要记录它们的使用时间，尤其是 AC-121-FS-2018-69 中对有特定时限大修的结构部件有时限管理要求。当这些部件缺少序号时，航空公司需要对其建立不易损坏或丢失的自编序号，用于其使用时间监控。

3. 子部件也是航线可更换件的部件

飞机上有一些航线可更换部件，其子部件同样也是航线可更换。当这类部件发生故障时，有时航空公司直接更换子部件；有时因为备件原因或者维护时间、工具等原因而更换上一级组件，而拆下的组件在附件车间修理时仍是更换该子部件。这样航空公司在追踪部件使用时间时容易出现混乱，时控件也容易出现超期风险。一线工作者在记录拆下部件号时还存在将组件号和子部件号搞混淆的现象，这更加剧了数据收集的出错风险。某型飞机的防滞刹车活门组件与防滞刹车活门、扰流板作动器与其电液伺服阀之间的关系就是这样。解决这类问题比较困难，要么是由工程师人工清洗数据，要么修改 AMM 手册禁止下一级部件在航线更换，要么就只能容忍可靠性数据的出错风险。

跟踪部件的拆装既需要航空公司维修管理系统的支持，也需要强大而完整的质量管理体系的监管。一个部件在飞机或备发上做拆装后，只有在维修管理系统中也做类似的操作，该部件的状态才能被系统捕捉到，各种状态下的使用时间才能被精确记录。尤其需要注意的是，当拆装发生在部件的上一级组件上时，维修管理系统需要自动将状态的更改传递到该部件，否则可靠性数据收集到的部件数据就出现错误和缺失。同时，航空公司的质量管理体系也要对部件的串件操作进行严格监管，杜绝不在维修管理系统记录串件操作的行为以及对时控/寿命部件的盲目串件行为。这样做不仅可以避免可靠性数据的错乱，还能降低时控件超期的风险。

部件故障数据主要是部件的拆换记录和检测、修理记录。理论上来说，航空公司需要收集飞机上所有部附件的拆装记录，包括计划拆换和非计划拆换，并至少记录时间、飞机、地点、拆装原因、拆装类型（计划/非计划）以及件序号等基本信息。检测、修理记录也就是部件修理报告数据，是航空公司开展部件故障调查和制定工程纠正措施的主要参考数据。部件修理报告中包含以下重要信息：送修原因、故障确认情况、故障模式、维修措施、换件清单、VSB（供应商服务公告）执行情况、维修级别以及部件修理厂家等信息，它们在工程师评价飞机/部件维修质量、评估工程技术文件、制定工程纠正措施、控制部件的维修时限的工作中发挥了重要作用。一般来说，部件修理报告的收集质量反映了航空公司可靠性数据收集能力的高低。主要原因在于航空公司难以规范部件修理厂家提供的修理报告，无论是样式、内容，还是形式。航空公司对修理报告的收集能力从低到高可以分为下面 4 个级别。

第 1 级：航空公司被动接收部件修理厂家提供的各种类型的修理报告，以硬拷贝的形式整理归档，可通过日期、厂家、件号等方式人工检索。

第 2 级：航空公司对接收到的修理报告加以核实，并扫描成电子版本后整理归档，可通过件号、序号、送修合同号、日期等关键字由计算机快速检索。

第 3 级：航空公司要求主要部件送修厂家提供结构化部件修理报告备份版本，或者利用图像识别技术，将修理报告内容转换成结构化电子数据，可以通过关键字对修理报告的故障模式、维修措施等内容快速检索。

第 4 级：航空公司制定标准化修理报告数据库，由部件修理厂家通过数据库接口程序自动上传，航空公司审核后提供修理报告内容全文检索服务。

航空公司对修理报告内容的数字化程度越高，工程技术人员对该类数据的利用效率和价值挖掘越高。但是对于小型航空公司来说，业务量决定了他们在与部件修理厂家的商业谈判中处于弱势地位，对修理报告的收集方式达到第 4 级存在一定困难。但是随着图像识别技术的发展，在第 3 级方式中实现对部件修理报告的全面数字化也是有希望的。

部件业务数据也是部件可靠性数据的重要组成部分，主要包括部件的采购参考间隔和修理费用、采购和送修记录、收发料记录以及装机件/备件数量等。这些数据对工程师开展部件修理质量调查、可靠性调查以及制定工程纠正措施都有重要的参考意义。比如当航空公司需要调查消耗件的可靠性状况时，由于消耗件没有件号，可靠性数据系统缺少消耗件的使用时间信息和更换数量信息，但是工程师可以通过航材收发料数据判断出该消耗件在不同时间段、不同机队或不同航站的使用数量，从而间接估算出消耗件的可靠性状况。

部件的修理质量是可靠性系统重点关注的对象，因而可靠性数据收集系统对部件送修记录的收集有更多的要求。部件的可靠性恶化，除了设计缺陷和使用不当的原因外，修理质量不高是重要因素。因而航空公司特别关注每个周转件的上次修理厂家、送修原因、修理结果、修理周期、是否成功索赔以及修理费用等信息，这是航空公司评估修理厂家修理质量的依据，需要航空公司航材业务部门在其业务管理系统中详细记录，并可以被可靠性管理系统获取。

7.1.5.5　适航报告类数据的收集

适航报告类数据是航空公司必须按照局方要求收集和上报的可靠性数据，需要航空公司慎重对待。常见的需要报局方的可靠性数据分别是单机/单发适航月报、使用困难报告以及 2、3 级结构腐蚀故障报告。

1. 单机/单发适航月报收集

单机/单发适航月报主要收集的是飞机/发动机基本信息变更数据和飞机发生/发现的

故障缺陷次数以及其产生的运行影响和机械事件。中国民航局在 AC-120-FS-060R2 中给出了明确的上报时间、格式、内容与方式的要求，因而航空公司只需要按要求执行，一般不存在什么技术性问题。

2. 使用困难报告的收集与上报

对于使用困难报告（SDR）的上报，航空公司经常因为迟报或漏报而被局方批评或约谈并被要求整改。航空公司机务维修管理体系在使用困难报告的上报过程中经常出现以下几方面的困难：

1）对事件定性把握不足

局方在有关 SDR 的适航规章以及咨询通告中对 SDR 的定义不够清晰明了，采用了枚举定义的方法，且有些用语过于宽泛，导致航空公司对部分故障缺陷或运行事件是否需要按照 SDR 上报存在疑虑。局方本意上是希望航空公司按照"多多益善"的原则将可能符合定义的故障缺陷全部上报，并声明不以该上报数据作为考评、处罚航空公司的依据。但是实际执行中，航空公司往往会将 SDR 事件数量/比率作为内部重要故障管控的重要指标进行考核，从而导致被考核对象对 SDR 的上报持谨慎态度，对处于法规模糊地带的故障尽量不报。这样，航空公司的上报原则与局方的期望值产生矛盾，必然会导致 SDR 漏报事件的发生。要减少该类事件的发生，一方面需要局方修订 SDR 的定义，使其更清晰和更有可执行性；另一方面则需要防止航空公司将 SDR 列入内部考核指标，减少维修单位和 SDR 上报人员对多报 SDR 数据的顾虑，消除局方与航空公司对数据上报态度的矛盾。

2）对事件细节掌握不清晰

航空公司的飞机经常连续多天在基地外运行。在此期间发生的运行事件、故障以及排故细节等信息无法全面、准确地传回基地。而 SDR 的上报工作一般由航空公司维修基地的质量管理工程师或者可靠性管理工程师上报。在局方给定的 24 小时的期限内，SDR 上报人员可能因不能及时接收到信息而晚报，或因接收信息不全面而漏报或错报。航空公司需要建立高效的机务维修数据传输系统，并通过优化管理流程，将 SDR 数据的收集和上报工作按信息传输的特征分解到不同岗位上，由各部门人员共同配合，实现对 SDR 事件的快速甄别与信息填报。同时，可靠性管理部门还应对 SDR 的上报工作进行全面、定期审核，及时发现迟报、漏报或错报的问题，并予以纠正。对于这种航空公司主动纠正数据上报错误的做法，局方一般都是支持的。

3）对上报时间的控制不佳

咨询通告要求航空公司在发生或发现故障缺陷的 24 小时内上报 SDR 事件基本信息，在 72 小时内上报 SDR 事件的技术调查。这个上报时限是非常短的，尤其是当 SDR 发生在节假日期间时，信息传递速度下降后，航空公司很容易发生迟报的问题。要提高 SDR 的上报效率，航空公司应研究建立 SDR 自动上报系统，借鉴历史 SDR 数据以及 SDR 定义建立 SDR 事件识别模型，由计算机对机务维修管理系统中新增的故障缺陷数据和运行事件数据自动分析和识别，并将符合条件的数据自动上报到民航局 FSOP（飞行标准监督管理）系统，将疑似数据通过移动通信端推送给 SDR 上报人员复核确认。

3. 结构腐蚀损伤的收集与上报

除了 SDR 的数据收集和上报外，对结构腐蚀故障的收集和上报也是航空公司可靠性数据收集的难题之一。咨询通告《航空器结构持续完整性大纲》（AC-121-FS-2018-65-R1）中要求航空公司将特定的结构腐蚀故障在 72 小时内报告给相应的民航地区管理局。这个数据上报要求与飞机结构类 SDR 事件的上报范围有所重叠，但也有一定的差异。比如，2、3 级结构腐蚀既要按照 SDR 上报，也要按照该咨询通告的要求报告；而蔓延腐蚀以及在执行非 CPCP 任务时发现的腐蚀可能不需要按照 SDR 上报，但按照该咨询通告的要求仍需要上报。《航空器结构持续完整性大纲》中对结构腐蚀故障的上报时限和上报形式要求并不高，航空公司很容易落实。但是航空公司遇到的最大困难在于对腐蚀故障的定性和评级。如果不能准确地对腐蚀故障定性和评级，必然会出现适航报告的漏报和迟报问题，而航空公司对机队结构可靠性状况的监控也会出现偏差。

维修检查中发现结构腐蚀故障并修理以后，检验员或结构工程师首先需要对该腐蚀故障定性。不同类型的腐蚀故障直接决定后续的腐蚀评估逻辑。对腐蚀故障的定义主要考虑 4 个方面的问题：

问题 1：腐蚀故障是否发生在飞机重要结构部件上？根据《航空器结构持续完整性大纲》和机型维修大纲对腐蚀评级的说明，只有飞机的疲劳关键结构（FCS）、基准结构元件（PSE）以及 CPCP 任务涵盖的结构件才需要开展腐蚀评级。不在上述范围内的结构件的腐蚀可以被认为不太重要，可视为普通故障。

问题 2：该腐蚀属于局部腐蚀还是蔓延腐蚀？蔓延腐蚀指两个或者两个以上相邻蒙皮或腹板格子上的腐蚀，或者说是指一个隔框、弦条、桁条或加强筋及其与相邻蒙皮或腹板格子上同时发生的腐蚀。与其相对的是局部腐蚀。2、3 级腐蚀的发生意味着腐蚀深度的扩展超预期，而蔓延腐蚀的出现意味着腐蚀范围的扩展超预期，二者都是不可以接受的。因而航空公司一旦发现蔓延腐蚀，就应开展工程调查并向局方报告。图 7-3、图 7-4 和图 7-5 是 3 个局部腐蚀与蔓延腐蚀的对比示例，其中左侧图为局部腐蚀，右侧图为蔓延腐蚀。

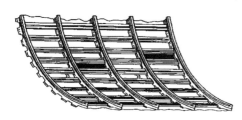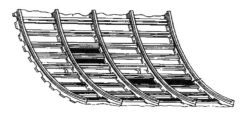

图 7-3　发生在蒙皮上的腐蚀

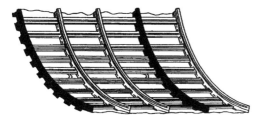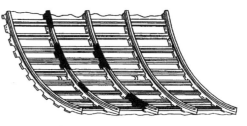

图 7-4　发生在隔框上的腐蚀

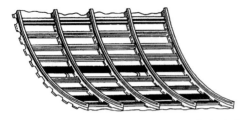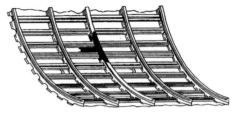

图 7-5　发生在桁条/大梁上的腐蚀

问题 3：是否属于典型腐蚀故障？典型腐蚀故障是指该故障在航空公司同一机队的其他飞机上也有较高的发生概率。典型腐蚀故障需要航空公司加以重视，而非典型故障无须盲目扩大维修检查范围。汞以及其他不常见的腐蚀性液体的意外泼洒导致的结构腐蚀属于非典型性腐蚀，即使导致了超出容许期限的结构腐蚀也被视为一级腐蚀。

问题 4：腐蚀的发现方式和发现时机是否清晰？大多数结构腐蚀故障是在执行飞机的 CPCP 检查任务时发现的，但仍会有少量的腐蚀故障是在执行其他例行维修工作或者非例行检查工作时发现。而不同的发现方法和发现时机对应不同的判断逻辑和管理要求。比如，在门槛间隔执行 CPCP 任务时发现的腐蚀不会被定义为 1 级或 2 级腐蚀，但若该腐蚀故障严重影响飞机适航性、需要紧急处理，可被定义为 3 级腐蚀。如果在执行非 CPCP 任务时发现了重要结构的腐蚀，即使该腐蚀比较轻微（1 级局部腐蚀），也应向局方报告。

完成对腐蚀故障的定性后，可以按照以下逻辑评估其腐蚀级别，判断逻辑如图 7-6 所示。对于 1 级以上的腐蚀，航空公司应按要求完成工程调查与信息上报工作。对于 3 级腐蚀，除了报告给当地局方，航空公司还应及时向飞机制造厂家报告故障情况。

大部分飞机结构腐蚀故障发生在 C 检以及更深级别的定检中。对于中小型航空公司来说，这种级别的定检经常由航空公司委托独立的 145 维修单位完成。因而执行结构腐蚀故障定性和评级的检验员与结构工程师往往并非航空公司人员。这种情况下，结构工程师虽然可以参考飞机结构修理手册（SRM）判断出腐蚀结构是否属于 FCS 或 PSE，但很难判断出其是否在 CPCP 任务的检查范围内。2000 年以后定型的民航飞机在编制维修大纲的结构检查方案时已经融合了 CPCP 分析逻辑，理论上来说不仅所有的结构检查任务都属于 CPCP 任务，整合了结构检查要求的区域检查任务也可能是 CPCP 任务。因而，结构腐蚀故障分级的第一个难题就是如何准确确定腐蚀结构是否是重要结构。即使工程师准确判断出腐蚀结构属于重要结构，仍需要掌握该结构的历史腐蚀故障检查记录和损伤信息，才能够准确对故障进行评级。而便捷地获取一架飞机的特定维修任务的执行记录和损伤修理记录并非易事，因为结构维修任务的间隔普遍较长，在相邻两次的执行间隔内，维修任务、执行单位以及管理系统都可能发生变化。结构工程师常常在缺乏历史数据或不准确的历史数据的支持下完成腐蚀评级工作。

目前，国内大部分航空公司的结构工程师对相关维修方案项目内容、执行记录以及结构损伤数据的查询非常依赖个人工作经验和人工数据分析，工作质量和效率都无法令人满意。而理想化的解决方案就是建立一体化、结构化的信息管理系统。航空公司需要根据咨询通告《飞机维修记录和档案》的要求对结构损伤和修理记录建立几何视图管理模型，从而实现对飞机所有结构损伤记录的结构化存储和便捷查询。而如果在飞机 3D 几

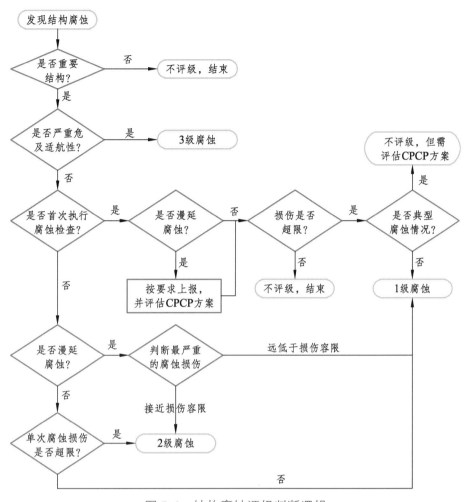

图 7-6　结构腐蚀评级判断逻辑

何模型上建立区域号索引，并关联结构化的维修方案管理系统，就可以由计算机系统对任意位置的结构损伤自动查找相同区域范围内的计划性维修任务，以及这些任务的历史执行记录。

　　可靠性数据收集系统需要收集尽量多的、高质量的飞机维修数据，但是无法承载产生这些数据所需的工程管理功能。这些功能可以根据维修工程管理需要分散在不同的机务维修业务系统中，而其产生的数据流应纳入可靠性数据收集系统中，成为航空公司维修可靠性管理体系的重要组成部分。

7.2　性能标准系统

　　数据收集系统的一个重要作用就是用于评价监控对象的可靠性。但是具体到实际工作中，到底哪些对象需要监控，哪些可靠性指标需要监控，如何监控这些指标呢？这些问题都需要在性能标准系统中解答。性能标准系统既是对所收集数据的应用，也是对数据收集体系运作情况的验证。通过设定性能标准监控模型，可靠性控制体系可以自动识别飞机可靠性性能恶化趋势，并启动可靠性调查。

7.2.1 性能监控对象的选择

航空公司建立性能标准系统时，首先要判断需要对哪些监控对象建立性能监控模型。而监控对象有两层含义：机队层级和项目层级。当机队数量不足 5 架或者机队的总运行时间不足 6 个月时，由于样本数据量较少，统计型性能标准模型的误差较大，推荐采用其他类型的性能监控方法。而不同的性能监控方法对性能监控对象的选择要求有较大差异。

CCAR-121 部第 368 条中指出，航空公司可靠性管理体系监控的项目应当至少包括飞机的主要系统、重要维修项目和结构重要项目。航空公司在设计自己的维修可靠性体系时，需要考虑如何符合上述民航规章要求。飞机的主要系统是比较好理解的，一般是指按照 ATA-100 或 ATA-2200 规则划分的飞机功能系统，但是重要维修项目（MSI）和结构重要项目（SSI）属于 MSG-3 分析决断逻辑中的概念，在航空公司的飞机维修手册和技术文件中并没有直观、明确的对象或任务。在机型维修大纲中，飞机制造厂家通常会在前言和附录中列出 MSI 和 SSI 清单。MSI 多是指飞机的部分功能子系统，SSI 对应飞机的重要结构，但它们并不一定都有关联的维修任务。

大多数航空公司采用间接监控的方法。首先将对 MSI 的监控转为对飞机功能系统的全方位监控，包括对功能系统的故障率、延误取消率、多发性故障、重复故障的监控，以及对部件非计划拆换率、部件修理质量的监控。而对 SSI 的监控转为对飞机结构完整性的监控，包括对飞机结构类 SDR 事件、飞机关键结构区域的腐蚀故障数量的监控。其次，通过对飞机维修方案任务的持续工程评估和优化调整，间接实现对 MSI 和 SSI 关联任务的监控。

7.2.2 性能参数的选择

性能监控本质是对飞机系统/部件的可靠性恶化趋势的识别与预警，并对预警项目启动工程调查，制定纠正措施。因而备选的性能参数应能满足以下三点要求：

1. 能够反映机队可靠性的变化趋势

飞机系统、部件的指标参数众多，有些指标受多种因素的共同影响。而飞机维修可靠性管理只是机务维修层面的管理要求，可靠性管理成果通常也只是作用于机务维修领域，因而我们选择性能参数时，应尽量选择受机务维修之外因素干扰较少的参数。机务维修行业一般设置独立职能部门开展维修质量和安全管理工作。虽然可靠性管理也属于质量管理范畴，但其关注重心是飞机故障，因而性能参数应选择与故障关联度高的类型。

从以上两个角度来说，我们选择航班延误取消方面的监控指标时，会细化到机械原因延误取消百次率或千次率，这样就排除了旅客原因、空管原因、天气原因等对机务维修部门来说不可控力的干扰，也排除了外在不可控原因（如鸟击、雷击、机身剐蹭、误放滑梯等）产生的附加维修工作引起的航班延误取消。选择飞机故障率参数时，选择机

组报告百次率或千时率，而不是故障报告千时率，这就排除了机务的主动维修对监控参数的影响。很多主动维修工作，比如归还借用的航材产生的部件拆换、时控/寿命部件到期产生的部件指令更换、对飞机可能的渗漏情况执行的预防性检查确认等，这些故障报告的产生与飞机可靠性下降并没有必然的关系，因而可靠性性能监控时应予以排除。机组报告故障虽然只是飞机真实故障的一部分，但它们是机组执行飞行任务时感受到的最直接的故障，是飞机运行期间完好性的最直接反映。因而机组报告率能够真实反映飞机系统的可靠性状态。

2. 与性能监控方法/模型相适应

统计型监控模型和事件型监控模型使用的性能参数类型必然是不同的。统计型监控模型一般选择比率作为监控参数，比如航班不正常千次率、部件非计划拆换千时率、SDR万时率以及机组报告百次率等。而事件型监控模型一般以事件次数或者事件的类别作为监控参数。比如，我们将同一架飞机同一个故障 21 天内发生 3 次定义为重复故障，将部件连续 3 次故障拆换时的装机使用时间不足 1 000 FH 定义为嫌疑流氓件。当事件发生次数达到预定标准时，监控系统触发预警。对机械原因恶性延误事件、SDR 事件以及 2、3级腐蚀故障的监控都是基于事件类型触发的。

总体来说，当监控对象发生概率较低、样本总量不大时，应采用事件型监控模型，此时监控参数应基于监控对象的特征、影响等综合确定。而当样本数据较多时，优先采用统计型监控模型。但是确定统计型监控模型的比率参数时，仍然需要考虑比率计算方法与监控对象发生概率的相关性。举例来说，当监控机组报告率时，有的航空公司使用起落数计算比率，有的公司使用小时数计算。飞机的很多功能系统主要在飞机起飞和着陆阶段工作（如起落架系统），对飞行循环更敏感。但是空调系统、电源系统、飞行控制系统等在整个飞行过程中都持续工作，因而对飞行小时更敏感。相对于对飞行循环敏感的系统，飞机对飞行小时敏感的系统更多。因而监控飞机机组报告率时，采用飞行小时计算比率的航空公司占多数。确定了采用小时参数后，仍需进一步判断营运小时、空中小时以及空地小时。对于机组报告来说，从飞机通电开始，飞机的部分功能系统就开始工作，无论飞机是否执行收费航班任务，使用空地小时数计算机组报告比率是最合适的。对于航班延误取消率来说，只有执行收费航班的任务时，保证航班正常性才有意义，因而航班公司一般采用营运起落数计算比率。比率参数设置如果不合理，系统可靠性性能监控结果就会与人们对飞机系统可靠性的实际感受产生背离。

3. 与工程管理能力/深度相适应

性能监控系统建立的目的是触发预警并开展可靠性调查。因而性能参数的选择与设置必须考虑控制预警项目的数量。预警项目太少，可能使重要监控对象的可靠性恶化趋势被忽略。但是预警数量太多，也将导致有限的工程技术人力资源耗费在大量不重要可靠性预警项目调查上。因而合理设置性能监控体系可使航空公司工程技术资源发挥最大效力。

以对航班不正常事件的事件型监控模型为例，为了确保所有维修管理体系中的异常都能被捕捉到，性能监控参数可以设置为次数，要求每一次的机务原因航班延误或取消事件都进行一次可靠性调查。但是机队规模较大时，这种监控模式将使工程技术人员无暇兼顾其他事情，因而无法持久。而放弃事件监控模型，以 ATA 章节为监控对象监控航班延误取消月比率则可以大幅度减少可靠性调查的数量，但是可靠性管理体系必然无法满足航空公司对提高航班正常性的管理需要。常见的管理方式是按照航班延误取消事件的严重程度筛选要调查的项目，比如对取消事件以及延误时间超过 180 分钟的事件启动调查。但是这种截取部分样本数据的做法忽略了故障发生频率以及故障对安全性、经济性等的影响。部分航空公司尝试利用安全管理风险评级思想对航班延误取消事件进行筛选，通过对每一次航班延误取消事件的故障诱因、故障发生频率、故障安全性影响、故障运行性影响、事件附加影响等多个纬度的评分，产生一个事件重要性评分，并基于分值判断是否启动深入的可靠性调查。

7.2.3　性能标准模型的选择

根据监控对象和监控参数的不同，性能监控模型可以分成统计型、事件型和特定型三类。

7.2.3.1　统计型监控模型

统计型监控模型需要基于历史性能数据利用简单的统计学工具建立一个控制参数（警戒值），并由可靠性系统持续监督当前性能参数与控制参数的关系，当性能参数比控制参数更差时，触发可靠性预警，启动可靠性调查。如图 7-7 所示，4 月至 12 月期间，单月比率和三月比率都低于警戒值，系统认为监控对象的可靠性状况是良好的、可以接受的。但是从 1 月开始，单月比率快速升高，三月比率也随之上升，并在 2 月份超过了下调后的警戒值，可靠性系统监测系统可靠性指标下降到不可以接受水平，并且有持续下降的趋势，自动产生报警。

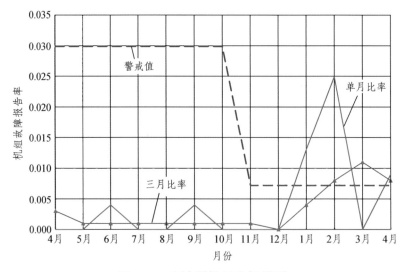

图 7-7　统计型性能监控模型

　　因而警戒值就是可靠性管理体系设定的最低可接受的性能标准，它是基于监控参数的历史样本数据的概率分布特征计算产生的。对于单一样本（可以是飞机、飞机的功能系统或者部件）来说，故障的发生是随机的，因而飞机的性能指标值也是随机变化的。可靠性系统如何判断出一个随机变量的最低可接受的标准是多少呢？这里使用了统计学中的小概率原理：如果一个事件的发生概率很小，那么它在一次试验中是几乎不可能发生的，但在多次重复试验中必然会发生。民航维修可靠性管理中一般将小于或等于 0.05 的概率视为小概率，并利用正态分布或泊松分布建立统计型性能监控模型。

　　当一个性能参数的随机性符合正态分布时，如图 7-8 所示，它在以平均值 μ 为中心的两侧随机分布，其中 μ 处的概率最高，偏离 μ 值越远，分布概率越低。在区间[$\mu-\sigma$, $\mu+\sigma$]内的分布概率是 68.2%，在区间[$\mu-2\sigma$, $\mu+2\sigma$]内的分布概率是 95.4%。对于飞机故障相关性能参数，航空公司一般希望越低越好，因而当设定警戒值为 $\mu+2\sigma$ 时，性能参数随机分布在区间[0, $\mu+2\sigma$]是可以接受的，且概率为 97.7%，而分布在区间[$\mu+2\sigma$, $+\infty$]的概率只有 2.3%，属于小概率事件。而小概率事件在单次样本中不应该出现，因而被判定为异常状态，代表飞机的整体可靠性状况的恶化。利用泊松分布计算警戒值时，一般也是按照 95%的概率取参考值，原理与正态分布类似。

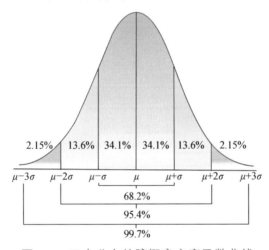

图 7-8　正态分布故障概率密度函数曲线

　　维修可靠性管理中，警戒值的计算一般采用正态分布、泊松分布、修正平均值或几种方法的组合。统计学中常用概率分布很多，为什么不采用其他概率分布作为统计型性能监控的模型呢？

　　虽然飞机的系统、部件在不同的时间段内的失效率呈现不同的概率分布形式，但具体到一个时间段内，故障的发生是随机的。在用数学表达式描述这种故障随机性时，二项式分布（即 n 重伯努利分布：每次抽样，事件发生的概率为 p，不发生的概率为 $1-p$，那么连续抽样 n 次，就形成一个对样本组的总事件发生率的描述）是描述飞机随机故障发生情况的最佳概率分布。但是这种概率分布的参数求解过程过于繁杂，在实际工程实践中应用不多。而泊松分布以及正态分布则是二项式分布在特定情况下的简化分布。泊松分布是二项分布在样本数量极大且故障概率 p 很小时的特殊形态。当样本数量（n）足

够大时，根据棣莫弗-拉普拉斯中心极限定理，正态分布也近似等于二项式分布。因而使用泊松分布和正态分布描述现实事件的发生概率也比较准确。同时这两类分布的参数较少，计算简单，受外界随机因素的干扰较少，因而被广泛应用于现实社会统计和工程实践中。

下面以某航空公司 B737NG 飞机 ATA27 章飞行控制系统故障导致的航班延误取消事件为例，说明性能监控模型的选择和警戒值的计算方法。历史样本数据是 B737NG 机队最近 15 个月内的机队营运起落、延误取消事件次数以及单月延误取消千次率、三月平均延误取消千次率，见表 7-9。

表 7-9　B737NG 的 15 个月样本数据表

编号（N）	时间	营运起落（A）	延误取消次数（B）	单月千次率（X）	三月平均千次率（Y）
1	2017-06	20 781	3	0.144	—
2	2017-07	23 096	4	0.173	—
3	2017-08	24 016	5	0.208	0.177
4	2017-09	22 359	9	0.403	0.259
5	2017-10	23 057	7	0.304	0.302
6	2017-11	21 368	14	0.655	0.449
7	2017-12	22 334	9	0.403	0.449
8	2018-01	22 588	7	0.310	0.453
9	2018-02	21 891	7	0.320	0.344
10	2018-03	23 294	5	0.215	0.280
11	2018-04	22 749	5	0.220	0.250
12	2018-05	23 392	3	0.128	0.187
13	2018-06	22 144	3	0.135	0.161
14	2018-07	24 766	2	0.081	0.114
15	2018-08	25 174	2	0.079	0.097

计算警戒值的第一种方法是平均值计算法。考虑到延误取消次数不仅与飞机可靠性相关，也与机队数量有密切关系，应以延误取消单月千次率或三月平均千次率作为警戒值。机队数量和营运起落数越少，延误取消千次率的随机波动性越大，为了平缓该波动性，航班公司一般采用三月比率作为监控参数。

而利用平均值计算警戒值（UCL），公式如下：

$$UCL = 1.3 \times \frac{\sum_{N_3}^{N_{15}} Y}{N} = 1.3 \times \frac{3.524}{13} = 0.352$$

此处需要注意到的是，UCL 值是 12 个"三月平均延误取消千次率"均值的 1.3 倍，是非机队 12 个月平均延误取消千次率的 1.3 倍。而系数 1.3 也并非一成不变，可以根据 Y 值的波动幅度适当调整。一般来说，Y 值分布比较平均时（标准偏差小），系数可调小；Y

值相差较大时（标准偏差大），系统也应适当调大。

警戒值计算的第二种方式就是使用正态分布思想，借助监控参数的平均值和标准偏差值计算。我们继续选择三月比率作为监控参数，并对样本数据做一个预处理，如表 7-10 所示。

表 7-10　B737NG 样本数据按正态分布预处理结果

编号（N）	时间	单月千次率（X）	三月平均千次率（Y）	Y^2
1	2017-06	0.144	—	—
2	2017-07	0.173	—	—
3	2017-08	0.208	0.177	0.031 24
4	2017-09	0.403	0.259	0.067 13
5	2017-10	0.304	0.302	0.091 47
6	2017-11	0.655	0.449	0.201 79
7	2017-12	0.403	0.449	0.201 94
8	2018-01	0.310	0.453	0.204 81
9	2018-02	0.320	0.344	0.118 50
10	2018-03	0.215	0.280	0.078 59
11	2018-04	0.220	0.250	0.062 62
12	2018-05	0.128	0.187	0.035 05
13	2018-06	0.135	0.161	0.025 95
14	2018-07	0.081	0.114	0.012 95
15	2018-08	0.079	0.097	0.009 43
N=12	$\sum_{N_4}^{N_{15}} Y = 3.346\,75$		$\sum_{N_4}^{N_{15}} Y^2 = 1.110\,25$	

我们选择最近 12 个月的样本数据 N_4 至 N_{15} 用于 UCL 值的计算，公式如下：

$$\text{UCL} = 平均值 + K \cdot 标准偏差 = \frac{\sum_{N_4}^{N_{15}} Y}{N} + 2 \times \sqrt{\frac{\sum_{N_4}^{N_{15}} Y^2 - \frac{\left(\sum_{N_4}^{N_{15}} Y\right)^2}{N}}{N-1}}$$

$$\text{UCL} = \frac{3.346\,75}{12} + 2 \times \sqrt{\frac{1.110\,25 - \frac{(3.346\,75)^2}{12}}{12-1}} = 0.532$$

其中，系数 K 的取值是可以调节的，一般为 2、2.5 或 3。K 值越大，UCL 值越高，性能监控系统错误预警的概率也越低，但监控项目可靠性恶化趋势被忽略的可能性也会增加。

警戒值计算的第三种方式是采用泊松分布的思想。如前文所说，泊松分布和正态分布都适合于描述自然界随机事件的发生，但正态分布属于连续概率分布，泊松分布属于离散概率分布。因而当我们选择泊松分布作为性能监控模型时，监控参数也应选择离散型，比如航班延误取消发生次数、部件非计划拆换次数、机组报告每 100 起落的平均发生次数等。我们选用 3 个月总延误取消事件次数作为监控参数，来说明通过泊松分布计算警戒值的过程。首先对样本数据做预处理，如表 7-11 所示。

表 7-11　B737NG 样本数据按泊松分布预处理结果

编号（N）	时间	营运起落（A）	延误取消次数（B）	三个月总起落（C）	三个月总次数（D）
1	2017-06	20 781	3	—	—
2	2017-07	23 096	4	—	—
3	2017-08	24 016	5	67 893	12
4	2017-09	22 359	9	69 471	18
5	2017-10	23 057	7	69 432	21
6	2017-11	21 368	14	66 784	30
7	2017-12	22 334	9	66 759	30
8	2018-01	22 588	7	66 290	30
9	2018-02	21 891	7	66 813	23
10	2018-03	23 294	5	67 773	19
11	2018-04	22 749	5	67 934	17
12	2018-05	23 392	3	69 435	13
13	2018-06	22 144	2	68 285	11
14	2018-07	24 766	2	70 302	8
15	2018-08	25 174	2	72 084	7

由于三月总延误取消事件次数是一个运行参数而非性能参数，其数值大小不仅与机队可靠性有关系，还与机队总营运起落数有关系，因此其 UCL 值是随机队营运起落数动态变化的。下面我们计算 N_{15} 对应的 UCL_{15} 值，并评价 D_{15} 值是否触发预警。

首先选取 15 个月的总样本数据计算平均值延误取消千次率（Z），作为泊松分布的参数 λ：

$$\lambda = Z = 1\,000 \times \frac{\sum_{N_1}^{N_{15}} B}{\sum_{N_1}^{N_{15}} A} = 1\,000 \times \frac{85}{343\,009} = 0.247\,8$$

其次，计算样本给定时间段（C 值，泊松分布 t 参数）内基于平均延误取消千次率（Z 值，泊松分布 λ 参数）可能出现的延误取消次数（E 值，泊松分布的 λ_t 值）：

$$E = C \cdot Z / 1\,000 = 25\,174 \times 0.247\,8 / 1\,000 = 6.238 \approx 6（取整）$$

而 UCL_{15} 值就是在 $\lambda_t=6$ 时，泊松分布在累计发生概率达到 95%时对应的数值，具体求解方程如下：

$$P(x \leqslant UCL_{15}) = \sum_{k=0}^{UCL_{15}} \frac{(\lambda_t)^k}{k!} e^{-\lambda_t}$$

$$\sum_{k=0}^{\mathrm{UCL}_{15}} \frac{6^k}{k!} \mathrm{e}^{-6} = 0.95$$

对该方程求解比较复杂，常用的人工求解方法是查询泊松分布累计概率图，如图 7-9 所示，寻找横坐标 $\lambda_t = 6$、纵坐标 $P(x) = 95\%$ 对应的曲线，可以得出 $\mathrm{UCL}_{15} = 10$，它代表 C_{15} 总营运起落下，机队正常情况下可接受的最大航班延误取消次数。UCL_{15} 也可以通过附录 2 提供的泊松分布累积概率分布表查询获得，使用 λ_t 和最接近 95% 的 $P(k)$ 值找到的 k 值即 UCL 值。而航空公司在可靠性管理系统中一般通过计算机软件内置泊松分布公式直接求解，比如 Excel、WPS 电子表格中的 Poisson（）公式。

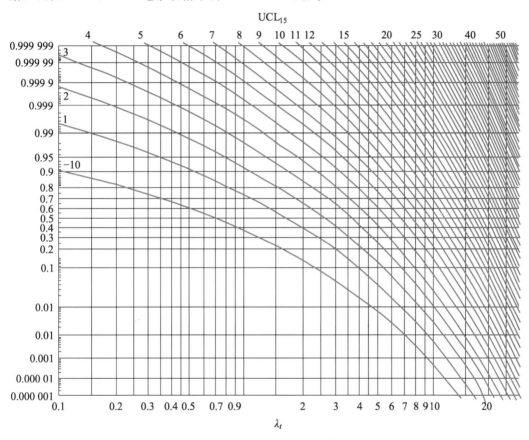

图 7-9　泊松分布累积概率图

最后，将监控参数 D_{15} 与 UCL_{15} 比对，$D_{15} = 7$，而 $\mathrm{UCL}_{15} = 10$，监控参数在可接受范围内，没有触发可靠性预警。

前三种计算方法虽然对监控参数的选择和计算方法有明显差异，但都是基于原始样本数据计算的。当样本数量较少时，为了降低样本数据的随机波动性，需要人工对严重偏离平均值的样本数据进行修正，再对修正后的数据计算警戒值。下面举例说明利用修正值计算警戒值的过程。

首先还是选择三月延误取消千次率作为监控对象，并对原始样本数据进行预处理，结果见表 7-12。

表 7-12　对样本数据修正处理结果

编号（N）	时间	三月平均千次率（Y）	三月平均千次率修正值（Z）	Z^2
1	2017-06	—	—	—
2	2017-07	—	—	—
3	2017-08	0.177	0.177	0.031 3
4	2017-09	0.259	0.259	0.067 1
5	2017-10	0.302	0.302	0.091 2
6	2017-11	0.449	0.271	0.073 4
7	2017-12	0.449	0.271	0.073 4
8	2018-01	0.453	0.271	0.073 4
9	2018-02	0.344	0.344	0.118 3
10	2018-03	0.280	0.280	0.078 4
11	2018-04	0.250	0.250	0.062 5
12	2018-05	0.187	0.187	0.035 0
13	2018-06	0.161	0.161	0.025 9
14	2018-07	0.114	0.271	0.073 4
15	2018-08	0.097	0.271	0.073 4

表 7-11 中的可用原始样本数据是 Y_3 至 Y_{15}，13 个样本数据的平均值为 0.271。而样本数据的修正规则是：如果样本数据 Y 偏离其平均值的 50%，则取平均值作为修正值。因而表 7-11 中有 5 个样本数据被修正。对修正数据采用正态分布思想建立警戒值，公式如下。修正值降低了样本数据的波动性，因而计算 UCL 值时修正标准偏差的系数默认为 1。

UCL = 修正平均值+修正标准偏差

$$\mathrm{UCL} = \frac{\sum_{N_3}^{N_{15}} Z}{N} + \sqrt{\frac{\sum_{N_3}^{N_{15}} Z^2 - \frac{(\sum_{N_3}^{N_{15}} Z)^2}{N}}{N-1}} = \frac{3.315}{13} + \sqrt{\frac{0.876\,7 - \frac{3.315^2}{13}}{13-1}} = 0.306\,1$$

警戒值的计算并没有明确的标准，航空公司可以设定自己的计算方法并在可靠性管理实践中不断地调整优化，使其匹配自己的维修工程管理模式和能力。而判断警戒值是否合适的关键就是可靠性预警项目的数量和质量。当航空公司对可靠性预警项目开展调查时，如果发现无须采取工程纠正措施的可靠性预警项目占比很高或者需要采取措施提高可靠性的项目没有触发可靠性预警时，就需要重新审视在用的警戒值计算逻辑是否合适、计算值是否需要更新。

7.2.3.2　事件型监控模型

当飞机某些故障或事件的发生对航空公司的安全、运行产生重要影响，但发生概率又不高时，航空公司应考虑选用事件型监控模型开展可靠性性能监控。采用事件型监控模型的常见监控参数有航班延误取消事件、使用困难报告事件、重要结构损伤、发动机

空中停车以及对飞机特殊运行影响较大的故障等。

事件型性能监控模型无须警戒值，可靠性系统收集到的每一个符合预设条件的维修事件都可触发预警。由于不同的维修数据的格式以及筛选条件的差异，事件型监控模型往往需要针对每一种需要监控的事件甚至一种数据建立筛选与预警系统。事件型性能监控模型无须等待数据的积累，因而响应快速，对筛选条件的更改也灵活方便，是航空公司可靠性性能监控系统必不可少的组成部分。

7.2.3.3　特定型监控模型

特定型监控模型是指按照特定算法对某一时间段内的维修时间进行分析计算，并对满足条件的项目进行可靠性预警的模型。常见的特定型监控模型有针对单一飞机的重复故障监控模型，有针对机队故障的多发性故障监控模型，有针对部件号的 MTBUR 监控模型，也有针对单一序号部件的嫌疑流氓件监控模型。特定型监控模型并无固定的形式，一般是航空公司根据维修工程管理需要建立的专项可靠性恶化迹象筛选模型。下面简单介绍几种常见的特定型监控模型。

1．多发性故障监控模型

多发性故障监控模型主要用于监控和筛选机队中频繁发生的故障模式。统计型性能监控模型对飞机系统故障的监控是相对僵化且笼统的，无论机组报告还是航班不正常事件，都是以 ATA 章节作为监控对象，而且监控参数的统计周期比较短，一般是 1 至 3 个月。而多发性故障以故障模式为监控对象，从更长的时间尺度上收集并分析数据，因此对故障的监控更有针对性，可以以另一个视角对机队可能存在的可靠性恶化趋势进行监控。

但正是因为多发性故障监控模型以故障模式为监控对象，该监控模型在维修工程管理中的应用不够广泛，根本原因在于维修数据收集时对故障类数据的故障模式分类非常困难。由于可靠性数据收集系统中缺少完整且准确的故障模式分类数据，性能监控系统往往无法实现对多发性故障的自动监控和预警。多发性故障监控模型通常由可靠性管理工程师人工筛选并启动。可靠性管理工程师在日常可靠性管理中需要定期回顾、总结机队的整体可靠性状况，为可靠性会议召开组织材料。在分析、总结影响机队可靠性状况的主要故障时，需要对重要章节的航班不正常事件数据和故障报告数据进行故障模式的总结与分类。此时可以顺便开展基于多发性故障监控模型的可靠性分析调查工作。常见的多发性故障挑选方法就是选取导致机队航班不正常事件次数最多的故障模式（TOP10）以及主要 ATA 章节的故障报告次数最多的故障模式（TOP3），挑选周期可以是半年或一年。

以 B737NG 飞机的空速不一致故障为例，该故障对飞行安全与运行正常性影响都很大。但是导致空速不一致的原因比较多，可能是动压/静压管路堵塞故障，可能是皮托管探头故障，但大气数组组件（ADM）、惯导、迎角探测器等部件故障也可能导致空速不一致故障，而这些故障归属于不同的 ATA 章节，如表 7-13 所示。因而无论是以 ATA 为监控对象的机组报告率、航班不正常率监控，还是以部件号/设备功能号为监控对象的部件非计划拆换率监控，或者对航班延误取消故障的事件监控，对空速不一致故障的监测都是片面的，开展的可靠性调查也不够系统、全面。而基于故障模式的多发性故障监控模

型可以弥补统计型和事件型监控模型的缺陷，不仅适合用对飞机复杂故障模式的监控，也适合对那些日常更换数量大但无法被常规监控模型覆盖的"三无"部件。"三无"部件是指那些故障对飞机安全、运行和经济性影响都很小的部件，常见于飞机的各种消耗件以及快速周转件，如客舱照明灯、烧水器、客舱娱乐系统小电视等。这类部件因装机数量庞大，当可靠性较低时，不仅影响航空公司旅客服务质量，也会产生较大的维修成本，不应该被可靠性性能监控系统忽视。

表 7-13　B737NG 空速不一致故障原因分析

故障阶段	故障部件	故障原因	所属 ATA
信号采集阶段	静压孔	孔堵塞	34
	皮托管	加温失效或壳体短路	27、34
	全压管路	堵塞、弯折、渗漏等	34
	大气数据组件（ADM）	功能失效或精度超差	34
	迎角探测器（AOA）	功能失效或响应迟滞	34
计算阶段	惯导组件（ADIRU）	ADR（事故数据记录器）故障导致空速计算错误	34
输出阶段	显示电子组件（DEU）	功能失效，导致输出指示故障	31
传输阶段	导线束	信号、电源传输线短路、断路	20

2. 重复故障监控模型

对飞机重复故障的管理是可靠性管理的重要内容。重复故障一般是指短时间内在同一架飞机上反复出现的相同故障。正常情况下，飞机出现故障后，机务维修部门应在规定的时间内完成对故障的修复。因而重复故障产生主要是以下几方面的原因导致的：

（1）对飞机故障产生机理不明了，排故方案不正确；

（2）故障机理已明确，但因排故措施不当，排故不彻底；

（3）排故措施正确，但因航材或人为原因导致排故不彻底。

无论哪种原因导致的重复故障，飞机长期带故障飞行必然产生一定的安全隐患，同时频繁排故也会影响航班的正常性和维修成本。因而对重复故障的有效管控可以达到全面提升飞机安全性、经济性与运行可靠性的目的。

建立高效、可靠的重复故障监控模型是实现重复故障有效管控的首要任务。民航维修业界并没有对重复故障的标准定义。一般来说，航空公司根据自身维修工程管理能力与需求设置合适的重复故障定义标准。常见的定义标准有"5 天 3 次""7 天 2 次""10天 2 次"以及"21 天 3 次"等，不同标准产生的重复故障数量差别很大。重复故障产生以后，航空公司应安排工程师跟踪处理，相关工作包括故障机理分析、排故方案制定、排故效果评估以及排故经验总结等，工作量很大。因此，如果航空公司的维修工程管理能力薄弱，设置过于严格的重复故障定义标准是没有意义的。

错误的重复性故障预警会产生工程技术资源的浪费。要想提高重复故障监控模型的监控质量，需要有针对性地解决以下几个问题：

① 重复故障定义中的"天"特指"飞行日"，飞机停飞时的日历日不应计算在内，

因而重复故障监控系统需要统计每一架飞机的架日状态数据。

②重复故障定义中的"次"并非故障报告的次数。同一个故障的两次排故之间的所有故障报告只计 1 次。比如机组在第 1 个航段飞行期间时发现故障，并在飞行记录本记录。飞机落地后，机务对该故障进行 MEL（最低设备清单）保留后放行飞机。而飞机在下一个航段飞行时，因更换了机组人员，飞行员继续在飞行记录本填报该故障。那么统计重复故障时，从机组首次报告该故障至机务首次对该故障进行排故期间的所有故障报告仅被计算为 1 次故障。有些航空公司的机务维修管理系统无法准确识别机务排故工作和保留放行工作的差异，因而将同一个飞行日的所有故障报告计为 1 次。

③重复故障定义中的"同一故障"是指同一功能系统和故障模式的故障。对于重复故障监控模型来说，判断不同的故障报告是否属于同一故障是非常困难的。同一故障因环境、时间的不同可能表现出不同的故障现象，相同的故障现象也可能因填报人不同而有不同的表述方式。当飞机数量较少时，航空公司可以通过人工分类的方式挑选相同的故障；但是对于大型航空公司来说，人工对所有故障报告开展故障模式分类并不现实。人工智能或机器深度学习算法是解决该问题的可行办法。而在人工智能技术普及之前，航空公司能够做的就是先由重复故障监控系统基于细分的 ATA 编号信息和关键词判断故障报告是否属于同一故障，再由工程师复核系统筛选出来的重复故障。

航空公司基于管理需要制定了重复故障的定义标准，但是在开展可靠性管理的过程中不能局限于已定制的标准，应敏锐地发现对飞机的安全性、正常性和维修成本有重大影响的非典型重复故障。以某航空公司一架飞机的空调系统故障为例，表 7-14 是这架飞机在 1999—2006 年空调组件空气循环机（ACM）的故障更换。

表 7-14　某型飞机空调 ACM 更换记录

日期	故障现象	排故措施	位置	换件信息
1999-12-11	爬升过程中出现状态信息"L PACK MODE"，重置后信息消失，故障代码 21503141	更换左组件 ACM，测试左组件正常	LH	PN OFF: 810209-3 SN OFF: 950867
2000-2-10	出现故障信息"PACK ACM R 215 036 42"	地面测试 ACM 力矩正常，散热器无损坏，更换右 ACM	RH	PN OFF: 810209-3 SN OFF: 950868
2003-3-25	PACK ACM R 显示故障	航后按 FIM 21-52 TASK818 更换右 ACM，测试正常，试验右组件工作正常	RH	PN OFF: 810209-4 SN OFF: 951076
2003-10-9	航前发现右空调组件 ACM 的叶片断裂	更换右空调组件 ACM 系统，测试正常，检查无渗漏	RH	PN OFF: 810209-9 SN OFF: 950973

续表

日 期	故障现象	排故措施	位置	换件信息
2004-9-12	"PACK ACM R"信息	参考 AMM 更换右组件 ACM，测试正常	RH	PN OFF：810209-9 SN OFF：960324
2005-3-10	航后检查 EICAS 上有状态信息：PACK ACM R；MAT 上有维护信息：21-24822	更换右组件 ACM，进行地面测试正常，组件管路无渗漏	RH	PN OFF：810209-9 SN OFF：9709215
2006-2-6	状态信息 PACK ACM R	更换右空调组件空气循环机，地面检查正常	RH	PN OFF：810209-7 SN OFF：9905042

对于该型飞机来说，ACM 故障并不罕见。但是对于同一架飞机来说，表 7-14 中的这种故障分布有明显异常：右空调组件的 ACM 以较短的间隔周期连续故障。但是这种异常现象既不能被统计型性能监控模型识别，也无法被常规的重复故障监控模型识别，是航空公司在开展空调系统航班延误事件调查期间分析 ACM 历史可靠性数据时发现的。对于该型飞机来说，ACM 是典型的高价值航材部件，新件的采购成本超过 30 万美元，当 ACM 出现涡轮叶片或者风扇叶片断裂故障时，单次维修费用必然会超过 100 万人民币。这架飞机右侧 ACM 在 2003 年至 2006 年期间的 5 次 ACM 故障产生了超过 500 万人民币的部件维修费，对航空公司造成较大的经济损失。而导致此重复性故障是空调右组件双热交换器组件的内部渗漏。热交换器渗漏导致空调组件工作负载加大，ACM 在高负荷下连续工作导致风扇叶片的疲劳寿命大幅降低，因而出现频繁的叶片断裂故障。航空公司在没有发现飞机的重复故障时，只是根据故障隔离手册对故障部件进行更换。在 2005 年通过可靠性数据分析发现异常后，在 2006 年再次出现右侧 ACM 故障后同时预防性更换了右侧的热交换器。热交换器在车间检测发现内部渗漏超标。同时，该飞机的右侧 ACM 频繁故障的现象从此消失。

对广义的重复故障筛查的主要依据是集中性。集中性首先是指同一类故障报告在个别飞机上的集中性。当故障在机队内部分布相对均匀时，存在重复故障的可能性并不高。对于故障发生次数明显较多的飞机来说，还要识别故障报告在位置、部件上的集中性。重复故障本质上是排故不彻底。在故障根源没有排除前，同一故障根源导致的故障报告必定集中于同一个功能系统或部件。当可靠性管理系统检测到故障分布明显集中时，应优先考虑存在重复故障的可能性。

3. 部件 MTBUR 监控模型

平均非计划拆换间隔时间（MTBUR）是表征部件可靠性水平的重要指标。虽然 MTBUR 并不是一个很好的可靠性指标，但是计算简单、容易理解的特性仍使其成为民航维修工程管理的常用指标。

当航空公司引进新机型前，飞机制造厂家以及部分大型的机载设备供应商会向航空公司提供一个推荐备用航材清单（RSPL）。清单中会罗列出对飞机运行影响较大的部件的相关数据，包括平均更换间隔时间（MTBR）、参考价格、推荐备件数量等。因而这个清单通常也成为航空公司对新飞机运行初期部件可靠性管理的重要对标数据。航空公司通过比对机队重要部件实际的 MTBR（或 MTBUR）与 RSPL 中给出的 MTBR 值，可以快捷判断出这些部件的使用可靠性与其设计可靠性之间的差距，从而有针对性地开展部件可靠性调查。

除了上述原因之外，航空公司使用部件 MTBUR 监控模型的一个重要原因是弥补统计型部件非计划拆换率监控模型的不足。部件 MTBUR 监控模型可以便捷地调整数据统计周期、细分部件统计口径（如件号、件号系列、跨机型统计等），使用灵活多变。部件 MTBUR 监控模型的常见预警筛选模式有两种：

1）MTBUR 绝对值排序法

将所有监控对象在相同时间段内的 MTBUR 值由低到高进行排序，然后选择 TOP×× 的项目或者 MTBUR 值低于×××× 值的项目开展可靠性调查。这种筛选方法可以确保不会遗漏存在问题的低可靠性部件，但是很多设计可靠性就不高的部件会被错误纳入调查范围。

2）MTBUR 变化率排序法

将所有监控对象在两个连续时间段内的 MTBUR 值变化率由低到高（MTBUR 值下降时，变化率为负数）进行排序，然后选择 TOP×× 的项目或者 MTBUR 增长率低于×× 值（一般为负数）的项目开展可靠性调查。这种筛选方式可以确保所有可靠性有恶化趋势的部件被纳入调查范围，但是也可能遗漏长期可靠性不高的项目。

4. 部件 NFF 率监控模型

机务维修人员都希望可以快速、准确地定位到飞机的故障部件，直截了当地完成排故工作。但是在实际排故工作中，部件误换件无法避免，这些误换的部件在附件车间修理时往往被判定为无故障发现（No Fault Finding，NFF）。导致误换件的因素非常多，有飞机系统、部件的设计缺陷，有飞机故障隔离手册的编写错误，有工具、航材短缺的限制，有排故人员能力和经验的不足以及飞机安全和运行保障压力导致的多换件。多换件，是指机务人员在一次排故过程中为了确保某一个故障彻底排除而同时更换多个相关部件的操作，这是导致部件误换的最主要的原因。

部件误换会使飞机故障无法及时排除，导致运行风险的升高和维修成本的增加。同时，排故人员也无法从误换件操作中累积排故经验，不利于个人能力的提升。

航空公司非常有必要建立针对部件 NFF 率的监控模型，及时发现航空公司内部显著存在的误换件问题，并及时加以纠正。部件 NFF 率监控模型建立在准确收集部件的车间修理/检测结果的基础上。航空公司航材送修和验收部门需要加强对部件修理厂家的管理，确保修理厂家不会因为部件索赔、修理质量评价等原因而故意修改部件的检修结果（如将"NFF"部件进行预防性维修，并将检修结果定义为"修理"），并将该检修结果输入航空公司航材业务系统或可靠性数据收集系统中。

部件 NFF 率监控模型基于预设的数据分析周期，汇总计算监控对象的 NFF 率，并对 NFF 率较高或 NFF 排名较高的监控模型开展可靠性调查。监控对象可以设置为航站、维修单位、部件号等。一般来说，如果一个航站或者维修单位的部件总体 NFF 率偏高时，该单位很可能存在系统性问题，比如缺乏工具或人员培训、排故人员承受较高的保障压力、维修现场管理存在问题等。而当某些部件号的 NFF 率较高时，飞机/部件系统存在缺陷的可能性会比较高，但也有可能是工具缺乏、人员能力欠缺等问题导致的。如果某些序号的部件存在较高的 NFF 率，部件制造或修理的质量不高会是最有可能的原因。

部件 NFF 监控模型可以通过独特的视角发现机务维修管理的系统性缺陷，这是其他性能监控模型难以替代的。同时，通过对部件 NFF 数据的分析与管控，可以生成航空公司特有的维护提示和排故经验总结，引导机务维修人员获得针对多换件效果的正向反馈，对机务人员能力培养有很大益处。

5. 嫌疑流氓件监控模型

民航维修中经常遇到这样一类部件：装机后很短时间内就会反映相似故障，但在部件车间检测时无法重现故障。这类部件行业内称之为流氓件（Rogue Component）。流氓件对航空公司、部件修理厂家以及部件生产厂家都会造成较大的危害。对于航空公司来说，流氓件会误导排故思路，增加维修成本和管理成本，同时也会因频繁故障而影响飞机的安全性、正常性以及经济性。对于部件修理厂家来说，一旦承修了流氓件且没有彻底修复，较大概率连续承担航空公司的后续索赔，不仅导致经营成本的增加，甚至会因整体修理质量评价降低而丢失商业合同。对于部件生产厂家来说，流氓件会导致其备件保障困难，增加工程改装负担，并可能影响公司声誉。

航空公司是流氓件的最直接受害者，有迫切的需求对其进行有效管控。但是流氓件天然具有隐蔽且难以修复的特点，因而要管好流氓件需要采用"广撒网、细评估、长跟踪"的策略。"广撒网"是指通过设置条件宽松且便于计算机自动判断的监控模型，自动基于机队周转件的使用数据收集嫌疑流氓件。一般来说，航空公司对嫌疑流氓件的筛选条件就是同一个部件的修后使用时间 TSR（如果是新件首次故障拆下，TSN 等效于 TSR）连续 3 次小于 1 000 FH。但是符合该筛选条件的部件并非都是流氓件，还可能是设计可靠性就不高的部件（比如一些客舱设备快速周转件）或者进入损耗期的老旧部件。因而对于监控模型预警的嫌疑流氓件，可靠性工程师还需详细评估其拆换原因、故障模式以及整体可靠性状况等内容，排除掉不符合流氓件定义的部件。当部件被人工评估判定为流氓件后，航空公司一般会尝试修复；对于无法修复的流氓件，还会有置换、隔离使用、出售和报废等备选措施。因而对流氓件进行长期跟踪、确保对流氓件的修复或其他处置措施得到真正落实也是管好流氓件必不可少的一环。

中国民航维修行业从 2008 开始探索对流氓件的管理方法，早期主要由人工依据流氓件管理程序完成对流氓件的识别和处置，跟踪过程则因难以由人工完成而被忽略，导致对流氓件的管理措施与实际运行脱节，管理效果不尽如人意。鉴于流氓件的判定和修复都存在较大的困难，而流氓件又具有较大的危害性，对流氓件的管理需要深入从发现到

恢复正常或退出运行的各个环节。在此期间，一个流氓件可能经历多次装机使用和车间修理，需要有一个 IT 系统对其进行状况监控和预警。而 IT 系统的设计需要综合考虑流氓件的状态转变、处置措施、使用限制等多种因素，是航空公司可靠性管理系统与航材业务管理系统的结合。

嫌疑流氓件监控模型首先需要将航空公司周转件分成多个不同的状态，在基于部件的使用时间、监控筛选、人工评估结论以及处置措施的执行情况等驱动部件状态的变化，如图 7-10 所示。

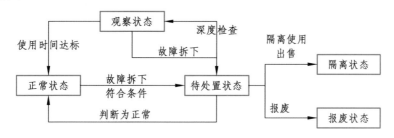

图 7-10　部件状态转换逻辑

飞机部附件的初始状态都是正常状态，正常状态的部件不是流氓件，可以正常使用和送修。

当一个部件同时满足以下三个条件时，系统将其设定为待处置状态：

① 部件处于故障拆下状态；

② 部件最近的使用履历满足流氓件筛选条件；

③ 部件拆下后尚未指定处置措施。

待处置状态是触发了嫌疑流氓件监控模型预警后的部件状态，需要由工程师评估后确定其下一步状态，可能是正常部件，也可能是需要处置的流氓件。

当一个待处置状态的部件被判定为流氓件且处置措施为深度检查时，该部件将由待处置状态转换到观察状态。观察状态的部件会被送修并装机使用，但因其修理效果难以信赖，应设置装机使用限制，避免因修理效果不佳而造成严重的运行后果。当处于观察状态的部件装机后正常工作的时间超过预期值（一般为 1 000 FH）后，我们通常认为该流氓件已被有效修复，系统自动将其改变为正常状态。但如果部件尚未使用达到预期值即再次故障拆下，将再次进入待处置状态，此时工程师可能选择其他处置措施。

当一个待处置状态的部件被判定为流氓件且处置措施为隔离使用或者出售时，该部件将由待处置状态转换到隔离状态。隔离状态的部件会被送修，但无须跟踪修理效果，因为它们一般情况不会再被安装到运行中的飞机上，因而不会再产生不利运行影响。

当一个部件被工程师判定为无修理价值时，该部件将由待处置状态转换到报废状态。报废状态的部件不会被送修和使用，直至其被实施报废操作。

在此监控模型中，可靠性系统需要设置嫌疑流氓件的预警筛选条件与观察件状态改变条件，并组织工程师完成对嫌疑流氓件的人工确认和处置措施制定，航材业务部门需要根据部件状况完成对流氓件的发料、送修、置换、报废与验收管理，而对流氓件的跟踪管理有 IT 系统自动完成。这种全流程管理模型可以有效减少流氓件在航空公司机队上

的留存时间，并降低其产生的运行危害，明显降低维修成本、提高维修管理质量。

6. 发动机性能监控模型

作为飞机的心脏，发动机本体具有价格昂贵、难以在翼修复、故障影响大的特点。因而提高在用发动机的可靠性和可用率对航空公司提高机队运行质量、降低维修成本非常重要。

民航飞机普遍采用的涡轮风扇发动机是一个典型的复杂机械系统，一般服从老化曲线，发动机整体故障率随使用时间的增加缓慢上升。除了发动机核心机的关键部件需要根据热疲劳寿命数据设置定期报废的维修任务外，其他部件并不适合采取定期翻修策略。那么按照 MSG-2 分析决断逻辑，持续监控就是保持发动机可靠性水平的最佳维修方式。

发动机性能监控模型认为，发动机性能状况受环境和操作方式的影响，并且在特定的操作和环境影响下性能状况会变差。航空公司一般选择与发动机核心机工作性能密切相关的参数作为发动机性能监控对象，持续收集发动机性能参数并将监控结果与制造厂家规定的限制标准及航空公司自己规定的监控标准相对比，在发动机性能衰退到接近失效时触发警告，由发动机工程师评估分析后介入维修，从而实现相对精准的事前维修。常见的性能监控参数有 EGT 温度值、发动机振动值以及发动机滑油平均消耗量。其中 EGT 温度值和发动机振动值可以通过 QAR 数据自动采集，而发动机滑油耗量需要由航空公司通过滑油添加记录计算产生。

发动机性能衰退以后，无论是孔探检查还是换发工作，都会对飞机运行产生严重干扰。因此，为了尽可能将对发动机的非计划维修转为计划维修，发动机性能监控模型一般根据性能衰退的严重程度和应对措施紧急程度设置三级警告：当监控参数触发第一级警告时，发动机出现突发故障的风险升高但仍可接受，发动机工程师应重点关注该发动机并视需研究制定排故方案，在合适的停场时间实施维修；当监控参数恶化到触发第二级警告时，发动机出现突发故障的风险已不可以接受但仍然适航，发动机工程师需要尽快研究制定排故方案，并在合适的停场时间实施维修；当监控参数达到或超过维修手册限定标准时，触发第三级警告，发动机已处于不适航状态，发动机工程师必须在执行下一个航班前完成发动机排故或者得到发动机厂家的放行许可。

7. 发动机状态监控模型

对发动机可靠性的管理，除了脱胎于持续监控维修方式的性能监控模型外，还可以采用与视情维修方式密切相关的发动机状态监控模型。性能监控模型的监控对象是发动机性能参数，而状态监控模型的监控对象是发动机的定期维护检查结果。

从 MSG-2 的分析决断逻辑来说，定期对系统/部件实施检查，并根据检查结果视情采取维修措施。这种维修方式比较适合那些便于通过在翼维修恢复其可靠性状态的系统和部件，比如发现滤网脏后清洁或更换滤网、发现接头卡阻后调节和润滑等。但是对于不便于在位维修的高价值系统和部件来说，定期检查的结果经常会使维修人员陷入一个尴尬的境地：系统/部件性能尚未衰退到必须维修的阶段，提前离位修复会导致一定的浪费；但不实施维修而等待下一个检查周期，会增加突发故障发生风险。发动机核心机就属于该类型的机械系统。对于这种系统和部件，如果能够建立监控检查结果的系统，并基于检查结果和检查周期的数据变化规律预警和指导后续定期检查间隔，就可以解决机务维

修人员面临的难题，较好地平衡故障风险与维修成本之间的关系。发动机状态监控对象一般选择发动机管理中常见的三种维修检查结果：发动机孔探结果、发动机磁性屑末检查结果以及发动机滑油品质分析结果。

在发动机遇特殊情况如发生超温、鸟撞及其他情况下，孔探被用于检查发动机内部气流通道部件状况来判断发动机是否可用；孔探也被用于定期检查发动机有关部件状况以监控发动机性能。对发动机孔探状态的监控，一般选择常见的压气机和涡轮叶片裂纹/损伤尺寸作为监控对象，通过定期和不定期孔探收集各台发动机的损伤数据，并与预设标准进行比较，超标损伤由监控模型自动预警，发动机工程师持续跟踪预警发动机的后续使用状态，制定合理的重复孔探间隔和使用限制，直到该损伤被修复。

发动机滑油是各种屑末的运输媒介，这些屑末是由遭受磨损的滚动和滑动表面产生的，它们包含着磨损表面非常有价值的信息，因此有效地对滑油中的屑末进行分析，是对发动机进行监控并及时发现潜在故障的一个重要手段。航空公司需要定期和不定期地检查主滑油系统安装的磁性屑末探测器和滑油回油滤网，并化验上面的磁性屑末和沉积物。发动机磁性屑末状态监控模型监控每台发动机的磁性屑末的数量变化以及屑末种类，并基于模型预设标准产生预警。对于触发异常预警的发动机，工程师需要结合磁性碎屑的数量变化趋势、金属屑化验结果以及厂家建议制定跟踪处理措施，包括重复检查间隔、性能监控要求和排故方案等。

发动机滑油如同发动机的"血液"，既会在使用中被污染，也会因油品变质而加速发动机部件的提前故障。相对于燃油和液压油来说，发动机滑油的更新周期较短，而且一般由人工完成油液的勤务，因而维修大纲中一般不推荐执行定期滑油化验。但机务人员在日常滑油系统勤务过程中，若发现滑油颜色异常或者有不明污染物，应当及时向工程部门反馈，对疑似被污染滑油抽取少量滑油样本保存。发动机工程师需要将滑油送检验中心进行化验分析，对返回的滑油成分化验结果进行分析和研究，找出滑油变质的根本原因，并视情制定纠正措施。

而发动机滑油品质监控模型应收集发动机滑油化验报告数据，并监控重要滑油指标的变化趋势，同时对油液品质指标有明显恶化趋势的发动机产生预警，提醒工程师研究制定应对措施。

8. 关键区域结构腐蚀监控模型

对于航空公司来说，结构故障主要来源于设计/制造缺陷导致的疲劳损伤、使用/维护不当导致的腐蚀损伤以及飞机运行过程中产生的意外损伤。对于航空公司来说，结构可靠性管理主要关注航空公司能够通过工程管理有效影响的损伤，也就是飞机结构腐蚀。但是基于飞机腐蚀预防与控制的基本原理，飞机结构腐蚀无法避免，航空公司只需关注那些超预期的腐蚀损伤，无论是发生范围超预期、发生时间超预期还是腐蚀严重程度超预期。结构腐蚀同时具有发生范围广泛、故障原因复杂、故障定位困难的特点，如何对飞机结构腐蚀故障建立有效的性能监控模型呢？

理想的监控模型是监控飞机主要结构区域的腐蚀发现率。飞机不同位置的腐蚀概率和腐蚀机理有相同之处，也有差异，比如飞机前货舱、后货舱和散货舱的地板梁以及下

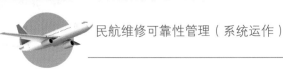

部区域的腐蚀情况非常类似，在监控模型中应视为同一个区域。而飞机不同客舱门门槛区域的腐蚀状况是有差异的，主要原因在于不同位置门的运行环境、开关时间和次数、主要用途差异较大，在监控模型中应视为不同区域。这样我们设计结构腐蚀故障的监控对象时，应该构建一个监控对象与飞机主区域的索引清单，将腐蚀情况相似且腐蚀检查频率相同的飞机不同区域视为同一个监控对象。一般来说，基于历史经验数据和腐蚀机理分析，只有结构腐蚀风险较高的区域才需要被纳入监控范围，这样可以控制监控对象的数量。

大部分飞机结构腐蚀是在执行 CPCP 定期检查任务时发现的，而不同 CPCP 任务可能具有不同的日历间隔，而与飞机飞行小时、飞行循环关系不大。因而我们无法用飞机的运行参数计算的指标来评价飞机结构腐蚀状况的好坏。一个区域每次进行腐蚀检查时都没有发现故障，这说明其腐蚀情况好于预期；如果腐蚀检查时经常能够发现腐蚀，但腐蚀都控制在 1 级水平，这说明该区域的腐蚀情况符合预期，且当前 CPCP 相关措施得当；但如果腐蚀检查时经常发现腐蚀，且出现很多 2 级及以上的腐蚀，说明该区域的腐蚀比预期更差，需要采取额外的工程纠正措施。因而，我们可以选择飞机结构的腐蚀发现率或者 2 级腐蚀发现率作为评价监控对象腐蚀情况好坏的指标。腐蚀发现率等于某一个时间段内发现腐蚀故障的次数除以监控对象被执行腐蚀相关检查的总次数。腐蚀故障次数可以通过结构损伤修理评估报告收集，腐蚀相关检查任务执行次数包含维修方案中的 CPCP 相关任务计划执行次数以及飞机运行期间非计划的腐蚀检查执行次数。一般来说，大部分航空公司可以精确记录计划任务的执行次数，但没有办法记录非计划腐蚀检查执行次数。为了便于操作，我们会忽略没有故障发现的非计划腐蚀检查次数，这样非计划腐蚀检查次数就等于非计划结构腐蚀故障次数。监控对象与监控数据之间的逻辑关系如图 7-11 所示。

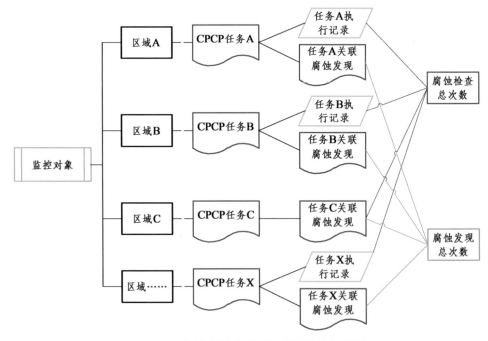

图 7-11　腐蚀故障监控模型数据收集逻辑

上述监控模型对航空公司维修工程管理系统的要求较高，对航空公司的结构工程师数量和能力要求也比较高。当航空公司无法实现这种理想的监控方式时，可以采用简化方式：根据结构维修历史经验数据，对每个机型基于 2、3 级腐蚀的发生概率选择腐蚀最严重的 8～10 个区域进行监控，每季度或者半年对监控区域内所有腐蚀发现数据分析评估，由结构工程师确认是否有结构腐蚀状况恶化趋势。

7.2.4 统计型性能监控系统的建立与维护

正态分布是航空公司在可靠性管理中应用最广泛的性能监控模型。下面以正态分布为例，详细说明航空公司对性能监控系统的建立与维护管理要求。

7.2.4.1 新机队性能监控系统的要求

统计型性能监控系统的警戒值需要基于足够的机队运行数据计算产生，因而当机队数量较少或新飞机运行时间较短时，航空公司无法建立有效的统计型性能监控系统。在飞机引进后的前 15 个月内，航空公司应按照以下规定开展可靠性管理工作。

（1）在前 6 个月内，航空公司仅需通过事件型性能监控模型以及特定型性能监控模型（如故障 TOP10 监控、重复故障监控等）开展可靠性管理工作。

（2）在 6 个月运行结束且机队规模超过 4 架后，航空公司应对新飞机的系统和重要部件基于 6 个月的可靠性数据建立统计型性能监控系统，仅使用已有的数据计算临时警戒值，并用其开展可靠性性能监控，直至到飞机运行的第 15 个月。

（3）如果飞机机队规模一直没有超过 4 架，则无须建立统计型性能监控系统。

7.2.4.2 性能监控对象的选择

如前面所述，基于正态分布模型的性能监控系统通常使用飞机的可靠性比率指标作为监控参数。对于飞机系统来说，可靠性比率指标会分配到各个 ATA 系统，对于部件来说，可靠性比率指标则分配到各个件号或者功能设备号。

因而系统监控对象一般选择飞机 ATA 章节号，ATA 章节位数基于 ATA 章节号填写精度和样本数据量的大小综合决定。对于 ATA 分类简单且数量较大的机组报告/故障报告来说，可以选择 3 位 ATA 或者 4 位 ATA；对于 ATA 分类比较复杂且样本数据较少的重要事件数据来说，2 位 ATA 更合适。

部件监控对象的选择更多一些，主要原因在于飞机的部件构型相对复杂，同一个系列的件号存在不断升级改进的现象，同一个功能系统内不同厂家、不同系列部件可能同时存在，不同功能系统内可能安装相同件号的部件。因而没有哪一种部件监控对象可以完美实现对部件可靠性性能的监控。常见的部件监控对象有以下几种：监控件号、监控系列号、监控功能设备号、监控分析号。几种监控对象之间的逻辑关系如图 7-12 所示。

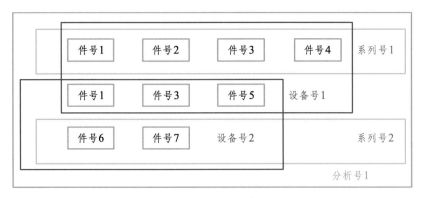

图 7-12　不同部件监控对象的逻辑关系

系列号是对同一部件厂家生产的、可用于同一机型上并具有相同功能的一系列件号的统一编号。同一个系列的件号一般情况下可以通过执行 VSB 而变化，比如 PN：3214552-5 可以升级为 PN：3214552-6。大多数情况下，同一厂家在一个机型上只会生产一个系列的产品。但因为产品设计失败或公司重组等原因，偶尔一个厂家在同一机队也可能提供多个系列的产品。将系列号作为监控对象有助于识别出不同部件厂家提供的相同功能机载设备的可靠性差异，这对机队构型复杂的航空公司有帮助。但是由于飞机不同的功能系统可能采用相同系列的部件，监控部件系列号对飞机功能系统的可靠性变化不敏感。以 B737NG 飞机的邻近电门传感器 PN：1-899-29 为例，它广泛安装于飞机的襟翼、缝翼、起落架、舱门等多个功能系统，由于电门在不同位置的工作频次与工作环境差异较大，表征出的故障率差异较大。如果将飞机上不同位置的几十个邻近电门传感器按同一个序列号进行监控，缝翼位置传感器可靠性较差的问题会被性能监控系统忽略。

功能设备号在空客机队指功能识别号（Functional Item Number，FIN），在波音机队指系统分配号（Assigned System Number，ASN），是对飞机各个功能系统下所安装设备的编号。其中 FIN 号内还包含相同功能设备的位置信息，比 ASN 号分得更细。比如，对于飞机上左右空调组件的冲压空气涡轮（ACM），A320 飞机的 FIN 号分别为 10-HM-1 和 11-HM-1，而 B777 飞机的 ASN 号是 21-52-322-021。二者作为部件监控对象时各有优缺点。对 FIN 号监控时，优点是可以比较相同功能部件在不同位置的性能差异，有助于对广义重复故障的识别；对 ASN 号监控时，虽然缺少位置信息，但对部件功能系统性能的监控更完整和准确。与对系列号的监控相比，对功能设备号的监控可以准确识别出飞机各个功能系统的可靠性恶化趋势，更符合民航规章对重要维修项目（MSI）的监控要求。

但是由于监控部件作为可修件经常会在不同的飞机和功能系统之间流转，也会因升级改装而改变件号，无论是对件号、序列号还是功能设备号的监控，都无法囊括部件的全部使用情况，因而航空公司考虑制定一个更广泛的部件编号用作部件性能监控，这就是分析号。分析号的编制规则是将所有符合以下条件的件号整合在一个编号下面：

1. 相同件号

即使所处的功能系统完全不同，只要安装的件号是相同的，这两个功能系统下所有允许安装的部件号整合在一起。比如 B737NG 机头位置的 3 个皮托管探头属于 ATA34 章

动静压探测系统，但也有两个相同件号的皮托管安装于 ATA27 章升降舵感觉系统。由于件号相同，5 个皮托管以及可与其互换的其他件号应分配相同的分析号。

2. 相同/相似功能设备号

以飞机的左右主起落架为例，即使它们可能具有不同的功能设备号（如空客 FIN 号），甚至于不同的件号（比如左主起落架的很多件号是×××——奇数，右主起落架件号是×××——偶数），仍应将功能设备号下所有的件号分配相同的部件分析号。

无论上述部件监控对象的类型选择哪一种，航空公司都需要控制监控项目的数量。毕竟机载设备的功能位置、部件号的数量太多，监控项目数量太多，每月产生的可靠性预警项目也会很多，需要承担可靠性数据分析和调查的工程师也会很多。根据图 7-12 所示的逻辑关系，以分析号为部件监控对象时，监控项目是最少的。但是如果飞机的所有航线可更换件都需要监控，监控项目仍会超过 1 000 项，每个机队每月产生的部件可靠性预警项目平均超过 20 项，这是一般航空公司无法接受的。因而设置筛选条件控制飞机部件级监控项目的数量势在必行。

筛选条件仍是基于部件的后果影响和可行性设置。后果影响是指部件故障后对飞机安全性、运行影响以及维修成本的影响，最简单的判断方法就是参考飞机制造厂家发布的航材备件推荐清单（RSPL）中的部件重要性信息与采购价格信息。当一个部件被定义为不可放行（NoGo）或有条件放行（GoIf）时，该件故障一定对飞机的安全或运行有影响。基于行业经验，部件的普通修理费用一般超过新件采购成本的 20%，因而部件采购成本越高，其维修成本也越高，高价值部件的经济性影响就突显出来了。可行性评估主要是研究对部件开展可靠性分析的困难程度。消耗件一般不送修，对消耗件的可靠性分析常常因无法准确获取部件的真实使用时间、故障模式检测报告等关键信息而中断。而部分时控/寿命部件因为存在较大比例的计划性维修工作，对可靠性性能监控模型产生严重干扰。这类部件都属于可行性不高的类型。因而，航空公司制定部件级的性能监控系统时，可以优先将 NoGo、GoIf 部件以及高价件（参考目录价超过 30 000 美元的部件）列为需要监控的项目，同时避免将不可修件、时控/寿命部件以及非 LRU 件列为监控对象。一个机型的统计型部件级监控项目控制在 150～200 项即可满足可靠性管理的需要。

7.2.4.3　警戒值的计算

对于采用正态分布模型的统计型性能监控系统，警戒值一般采用平均值加上 K 倍标准偏差的方法进行计算。系数 K 的选择应与监控对象的分布特征匹配。当样本数据的标准偏差较小时，监控对象的故障率相对稳定，此时 K 值可以取 2，使监控系统敏锐地识别出监控对象的故障率升高趋势。而样本数据的标准偏差很大时，监控对象的故障率随机波动幅度较大，如果 K 值继续选择 2，将有较大比例的正常波动被监控系统判定为可靠性的恶化，从而产生较多的错误预警。

一般来说，对于一个机队而言，同一种类型的监控对象应选取相同的 K 值。当航空公司积累较多的经验数据后，根据监控项目的差异性，可以对不同的 ATA 系统或者部件项目设定不同的 K 值。

警戒值计算时一般选择 12～15 个月的样本数据，样本数据的截止时间应至少保证警戒值首次使用时的监控参数与最近一个月的样本数据之间没有重叠。举例说明，航空公司使用 2018 年 7 月至 2019 年 6 月的数据计算生成 UCL1，该警戒值直接用于 2019 年 7 月机队可靠性的监控。如果监控参数是单月比率，7 月的单月比率与 2019 年 6 月样本数据没有干涉，可以正常使用。但如果监控参数是三月比率，7 月的三月比率是利用 2019 年 5 月至 7 月的数据计算生成的，该比率将与计算 UCL1 所参考的 2 个样本数据干涉，无法正常进行性能监控，UCL1 值应从 2019 年 9 月开始使用。

由于航空公司机队数量是动态变化的，飞机构型、运行环境以及维修措施也是动态调整的，因而飞机的总体可靠性状况也是动态变化的。为了保证警戒值的有效性，航空公司应每 12 个月或以更短周期修订警戒值。警戒值修订时，航空公司需要对新计算产生的警戒值评估，确定合适的调整幅度，使其能够反映出季节、环境、预防性维护、改装等因素对飞机可靠性的影响。一般情况下，警戒值的减少意味着性能监控系统更灵敏，无须可靠性会议批准。而警戒值增加，特别是增加幅度较大时，应得到可靠性管理委员会或其授权人的批准后才能实施。但是这种警戒值调整原则在长期使用过程中会造成警戒值持续偏低、虚假预警占比升高的不利影响。这是人天生的"怕麻烦"特点和数字运算的陷阱共同导致的：因为警戒值调低简单而调高烦琐，所以实际工作中警戒值调低的次数一定大于调高的次数；从数字计算的角度来说，一个警戒值调低 10% 以后重新调高 10%，新警戒值必然低于原警戒值，因为 $1\times（1-10\%）\times（1+10\%）<1$。因此航空公司有必要结合本公司的管理特点设置合理的警戒值修订管理政策，避免警戒值越修订越偏低情况的发生。

7.2.4.4　人工警戒值

本质上来说，统计型性能监控模型是僵化的。性能指标超出警戒值限制后，可靠性系统就会触发预警。而实际工程实践中，我们经常发现发生预警时，机队发生的故障非常少，可能分析期内故障只发生了 1～2 次。当监控项目的可靠性较高时，样本数据的故障率越来越低，计算产生的警戒值也随之降低，最终导致极低的故障率也能触发可靠性预警的现象。对于这种缺乏足够故障数据的预警，工程师无法有效地开展可靠性调查，也无须制定可靠性纠正措施，因而这一类预警可以被认定为无效预警。

无效预警会降低可靠性性能监控模型的公信力，耗费宝贵的工程技术资源。航空公司通过设置人工警戒值的方式可以有效降低无效预警的数量。

人工警戒值，可以理解为对监控项目设定的最小警戒值。当监控项目基于历史样本数据计算产生的警戒值低于人工警戒值时，可靠性系统使用人工警戒值作为新的警戒值。

人工警戒值的大小由航空公司在分析期内可接受的最低故障次数决定。一般情况下，最低故障次数应不低于 3，低于 3 次就丧失了统计意义。当监控项目的故障数据关联性较差时（如按照两位 ATA 章节收集的机组报告数据），最低故障次数可以适当提高。

以 3 个月部件非计划拆换千时率的人工警戒值计算为例。该监控参数的分析期为 3 个月。由于部件非计划拆换记录的关联性较强，分析期内可接受的最低故障次数定为 3，意味着性能监控系统应在检测到 3 次及以上部件非计划拆换时预警。因而人工警戒值计算所参考的故障次数应低于 3 次。当假定过去 12 月期间，每个月的所监控部件发生 0.75 次非计划拆换时，3 个月合计为 2.25 次，符合低于 3 次的要求。此时计算公式为

$$人工UCL = \frac{0.75 \times 1\,000}{QTY \cdot 机队月均飞行小时} = \frac{9 \times 1\,000}{机队12个月总飞行小时 \cdot QTY}$$

警戒值计算的过程中会出现四种类型的警戒值，分别是原始警戒值（UCL 原）、计算警戒值（UCL 算）、人工警戒值（UCL 人）和新警戒值（UCL 新），它们之间的关系是：

① 如 UCL 人＞UCL 算，UCL 新=max（UCL 人，UCL 原·K）；

② 如 UCL 算＞UCL 原且 UCL 算＞UCL 人，UCL 新=min（UCL 算，UCL 原·K）；

③ 如 UCL 算＜UCL 原且 UCL 算＞UCL 人，UCL 新=max（UCL 算，UCL 原·K）。

K 值是航空公司对警戒值的调整限制，一般在程序/手册中预设，或者根据可靠性工程师对监控项目历史可靠性状况的评估结论确定。一般来说，一个机型同一类型的性能监控模型会采用相同的 K 值，这样可以降低警戒值管理难度。但如果航空公司对不同监控对象的性能参数分布特征有足够的了解且具有完善的警戒值修订管理系统，可以对不同类型的监控对象采用不同的 K 值。

7.2.4.5　预警状态

统计型性能监控系统定期将监控项目的监控参数与 UCL 比较，识别监控项目的可靠性恶化趋势，并发出预警，目的是促使可靠性管理系统制定纠正措施以恢复监控项目的可靠性。因而，当监控项目采用双监控参数（单月比率和三月比率）时，性能监控系统根据监控参数分布特征将预警状态分成以下几种情况（参见图 7-13）：

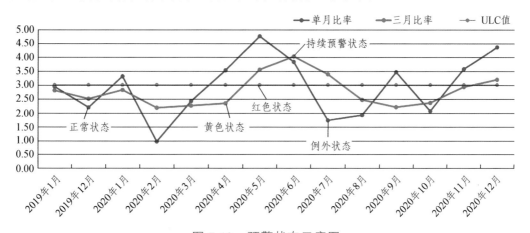

图 7-13　预警状态示意图

（1）正常状态（clear）

单月比率和三月比率均低于 UCL 值，可靠性指标正常。

（2）黄色状态（yellow）

单月比率高于 UCL 值，三月比率低于 UCL 值，可靠性指标有恶化趋势，但尚未超限，需要特别关注。

（3）红色状态（red）

单月比率和三月比率均高于 UCL 值，可靠性指标恶化到不可接受程序，需要采取纠正措施恢复可靠性。

（4）持续预警（remain in alert）

连续两个月（含）以上的单月比率和三月比率均高于 UCL 值。如果这种状况持续存在，说明监控项目的可靠性指标处于持续恶化中，且已采取的纠正措施无效，需要考虑采取更进一步的措施。

（5）例外状态（exception）

如果单月比率相对于上个月从 UCL 值以上回落到以下，即使三月比率仍高于 UCL 值，此时也认为监控项目的可靠性得到恢复，重新回到正常运行状态，无须采取进一步纠正措施。

7.3 数据分析系统

性能监控系统的作用是发现问题，而数据分析系统的主要任务是组织可靠性工程师和系统工程师分析可靠性数据、核实问题、查明原因以及制定纠正措施，即开展可靠性调查。对于不同的可靠性预警项目，开展可靠性调查的方法和要求是不同的。数据分析系统需要明确各种可靠性调查的分析逻辑、调查时限以及责任部门等，并为数据分析工作提供统一的项目管理平台和工作流控制。

7.3.1 可靠性调查的种类

因为可靠性性能监控模型的多样性，可靠性调查也种类繁多。常见的可靠性调查分类方法有按来源划分、按范围划分和按数据类型划分等。

根据可靠性调查项目触发来源的不同，可以将可靠性调查项目分成几种类型。其中，其他调查可能来自航材部门、质量/安全部门或 MRO 厂家的问题反馈，也可能由航空公司管理特别关注的事情触发，如表 7-15 所示。

表 7-15　可靠性调查来源分类

可靠性调查名称	触发来源
警戒调查	统计型性能监控系统
重要事件调查	事件型性能监控系统
多发性故障调查	多发性故障监控系统
重复故障调查	重复故障监控系统
嫌疑流诳件调查	流诳件监控系统
发动机性能分析	发动机性能监控系统
结构腐蚀故障调查	结构腐蚀监控系统
其他调查	非可靠性性能监控系统触发的调查

按可靠性调查涉及的范围，可以将可靠性调查分为机队调查和事件调查。事件调查是将调查范围控制在触发调查的事件本身的调查。常见的事件调查有飞机重复故障调查、SDR 调查、发动机滑油耗量异常调查等。在对事件调查的过程中，如果发现该问题在其他飞机上可能也存在，则应将事件调查升级为机队调查。机队调查需要收集全机队飞机的可靠性数据，综合对比、分析不同飞机/部件的整体可靠性状况和差异，制定针对多架飞机的纠正措施。大部分的可靠性调查都属于机队调查，因为可靠性是群体属性，机队可靠性管理是可靠性管理的主要任务。

按可靠性调查主要参考的数据类型来看，可靠性调查可以分为机组报告调查、航班不正常事件调查、部件非计划拆换调查、维修任务优化评估调查、飞机二级腐蚀故障调查等。

7.3.2　可靠性调查的基本要求

可靠性调查工作的顺利开展需要机务维修多个部门的共同参与，可靠性管理部门主要承担对可靠性调查的组织和管理职能，确保可靠性性能监控系统产生的预警项目得到及时、全面的调查，并制定有效的纠正措施。一般来说，机队调查属于维修工程管理工作，应由航空公司的飞机系统、结构、发动机工程管理部门承担；而事件级的调查侧重于复盘事件发生的过程，寻找导致事件发生的根源，一般由维修实施单位技术部门承担，比如重复故障调查和航班不正常事件的调查工作。事件调查结果同时也是机队调查的重要参考信息。可靠性管理工程师也会参与可靠性调查工作，但是其调查侧重于核实可靠性预警的真伪和价值，以便评估可靠性性能监控系统是否有效。当可靠性工程师确认可靠性预警真实有效时，后续调查一般由下游合适的部门接手。

其他部门或组织接收到可靠性管理部门发布的可靠性调查任务后，应在可靠性控制方案或相关工作程序规定的时限内完成调查工作，并反馈给可靠性管理部门。如无法及时完成，应得到其主管部门领导的批准，并向可靠性管理部门说明延期理由。

可靠性管理部门应对其他部门提交的调查报告的完成质量进行审核，确认其调查方法符合要求，分析逻辑正确，纠正措施得当。对不符合要求的调查报告应督促其整改；对符合要求的调查报告，及时提交可靠性会议审议批准。

7.3.3　可靠性调查的基本思路

可靠性调查的开展过程并没有统一的标准，根据需要解决的问题的不同，调查方法是多样的，但基本逻辑相似。无论开展哪一种类型的可靠性调查，高质量的调查不会止步于对表面问题的分析和处理，而是深挖根源，寻找最有效的解决问题方法。这就是根本原因分析法（Root Cause Analysis，RCA），如图 7-14 所示。

根本原因分析法是一种系统化的问题处理过程，包括确定和分析问题原因、找出问题的解决办法、制定问题预防措施等。飞机系统、部件的可靠性指标的降低往往是多种

因素共同作用的结果。飞机的拆换率不仅受部件固有可靠性的影响，也受航空公司的预防性维修措施、航线维修管理政策、飞机构型差异、运行环境等诸多因素共同影响。对于飞机机械原因的航班延误取消事件，虽然事件发生的主要原因可能是机械故障，但事件最终的产生也与航空公司对排故工作的组织管理、机组对 MEL 保留的态度、航空公司航材/工具资源的配置等多方面因素有密切关系。因而，可靠性调查不仅是针对飞机、部件本身机械故障的调查，也是对整个维修管理体系运作情况的审视与评估。只有找到导致问题的深层次原因，从根本上解决问题，才能使机队可靠性状况得到根本改善。由于可靠性调查往往是调查部门在可靠性管理部门的要求下被动开展的，调查人员深挖问题根源的动力并不强，调查问题经常止步于表面，这就需要可靠性管理工程师在可靠性控制方案中明确可靠性调查的步骤和要求，加强对可靠性调查的指导和审核力度。

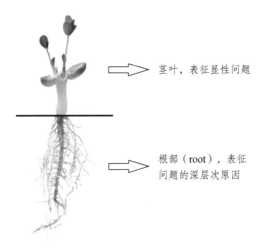

茎叶，表征显性问题

根部（root），表征问题的深层次原因

图 7-14　根本原因分析法

根本原因分析法并不是分析问题的具体方法，它只是描述一种思考方式，将可靠性调查过程分为确认问题（调查立项）、查找原因（调查分析）、解决问题（预防措施）三个阶段，并在每个阶段由浅入深地开展分析工作，如图 7-15 所示。

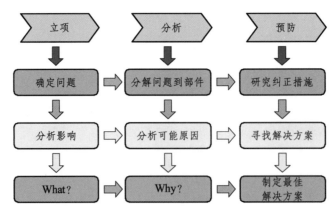

图 7-15　根本原因分析步骤

启动一项可靠性调查时，调查人员往往并不清楚所调查的项目是否真的存在问题、问题是什么。在没有弄清楚项目背景和要求前盲目启动可靠性调查往往事倍功半，这种现象在航空公司内部屡见不鲜。导致这种现象的原因有以下三个方面：

　　（1）性能监控系统预警触发的可靠性调查，受到数据收集质量不高以及性能监控模型本身局限性影响，可能出现虚假预警。比如 ATA 章节号填写错误导致的延误取消千次率预警，以及因执行 EO 产生的部件计划性更换导致部件拆换千时率预警等。

　　（2）来自航空公司领导层或机务维修其他部门的相关信息经常触发可靠性调查，但这些信息常常因传递链条太长而失真，导致工程师接收到的调查要求严重偏离真实要求。

　　（3）因立场以及看待问题的角度差异而错误启动了调查工作。不同业务部门的人员因专业领域的差异、获取信息量的差异以及看待问题的角度差异，对同一件事情可以产生不同的判断结论。比如航材计划部门经常因为某一个件号部件在短期内更换量大幅度增加而要求工程师开展可靠性调查，但工程师核实发现该件拆换量增加是执行计划性改装导致的。机务维修领导收到信息反映，部分件号的客舱应急灯电池的库存管理要求是每两个月执行一次容量测试，感觉非常不合理，要求启动可靠性调查。但可靠性调查显示该要求是飞机制造厂家和电池制造厂家共同的建议。

　　因而在深入调查前收集调查项目的基本信息并确认问题的真伪是非常有必要的。而核实问题的方法有很多，可以通过咨询用户、现场调查、车间监修等方式直接获取问题的相关信息；可以通过全方位、多角度的数据分析，寻找数据隐藏的异常点，间接寻找问题；也可以将分析对象的性能标准与行业标准、航空公司可接受的标准做对比，间接确认是否存在问题。对已经发现的问题，要查清楚问题发生的时间、地点、内容等信息以及导致的后果影响，这对后续开展的原因分析和措施制定都非常重要。

　　对问题进行原因分析时，一般采用由上而下、层层递进的调查思路，调查清楚导致故障发生的内、外部原因。分析过程中的相关推理需要有故障数据或厂家技术文件支持，不能有明显的个人臆断或逻辑矛盾的内容。

　　找到问题根源以后，还应研究制定纠正措施，以便预防类似问题的再次发生。导致问题的原因可能是多样的，因而预防性解决方案也会有多种选择。而调查人员需要基于公司运行需求和维修能力综合确定最佳的问题解决方案。

7.3.4　数据处理的基本技巧

　　可靠性管理工作向来以数据说话。可靠性调查的开展离不开对数据的分析与处理。常见的数据处理分析方法包括统计表、直方图、趋势线、鱼骨图、Mapping 图等。无论采用哪种数据分析方法，其目的都是通过简单直观的数据归纳和对比，寻找数据中隐藏的异常点，这些异常点很可能就是问题的直接或间接反映。熟练掌握数据处理技巧是对可靠性工程师的基本要求，也是系统工程师提高工程调查质量和效率的重要手段。

7.3.4.1　统计表

　　统计表是对数据分析最基本的方法，就是通过对数据资料的整理、归类，并按照一定的顺序将数据排列起来制成表格。统计表可以使数据、指标等更简明清晰，方便对比，表 7-16 就是一个有关液压驱动泵（EDP）故障模式的统计表。

表 7-16　B737NG 液压驱动泵故障模式统计

故障模式	漏油故障	电磁阀插头故障	EDP 功能失效	其他故障
故障次数	16 次	5 次	4 次	1 次
故障时平均（TSN）	14 249 FH	9 590 FH	9 096 FH	5 348 FH

制作统计表的关键是选择要统计的对象，不能为了统计而统计。正常情况下，飞机、部件故障的发生是随机的，因而数据记录在整个样本群体中应均匀分布。通过对关键字段的数据统计对比，可以快速发现数据"部分集中"的现象，这是快速寻找问题所在的方法。

对于故障记录来说，数据在不同的字段属性上集中具有不同的故障调查意义。工程师如果熟知不同的"数据集中"的含义，就可以敏锐地发现问题的踪迹，比如：

① 件号集中——该件号的可靠性可能不高；

② 序号集中——该序号可能修理质量不高或是流氓件；

③ 机号集中——该飞机可能存在隐藏故障；

④ 航站集中——该航站的维修资源保障可能存在问题；

⑤ 月份集中——该故障可能受运行环境影响。

利用统计表寻找数据集中的现象需要工程师多角度地统计对比，人工绘制表格是非常低效的。电子表格处理软件（如 Excel、WPS 表格等）中的"数据透视"功能是最便捷的统计表绘制工具。通过调节数据透视表中的行、列、统计值参数的设置，可以实现便捷、准确的数据统计和汇总工作，而且当原始数据变更时，可以一键更新统计结果，如图 7-16 所示。读者可以通过相关软件教程学习详细的数据透视表使用技巧。

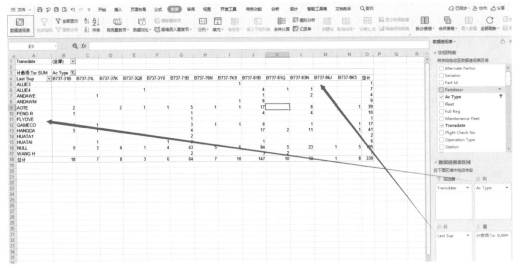

图 7-16　电子表格处理软件"数据透视表"功能示例

7.3.4.2　直方图

直方图又称质量分布图,由一系列高度不等的长条或线段来标识数据的分布情况。它本质上是一种概率分布图,通过合理的分组可以直观地呈现数据的分布状态,如图 7-17 所示。

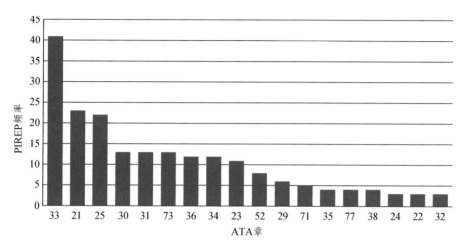

图 7-17　机组报告按 ATA 分类直方图

绘制直方图时,首先需要对数据进行分组处理,并且按照确保组距相等的原则设置组距。当分组对象是数值时,组距相等是指每一组的数值区间跨度是相同的;而当分组对象不是数值时,组距相等指组与组之间是独立且平等的。以飞机机组报告数量统计为例,当分组对象为机龄时,由于机龄属于连续数值,可以按照 0~5 年、5~10 年、10~15 年的等距区间进行分组统计;当分组对象为机型时,可以按照 A320F、B737NG、A330 等进行分组统计。机型分组时不能使用“A320F、A330、B737NG、B737-700”的分组方式,因为 A320F 包含 A319、A320、A321 等机型,与 B737-700 并不属于同一等级;而 B737NG 包含 B737-700,二者并非独立。

要使直方图更好地反映分析数据的概率分布差异,还应考虑对分组数据的“归一化处理”。图 7-18 是某航空公司各个分/子公司执管的 A320F 机型上半年的延误取消次数对比。这个图只能反映出不同分/子公司的延误取消次数的数量对比,但看不出运行质量的好坏,因为我们不清楚各个分/子公司到底拥有多少飞机、执行了多少航班。要想让图表反映出分/子公司的运行质量,必须剔除数据中的机队数量和执行航班数量的影响,比如将延误取消次数与机队数量相除可以得到单机平均延误取消次数,将延误取消次数与执行航班数量相除可以得到每个航班的延误取消率。将这些数值作为纵坐标值绘制直方图,就可以明显看出不同分/子公司的航班运行保障水平,如图 7-19 所示。这种将分组对象的原始数值转换成标准评价值的过程就是归一化处理。

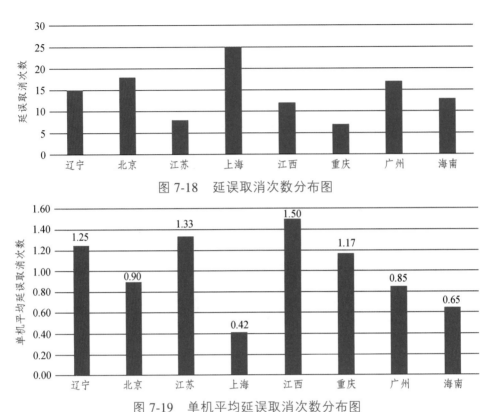

图 7-18　延误取消次数分布图

图 7-19　单机平均延误取消次数分布图

7.3.4.3　趋势线

当需要分析性能参数的变化趋势时，常用使用趋势线作为数据分析工具。基于正态分布的性能监控系统监控结果通常都是使用趋势线描述性能参数的变化与预警情况，如图 7-20 所示。

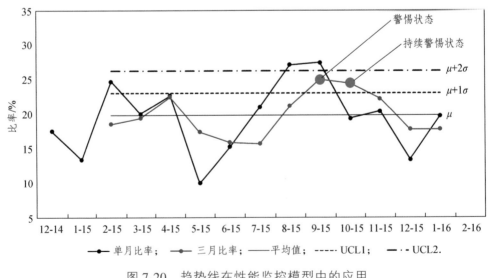

图 7-20　趋势线在性能监控模型中的应用

趋势线是数据趋势的图形表示形式，可以使绘图人员直观地判断数据走向或对数据进行预测分析。趋势线有不同的绘制方法，有线性趋势线、对数趋势线、多项式趋势线、指数趋势线、乘幂趋势线以及移动平均趋势线等。不同的趋势线对数据的预测结果差异较大，绘图人员需要基于现有数据点与趋势线的拟合度选择合适的趋势线类型。一般来说，线性趋势线适合于增加或下降速率比较稳定的数据点；对数趋势线适合于增加或下降初期较快但后续平缓的数据点；多项式趋势线适合于波动性较大的数据点；乘幂趋势线适合于增加或下降速度持续增加且增加幅度相对恒定的数据点；指数趋势线适合于增加或下降速度持续增加且增加幅度越来越大的数据点；而移动平均值趋势线则用于平滑处理数据点中的微小波动，从而使数据的变化趋势更加清晰。图 7-20 中的 3 月均值曲线相当于一个移动平均趋势线。

7.3.4.4　鱼骨图

　　鱼骨图又称因果图，是发现问题根本原因常用的一种分析方法。一般来说，要解决的问题会受到诸多因素的影响。我们在调查问题的过程中，通过头脑风暴或者团队共创法找出这些因素，并将它们与特性值按相互关联性整理成一个层次分明、条理清楚的图表，右边是问题，左边是特性及因素。由于图表形状如鱼骨，所有大家形象地称其为鱼骨图，如图 7-21 所示。

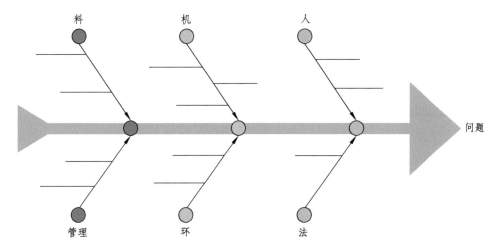

图 7-21　鱼骨图示意图

　　在绘制鱼骨图的过程中，为了确保对问题分析考虑的全面性，大家一般采用按照人、机、料、法、环以及管理将所有相关影响因素分成六大类，并逐一开展分析。分析不同类型问题时，人、机、料、法、环所指的要素不同。对于飞机维修工作来说，人一般是指飞机的使用与维修者，这可能包括航空公司管理人员、机组人员、旅客、机务维修人员以及勤务人员等。机则是指飞机系统设备以及机务维修中可能使用的维修、测试、服务保障设备以及相关工具等。料主要是指航材以及其他消耗性材料的准备。法主要是指飞机维修过程中需要遵循和使用的各种法规、制度、程序、手册和工作单卡等。环则是指环境，不仅包括外在的自然环境、工作环境等，还包括内在的企业文化环境、团队环境等。除了五个影响生产作业的核心要素外，管理也是开展问题分析时必须考虑的方面，它是对前面五个要素的系统性补充。

7.3.4.5　Mapping 图

总体来说，前面介绍的各种数据分析方法都是侧重于某一维度或对象的，因而数据分析人员往往需要尝试多个数据分析角度来寻找问题。而 Mapping 图是一种将多种数据信息通过图例形式按特定顺序同时呈现出来的数据分析方法，可以使绘制图便捷地发现数据中隐藏的问题。我们对系统、部件开展可靠性调查时通常需要查看多种数据，包括故障记录、非计划拆换记录、定期维护记录、部件使用时间、部件送修记录等，而每一类数据也包含很多字段信息。当我们将这些繁杂的信息通过特定的符号同时呈现在一个总图上并保持不同信息之间的关联关系时，那么我们可以快速而准确地捕捉到可靠性数据的异常现象，这种新型的数据处理方式就是可靠性 Mapping 图。图 7-22～图 7-25 就是典型的包含特定异常信息的可靠性 Mapping 图。

	1月	2月	3月	4月	5月	6月	7月	8月	9月	10月	11月	12月
机号1	▼■			■			■			▼■		
机号2		■			▼■			▼■			■	
机号3		▼ ■			▼■			■			▼■	
机号4	■			▼ ■			▼ ■			■		
机号N			■			▼■			▼	■		■▼

▼ 非计划维修　■ 计划维修

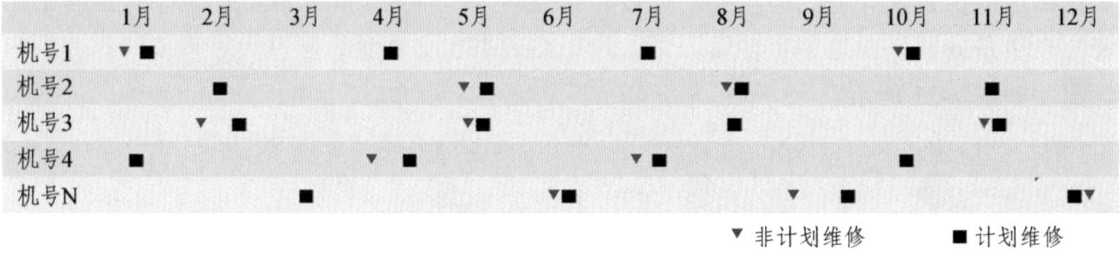

图 7-22　飞机故障 Mapping（图一）

从图 7-22 中可以看出，机队普遍出现非计划维修在计划维修前夕发生的现象，说明计划维修的间隔过长，适当缩短计划维修计划有可能避免非计划维修的发生。

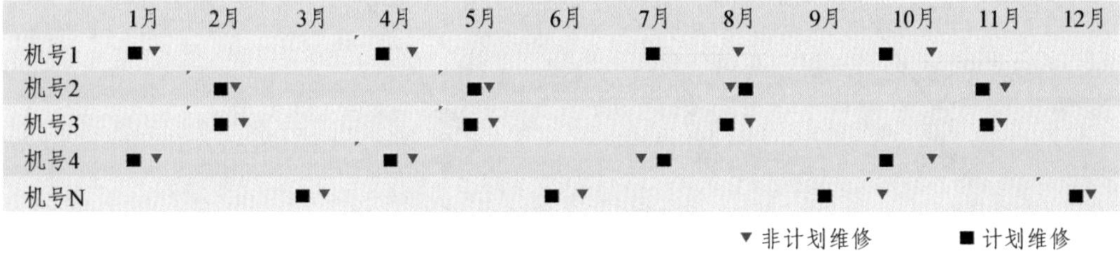

	1月	2月	3月	4月	5月	6月	7月	8月	9月	10月	11月	12月
机号1	■▼			■ ▼			■ ▼			■ ▼		
机号2		■▼			■▼			▼■			■▼	
机号3		■▼			■▼			■▼			■▼	
机号4	■▼						▼■			■▼		
机号N			■▼			■▼						■▼

▼ 非计划维修　■ 计划维修

图 7-23　飞机故障 Mapping（图二）

从图 7-23 中可以看出，飞机的非计划维修普遍紧随计划维修发生，这说明计划维修是导致飞机故障的根本原因。如果计划维修后产生非计划维修的概率非常高，可能是计划维修施工程序错误或者维修过程中使用的航材、工具有问题；如果计划维修后产生非计划维修的概率不太高，则有可能是计划维修施工质量存在问题。

	1月	2月	3月	4月	5月	6月	7月	8月	9月	10月	11月	12月
机号1	▼	▼			▼			▼			▼	▼▼
机号2	▼▼		▼			▼			▼	▼▼		▼
机号3	▼		▼	▼							▼▼	▼
机号4	▼▼▼		▼				▼				▼	▼
机号N	▼	▼				▼			▼	▼	▼	▼▼

▼非计划维修

图 7-24　飞机故障 Mapping（图三）

从图 7-24 中可以看出，飞机的非计划维修在 11 月、12 月和 1 月有明显的集中性，其他月份相对分散。这说明该故障受季节性影响（冬季）比较明显。针对冬季低温运行特点制定针对性措施是降低飞机故障率的关键，比如冬季对飞机提前通电、预防性更换油液系统的封严、使用加温机、加强飞机除/防冰操作培训等。

图 7-25 是表征部件修理及使用情况的 Mapping 图。从图中可以看出以下信息：新件的使用时间明显高于修理件；B 厂家对部件的修理质量高于 A 厂家；部件 5 可能是流氓件，且尚未被修复；部件 5 的隐藏故障有可能是 A 厂家的不当维修导致的。

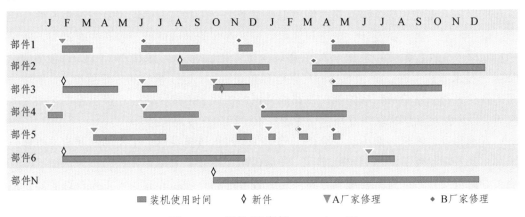

图 7-25　部件可靠性 Mapping 图

可靠性 Mapping 图绘制前，首先要选择调查对象，可以是飞机的某一个功能系统，也可以是某一类部件。调查对象为飞机系统时，Mapping 图的每一行记录每一架飞机的特征数据；如果调查对象为部件，每一个部件（序号或实物编号）产生一行数据。Mapping 图的横轴一般采用时间参数，可以是日历时间，也可以是飞行小时或飞行循环。将飞机或部件的使用时间、维修工作等数据信息通过不同的特征符号按时间先后顺序标注到每一行中，就形成了 Mapping 图。

7.3.5　纠正措施的制定方法

7.3.5.1　纠正措施的类型

工程师通过分析调查找到了导致系统/部件可靠性不高的原因后，还应考虑制定合理的纠正措施来提高或恢复其可靠性水平。纠正措施的类型是非常广泛的，根据所介入的维修工程管理阶段的不同，可以分为产品改进、优化预防性维修措施、提升飞机排故质

量和效率、提高航材整体可靠性水平、开展空地交流等方面。

产品改进是最直接的解决问题方法，一般是通过执行飞机、发动机及机载设备的服务通告或禁用老旧型号部件的方式实施。但是受限于技术能力以及适航性问题，航空公司通常需要由系统/部件原始设备制造商（OEM）提供改装方案，而且存在改装成本高、改装周期长、效果不确定的问题。因而并非所有的改装方案都需要采纳，也并非所有的可靠性差的系统/部件都有改装方案，工程师需要根据具体情况评估决策。

对预防性维修措施的优化主要包括增加、删除和调整计划维修任务，完善施工方法等。而提升飞机排故质量和效率的方法较多，包括编写维护提示、修订排故手册、提高排故现场资源保障能力、开展人员技能培训、完善质量监管措施等。提升航材可靠性水平的方式有更换部件修理厂家、修改部件送修要求、隔离流氓件和更改部件使用管理政策等。当故障还与机组人员的使用习惯和个人决策意见相关时，工程师可以通过空地交流的方式改变机组的行为习惯或思考模式，减少不良后果的产生。

7.3.5.2 纠正措施的来源

厂家技术支持和建议是纠正措施的主要来源之一。当工程师通过数据分析程序确定了故障根源后，对产品设计、制造和使用中普遍存在的缺陷问题，应首先查询与之匹配的厂家技术文件，如服务通告（SB）、服务信函（SL）、机队技术摘要（FTD）、服务信息（ISI）、技术跟进（TFU），或直接向厂家咨询建议措施。除了机型的首发用户外，航空公司遇到的大部分常见故障缺陷都已在其他公司的机队上出现并可能已经引起厂家关注，因而可以便捷地从厂家获得维修建议或者厂家工程调查进展信息。

查看和评估维修方案项目也会使工程师获得纠正措施灵感。工程师需要查看维修方案中与调查项目相关的计划维修项目，评估预防性维修要求是否充分和有效。而且不仅要查看调查项目对应机型的维修方案，还应查看与调查项目具有相同工作原理的其他机型维修方案，寻找机队通用维修经验。

参考其他航空公司经验也是工程师制定纠正措施的重要手段。国内的大中型航空公司相同机型的飞机普遍具有类似的飞机构型、运行环境和维修方式，因而大家遇到的可靠性议题也大同小异。工程师如果能够得到其他公司的成功经验，制定本公司纠正措施时可以少走很多弯路。因而航空公司之间建立稳定的可靠性信息交流机制、工程师建立在机务维修行业的人际关系也是非常有必要的。

除此之外，工程师还需要针对具体问题征求各业务部门专业人员的意见和建议，从而避免制定一些不接地气、难以实施的纠正措施。由于民航维修不同岗位的专业度非常高，系统工程师需全面了解其他岗位、业务的真实运作状态，比如航材送修厂家的选择逻辑、外站飞机航线工卡的执行情况、维修方案项目的实际执行提前量等，多向专业人员咨询，获取专业的意见和建议，才能够最大限度地复原机队问题拼图，减少错误决策。

7.3.5.3 纠正措施的评价标准

可供工程师选择的纠正措施是多样的，但是并不都是合适的。不当的纠正措施不仅达不到提升系统/部件可靠性的目的，还可能导致维修成本的浪费和维修差错风险的升高。

因而工程师需要从以下三个维度对备选的纠正措施进行评估：

1. 有效性

有效性是评价维修措施最重要的指标，但也是最难以衡量的指标。在纠正措施的实际有效性得到时间验证之前，其理论有效性是建立在工程师对故障机理的分析和对相关条件的假设的基础上的。基于已知信息进行合理地预测，可以获知不同纠正措施可能产生的不同效果，即理论有效性。在获得足够的试验数据或者产品设计参数之前，很难定量计算理论有效性。因而实际工程实践中，工程技术人员一般通过评级/评分的方法定性地比较不同纠正措施对预防特定故障模式的有效性。

举例：某一航空公司的某机队频繁出现发动机燃油流量调节器（FFG）故障导致的航班延误，因此对其开展了工程调查，发现 FFG 的漏油故障主要是由输入轴金属封严磨损引起，同时 FFG 也存在严重的部件修理质量问题，很多故障部件的修后使用时间不高。为了提高 FFG 的使用可靠性，航空公司可以采取的纠正措施有：

（1）按照 6 000 FH 间隔定期翻修 FFG；

（2）要求部件修理厂家每次修理时必须预防性更换 FFG 输入轴金属封严；

（3）更换部件修理厂家，提高部件修理质量。

三项纠正措施看起来都是有效的。由于 FFG 是一个纯机械部件，一般存在明显的损耗故障期，因而定期翻修产生明显效果的概率较高，故其有效性评级结果为"较好"。而预防性更换输入轴封严的措施对输入轴封严磨损导致的漏油故障预计有较好的效果，但是漏油故障只是 FFG 的一个主要故障模式，因而单纯的预防性更换输入轴封严对降低 FFG 故障率的效果只能是"一般"。更换部件修理厂家的目的是提高部件的修理质量，而达成该目的的前提条件是新的修理厂家有更好的修理质量。但是新选择的厂家的修理质量不确定，送到该厂家修理的部件数量不确定，因而最终效果也有较大的不确定性，所以其有效性评级结果为"差"。

当然，航空公司最终所选择的纠正措施并不一定就是有效性最高的，而是还要参考其他两个维度综合评判，选择能够满足公司运行需要、性价比最高的一种或几种组合。

2. 可行性

纠正措施的有效性是建立在能够正确实施的基础上的。因而纠正措施的可行性也是重要的评价指标。可行性不高的纠正措施只是纸上谈兵，只会延误解决问题的时机。导致纠正措施可靠性不高的原因主要有以下三个：

（1）纠正措施来源于飞机/部件厂家或者其他航空公司，不同公司的运作、管理方式有差异；

（2）制定纠正措施的工程师存在知识盲区，对纠正措施的实施存在较大的主观臆断成分；

（3）工程师因缺乏经验或忽略重要信息而做出错误判断。

要提高纠正措施的可行性，需要从"人、机、料、法、环"的角度对其进行预检验。

首先，纠正措施的执行人是否明确、是否可控？当一项纠正措施的期望执行人不在航空公司现有组织架构中时，或者是航空公司无法控制的外部人员时，纠正措施无法有

效地传达到执行人那里，当然也就无法有效落实。比如，航空公司的一项纠正措施是"加强对 CDCCL 相关程序执行人员的培训，确保 CDCCL 相关要求得到落实"。对于波音飞机来说，CDCCL 相关内容主要分布在 AMM 手册中，因而航空公司只需要对一线机务人员执行全员培训即可。但是空客机队的部分 CDCCL 内容体现在部分件号燃油泵的 CMM 手册中，其实际执行人为部件修理厂家的一线人员。航空公司根本无法知道哪些部件修理厂家人员会承修其燃油泵，也就无法对其进行培训。因而该纠正措施只能够得到部分落实。

纠正措施的"机"一般是指工具、设备。这往往是制约纠正措施落实的关键要素。飞机维修中往往需要使用大量的专用工具和测试设备。这些工具、设备由于使用频率低、市场需求量不高，往往价格昂贵，因而航空公司很难大量采购，这就意味着需要使用该工具、设备的维修工作无法集中、频繁开展。如果工程师忽略了该信息，其纠正措施很可能因工具周转困难而频繁延期。

同理，"料"是指纠正措施所需的航材，"法"是指纠正措施实施所需的工作单卡、工作标准以及管理程序等，而"环"是指气候环境、场地、时间、时机等。只有这些支持纠正措施实施的要素齐备时，纠正措施才是可行的。

3. 经济性

对于航空公司来说，盈利是永恒不变的追求。因而经济性是评价纠正措施的重要指标。本质上来说，无论是飞机安全性还是运行可靠性，都是为经济性服务的。较高的安全指标和航班准点率可以使航空公司赢得社会公众和监管局方的信任，并产生很高的品牌价值，从而产生长期、稳定的经营收益。因而，航空公司愿意投入足够的成本支出以获取合理的安全水平和运行可靠度，但不可能盲目为了超高的安全和可靠性指标投入过高的维修成本。

纠正措施的经济性有以下两个评价方向：

（1）纠正措施以尽量低的维修成本投入产生尽量高的安全性及可靠性的提升。单位维修成本能够提升的安全性和可靠性越高，纠正措施的经济性越好。

（2）纠正措施可以带来远超维修成本投入的产出收益，可以表现为增加收入或减少损失。单位维修成本对应的产出收益越高，纠正措施的经济性越好。

对纠正措施的经济性评价本质上计算维修成本的投入和航空公司的总产出收益。民航飞机维修成本构成非常复杂，但总体来说可以分为直接维修成本和间接维修成本。直接维修成本是指例行和非例行维修工作所耗费的材料成本和工时成本。间接维修成本则是指那些不直接作用于飞机维修、但有助于整个维修管理体系运作的成本投入，一般包括厂房设施费用、管理人员以及工程技术人员的薪酬福利和培训等。对于航空公司来说，产出收益大部分情况下都是因故障率降低、系统可靠性提升而减少的损失。因而产生收益也可以分为维修成本止损收益和运行影响止损收益。维修成本止损收益包括因故障率下降而减少的排故工时成本和航材成本，运行影响止损收益包括因故障率下降而减少的飞机运行中断损失。常见的飞机运行中断损失包括燃油费用、空勤人员费用、飞机固定资产费用以及对旅客的赔偿费用等。由于各种间接成本和收益的核算非常困难，实际工

作中的经济性评估一般只采用直接成本以及参考数据进行快速估算。比如，维修成本中的航材成本只使用航材参考目录价、附加关税的参考汇率、部件平均修理费用等信息计算，而工时成本使用参考工时数和每个工时的平均收费标准核算。航班延误、取消、备降等运行中断事件则根据航空公司或飞机制造厂家已有的财务模型估算。比如波音公司在其网站上提供了一个运行中断事件损失估算模型，如图 7-26 所示。不同机型在不同国家/区域的财务模型是不一样的，波音的模型数据是基于北美航班的财务数据建立的。当工程师缺少可用的公司或国内数据模型时，也可以参考波音、空客提供的公开模型数据进行估算。

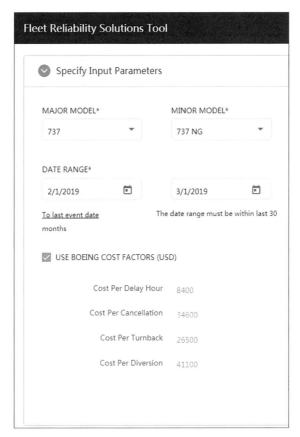

图 7-26　波音公司航班运行中断损失估算模型

　　常见的维修成本分析方法有小时成本分析法和变动成本分析法。小时成本分析法侧重于计算机队、系统或部件平摊到一个飞行小时上的维修成本支出，多用于比较不同维修策略的经济性，比如对比不同部件修理厂家承修的部件的平均小时成本来挑选修理质量较高的修理厂家，对比新件和修理件的小时成本来决策是否继续执行送修政策，对比零散维修和按小时包修的成本差异来决策航材部件送修方式。变动成本分析法侧重于对比纠正措施执行前后航空公司的总成本变动，用于评价纠正措施的经济性好坏。飞机维修对航空公司永远是花钱的工作，只要纠正措施可以使航空公司的总支出成本减少就值得去做。变动成本分析法需要计算纠正措施实施前后飞机/系统故障相关的维修成本投入

和故障影响损失。维修成本可以分为计划维修成本和非计划维修成本。计划维修成本比较好计算，但是非计划维修成本和故障影响损失主要是飞机/系统故障产生的，具有较大的随机性，需要基于对某一时间段内的故障发生次数进行预测。

下面以 B737NG 飞机的空调组件流量控制与关断活门为例说明对纠正措施变动维修成本的评价方法。某航空公司 B737-800 飞机短期内连续出现 3 次空调组件流量控制与关断活门故障导致的航班延误时间，工程调查发现活门故障的主要原因是内部一个限流孔堵塞。当限流孔出现轻度堵塞时，只会导致流量控制不准确；当堵塞严重时，活门将彻底无法工作。同时工程师发现，当限流孔堵塞时，意味着活门内部出现积炭污染，机械部件很容易发生磨损和卡阻，此时修复活门的维修费用较高；而如果早期清洁活门内部，并及时更换封严，关键部件不会故障，维修费用也很低。因而，工程师给出的纠正措施就是按照 10 000 FH 的时限定期拆下活门送车间清洁。

要对上述案例的纠正措施进行经济性评价，首先需要明白纠正措施执行前后的活门故障率变化、活门故障的影响以及活门的相关维修费用信息（假设条件）。活门的新件采购参考费用为 60 000 美元，在 10 000 FH 以内的平均修理费用为新件价格的 6%，而 10 000 FH 以后的部件平均修复费用为 15%。基于对部件故障概率建模分析，发现部件理论上在 10 000 FH 以内的累积故障概率为 10%，在 60 000 FH 的累积故障概率接近 100%。而部件故障后有 60% 的概率发生后续航班延误，平均延误时间为 2 小时，每小时延误成本为 8 400 美元。

为了便于计算，以该活门的全部失效所需时间 60 000 FH 为计算周期，在不考虑活门失效后新装部件的迭代失效的情况下，如果不采用纠正措施，活门全部失效，其修理成本应为

$$(10\% \times 6\% + 90\% \times 15\%) \times 60\,000 = 8\,460\,(美元)$$

活门全部失效后的延误损失为

$$100\% \times 60\% \times 2 \times 8\,400 = 10\,800\,(美元)$$

单个活门的平均成本为

$$8\,580 + 10\,800 = 19\,260\,(美元)$$

而如果采取措施，那么理论上在 60 000 FH 的周期内需要主动开展对活门的预防性维修 6 次，同时可以避免使用时间超过 10 000 FH 的部件发生故障或导致航班延误。但是每次预防性修理以后，仍然会有 10% 的部件发生故障，由于不考虑失效发生后新换上活门的迭代失效，每次预防性维修后活门总数量应减少 10%。那么活门的理论修理成本应为

$$100\% \times 8\% \times \sum_{n=0}^{5} (1-10\%)^n \times 60\,000 = 16\,868\,(美元)$$

而活门的故障影响损失为

$$\sum_{n=0}^{5} (1-10\%)^n \times 10\% \times 60\% \times 2 \times 8\,400 = 4\,723\,(美元)$$

单个活门的平均成本为

$$16\,868 + 4\,723 = 21\,591\,(美元)$$

可以看出，采取纠正措施以后，空调组件流量控制与关断活门的总成本是增加的，这说明该纠正措施的经济性并不好。但是采取了该措施以后，因活门故障导致的航班延误减少了 50%。如果航空公司急需提高飞机放行可靠度，这仍是一个值得选择的措施。

以上例子只是一个简化的成本变动分析方法。实际工作中，工程师需要考虑当前备件的累计使用时间、故障迭代影响、维修工时等多种因素，需要借助专业的概率分布建模工具开展更精准的成本分析。

7.3.6　常见可靠性调查的分析逻辑

下面详细阐述不同类型可靠性调查项目的分析决断逻辑，便于读者更好地理解和掌握工程调查的开展方法。

7.3.6.1　结构故障分析逻辑

飞机结构类可靠性性能监控模型相对简单，主要是结构类 SDR 事件和飞机腐蚀故障监控模型。因而结构故障调查所遵循的原则是以点带面、查清根源、有的放矢。具体分析流程如图 7-27 所示。

第 1 步，工程师要基于所掌握的结构故障具体信息判断该故障在机队中是否具有普遍性。判断方法有查询历史故障数据、开展机队普查以及咨询调研等。如果发现故障具有普遍性，转到第 2 步；如果该类故障很少发生，跳到第 5 步。

第 2 步，将结构损伤的故障情况（含机队故障数据）及时通报飞机制造厂家，并向厂家咨询应对措施，转到第 3 步。

第 3 步，飞机制造厂家会判断该故障在世界机队是否具有普遍性。如果世界机队也有类似故障，转至第 4 步；否则，回复航空公司判断结果和处理建议，转至第 5 步。

第 4 步，飞机制造厂家寻找该故障对应的纠正措施。如果已有纠正措施但航空公司未执行，建议航空公司执行。如果已有纠正措施没有效果或者尚未纠正措施，评估设计、制造环节是否存在缺陷，研究制定对应纠正措施并发布，转至第 5 步。

第 5 步，对于该结构故障，评估是否具有适用的建议措施。如果有，执行建议措施，停止调查。如果没有，转至第 6 步。

第 6 步，评估故障是否意外损伤引起的。常见意外损伤包括鸟击、雷击、FOD（外物损伤）撞击、地面剐蹭等。如果是，转到第 7 步，否则转到第 11 步。

第 7 步，评估意外损伤是否不可控因素引起。常见的不可控因素包括鸟击、雷击、雹击等。如果是，停止调查；反之，转至第 8 步。

第 8 步，评估导致意外损伤的运行环境是否仍然存在。如果已经不存在，停止调查；反之，转到第 9 步。

第 9 步，调查相关航站、工具以及工作程序，比如机场、机库预留空间大小、FOD 残留、工具完好性、飞机程序、货运管理程序等，寻找导致飞机结构意外损伤的主要风险源，转到第 10 步。

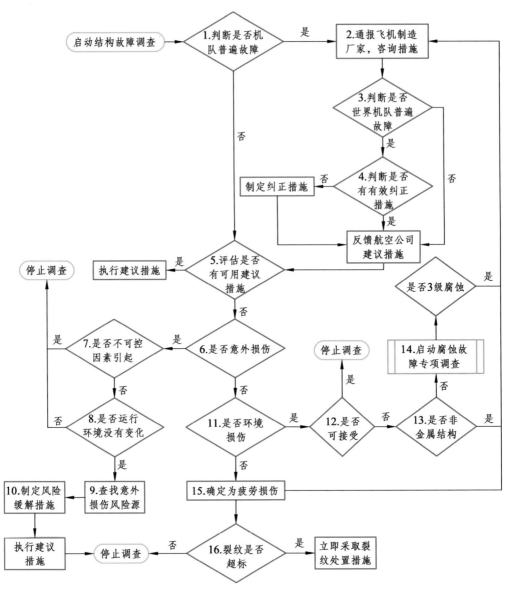

图 7-27　结构故障分析流程

第 10 步，针对风险源制定针对意外损伤的管理改进措施，缓解飞机结构意外损伤风险，执行纠正措施，调查结束。

第 11 步，评估结构故障是否环境损伤。常见的环境损伤包括非金属结构的风蚀、分层、退化和金属结构的腐蚀故障。如果是环境损伤，转至第 12 步；否则转至第 15 步。

第 12 步，评估环境损伤是否可以接受。如果只是金属结构的一级腐蚀，或者非金属结构的轻度损伤，停止调查；否则转至第 13 步。

第 13 步，如果是非金属结构的严重环境损伤，转至第 2 步；否则属于金属结构的腐蚀损伤，转至第 14 步。

第 14 步，启动腐蚀故障专项调查。如果腐蚀评级为 3 级，同时转到第 2 步。

第 15 步，确定该结构故障为疲劳损伤，转至第 2 步。如果结构损伤表现为裂纹形式，同时转至第 16 步。

第 16 步，评估裂纹是否超标，如果没有超标，停止调查；如果已经超标，立即采取裂纹处理措施。

7.3.6.2　结构腐蚀故障分析逻辑

飞机结构腐蚀故障不仅与飞机的设计、制造密切相关，还受飞机运行环境、维修质量以及航空公司管理水平的影响，诱因繁多，腐蚀机理分析和腐蚀评级复杂。因而开展对结构腐蚀故障的调查需要较高的工程素养。下面详细介绍结构腐蚀故障调查的基本方法，流程参见图 7-28。

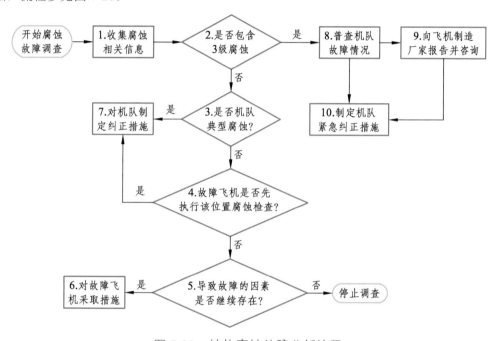

图 7-28　结构腐蚀故障分析流程

腐蚀预防与控制大纲要求航空公司将飞机腐蚀故障控制在 1 级及以上。因而正常情况下，工程师只需对 2 级和 3 级腐蚀故障开展工程调查。但是由于腐蚀评级受各种不确定因素的影响而并不准确，工程师开展腐蚀故障工程调查时还需要复核腐蚀故障的评级结果，并在此基础上寻找改善飞机结构腐蚀防护水平的方法。

第 1 步，工程师需要收集和整理与腐蚀故障相关的信息，包括发生腐蚀的飞机、发现腐蚀的时机、腐蚀位置和腐蚀尺寸、腐蚀机理、修理方案和腐蚀评级结果、飞机相关区域 CPCP 任务和历史执行记录等。这些信息是复核腐蚀等级、寻找腐蚀原因、制定纠正措施的重要参考。

第 2 步，判断腐蚀故障数据中是否包含 3 级腐蚀。3 级腐蚀的主要判断标准就是单次除腐量超过结构允许值的 110%且已严重危及飞机适航性。如果包含了 3 级腐蚀，转到第 8 步。如果不含，转到第 3 步。

第 3 步，结合机队历史腐蚀故障数据，判断所调查的腐蚀故障是否属于机队典型腐蚀故障。一般来说，典型腐蚀故障具有腐蚀部位集中、腐蚀级别高、腐蚀发生概率较高的特点。对于典型腐蚀故障，转到第 7 步；对于非典型腐蚀，转到第 4 步。

第 4 步，判断发生结构腐蚀的飞机是否属于机队中先执行该位置腐蚀检查的飞机。这样做的目的是进一步核实所调查腐蚀是否属于机队典型腐蚀。如果发生腐蚀的飞机是首先执行检查的飞机，其他尚未执行该检查的飞机的类似腐蚀可能已经发生或者未来会发生，转到第 7 步。如果已有其他飞机执行该位置检查但未发现腐蚀，说明该腐蚀故障并非机队问题，转到第 5 步。

第 5 步，判断导致腐蚀的因素是否仍在该飞机上存在。如果仍然存在，转到第 6 步。反之，无须采取措施，停止调查。

第 6 步，对存在问题的飞机制定针对性的纠正措施。

第 7 步，对存在问题的机队制定针对性的纠正措施。

第 8 步，立即普查机队，核实其他飞机上是否发生类似于该 3 级腐蚀的腐蚀故障。

第 9 步，将 3 级腐蚀以及机队普查结果报告给飞机制造厂家，并咨询飞机制造厂家对该腐蚀故障的意见和建议。

第 10 步，制定针对机队的紧急纠正措施，及时消除 3 级腐蚀产生的安全隐患，并降低未来该位置严重腐蚀发生的风险。

制定结构腐蚀故障的纠正措施，无论是针对机队还是单机，需要弄清楚结构腐蚀的产生机理，并对症下药，斩断腐蚀故障从产生到发展的链条。飞机结构腐蚀预防与控制的基本理念并非不让飞机发生腐蚀，而是通过对飞机结构设计、制造、维修、运行等多个环节的管理优化，减少腐蚀的发生概率、减缓腐蚀的发展速度、减轻腐蚀对飞机安全性和经济性的影响。

常见的不利于飞机结构腐蚀防护的因素：

① 腐蚀性液体的泼洒与积聚，如货舱中化学溶剂、海鲜包装箱中的海水、厕所废水管路中的排放物等。

② 飞机结构的防腐构型特征遭到破坏，如隔热棉和封严条/密封胶损坏导致的冷凝水积聚、防腐漆破损导致的易腐蚀材料的暴露等。

③ 飞机长期处于易腐蚀的运行环境中，比如沿海地区的高盐高湿环境、大气污染导致的酸雨环境等。

④ 对结构腐蚀故障的不当维修，比如除腐不彻底、防腐措施不到位、选择维修材料不当等。

⑤ CPCP 维修任务设置不合理，导致易腐蚀区域缺少足够的检查时机。

常见的腐蚀防护相关的纠正措施：

① 缩短维修任务检查间隔。

② 提高维修任务检查级别。

③ 增加针对腐蚀故障的维修任务。

④ 增加维修施工中的防腐处理工艺。

⑤ 对飞机结构实施预防性改装，提高其腐蚀防护特性。

⑥ 优化航空公司运行和维修管理程序，降低腐蚀性物质损伤飞机结构的风险。

7.3.6.3　系统故障分析逻辑

飞机系统就是指飞机功能系统，因而飞机系统故障基本涵盖飞机结构故障外的所有故障。系统故障既包括飞机运行过程中发生和发现的故障、缺陷等，也包括定检过程中产生的非例行卡数据。但大多数情况下，针对飞机系统故障的调查主要是由机队机组报告率预警、多发性故障预警以及重大故障触发的。

对飞机系统故障分析的基本原则就是不断细化调查方向，寻找导致系统可靠性下降的主要原因，并有针对性地制定措施，做到精准施策、靶向治疗，其基本分析逻辑见图7-29。

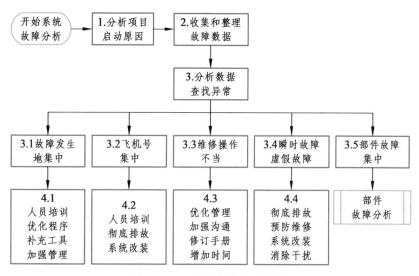

图 7-29　系统故障分析流程

第 1 步，工程师要分析调查项目的启动原因，明确调查方向。很多系统故障调查的启动原因和调查目的并不清晰，可能仅仅是因为系统可靠性指标下降或者接收到相关部门/人员的抱怨。盲目开展调查分析，很可能出现事倍功半甚至南辕北辙的现象。

第 2 步，根据明确的故障调查背景和目的，收集和整理相关可靠性数据。相关性不强的数据只会干扰工程调查，建议在数据收集阶段就剔除掉。

第 3 步，结合系统原理分析可靠性数据，分析系统故障的分布特征，寻找故障数据异常点。数据异常点可能存在多个，需要逐一分析和排除。

第 3.1 步，故障发生地是否存在显著的航站或执管单位集中性？正常情况下，飞机系统故障应是随机发生，在各航站的发生概率不会有太大差异。如果故障发生地有集中特性，原因分析见第 4.1 步。判断故障发生地是否集中时，需要结合航班执行次数以及飞机执管数量综合判断，不能简单统计故障次数。

第 3.2 步，故障在飞机上是否有显著集中？同一家公司相同构型的飞机应具有比较接近的可靠性水平，当个别飞机的故障发生次数明显多于其他飞机时，需要按照第 4.2 步指引查明原因。

第3.3步，是否存在明显的维修操作不当现象？常见的维修操作不当现象包括没有按照AMM手册程序拆装和测试、没有按照故障隔离手册程序排故、没有正常使用MEL保留故障等。不当的维修操作可能导致飞机故障率的升高、重复故障和误换件的产生、飞机延误率的升高等。如果可能存在不当维修的现象，原因分析见第4.3步。

第3.4步，系统瞬时故障或虚假信息是否很多？一般来说，如果系统故障在地面无法重现或者在完成系统测试后可以抹除，我们将其视为瞬时故障或者虚假信息。这类故障虽然不会导致换件，但也会增加机组负担、影响系统可靠性，需要按照第4.4步查明原因。

第3.5步，系统是否存在明显的故障部件集中性？如果系统故障主要是通过更换某些部件排除，则应将系统故障分析转成针对该部件的故障分析。

第4步，针对找到的故障数据异常点，分析导致故障的根本原因，并制定针对性纠正措施。

第4.1步，系统故障在航站或执管单位明显集中，意味着来自航站或执管单位的异常因素是导致故障的主因。从人、机、料、法、环的角度逐项分析可能存在的问题，包括但不限于人的能力/作风问题、工具设备问题、维修管理程序/排故方法问题以及环境问题。而可选的纠正措施包括但不限于加强人员培训、优化排故程序、补充工具设备、加强维修现场管理等。

第4.2步，如果系统故障明显集中于某些飞机上，需要寻找飞机中隐藏的异常。一般来说，这种异常现象只会存在三种可能性：第一，异常存在于个别部件上，飞机因隐藏故障没有彻底排除而频繁出现系统故障；第二，异常存在于特殊构型上，某些飞机因为使用了可靠性较差的构型而频繁出现系统故障；第三，异常存在于特殊构型上，机组/机务人员因不熟悉该构型而错误使用/维修导致了系统故障频繁出现。针对以上三种可能性查清具体原因，并针对性地采取措施，包括但不限于彻底排故、系统改装和人员培训等。

第4.3步，对维修操作分析的目的是优化对系统故障的应对措施，从而降低故障的发生率或者降低故障造成的影响。AMM、SRM程序是施工程序，需要机务人员严格执行。不正确的维修施工可能导致飞机系统、结构可靠性的下降，从而导致故障率的升高。而FIM（故障隔离手册）、MEL、MTIP（维修提示）等属于故障处理类技术资料，一线机务人员需要结合维修现场情况合理使用。故障调查工程师不能以上帝视角审视一线机务人员的故障处理，而应多与一线人员沟通，了解他们在故障处理过程中面临的压力和困难，从而提出有针对性的改进建议。比如，当发现因为航班运行保障压力而一次性更换多个部件时，纠正措施应是优化排故资源的准备、增加飞机过站时间；当发现飞机没有有效利用MEL条款而延误频繁时，纠正措施应是简化MEL放行条件或者加强飞行与机务的交流沟通等。

第4.4步，系统瞬时故障和虚假故障都有在地面难以重现的特点，但机理不同。瞬时故障是飞机系统真实存在的故障，但因特殊原因导致故障状态的持续时间较短；而虚假故障则是飞机在特定状态下触发的不真实的故障。一般来说，瞬时故障是由飞机系统/部件的隐藏缺陷或性能衰退导致，常常分布在特定飞机上；虚假故障是由飞机设计缺陷导致，可能随机出现，也可能集中于特定运行环境下。瞬时故障常见于线路间歇性故障、低温渗漏故障以及污染、卡阻、振动导致的其他故障，通过故障隔离、预防性维修等措施恢复系统/部件的可靠性以后，瞬时故障可以消除。而虚假故障主要是外界干扰导致的，常见的纠正措施就是消除干扰源、提升抗干扰能力以及改进干扰过滤机制，而后两种方法一般都需要通过改装实现。

　　大部分系统故障还是通过更换故障部件完成排故。因而提升系统可靠性的关键还是提升部件的可靠性。下面详细介绍部件故障分析逻辑。

7.3.6.4　部件故障分析逻辑

　　部件是构建飞机功能系统的基石，也是影响飞机系统可靠性的关键因素。大部分可靠性调查最终都指向到针对部件的可靠性调查上。部件故障分析逻辑详见图 7-30。

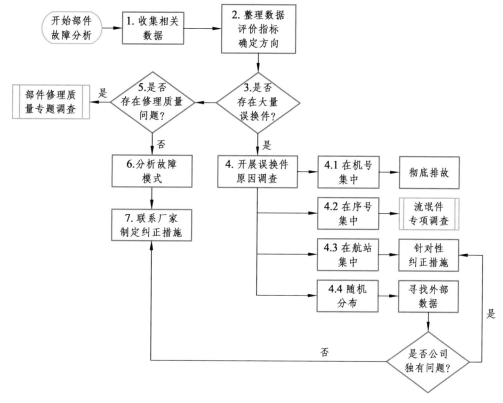

图 7-30　部件故障分析流程

　　第 1 步，收集部件相关的故障数据和其他重要参考信息。常见的故障数据包括部件拆装记录、送修记录以及修理报告等；重要参考信息包括部件的采购费用、修理费用、相关预防性维修任务以及升级改装信息等。

　　第 2 步，整理数据，评价部件可靠性指标，确定故障调查方向。常见部件可靠性指标有非计划拆换率、MTBUR、平均修后使用时间、部件索赔率以及 NFF 率等。基于调查发起原因核实对应可靠性指标的好坏，既能够避免产生无效调查也可以快速找到调查方向。整理数据的关键是剔除无效以及错误数据，尤其是计划性拆换记录和重复记录。

　　第 3 步，结合部件送修记录和修理记录，判断拆换部件是否存在大量误换（NFF）现

象。如果部件 NFF 率较高（大于或等于 20%），转到第 4 步；否则，转到第 6 步。判断部件是否误换时，不能仅以部件批准放行证书所标记的修理级别判断，而应以车间测试、检查结果是否与拆换原因一致来判断。部件修理厂家为了提高修理质量、降低索赔率，在部件修理时普遍采取不同程度的预防性维修策略，即使部件预测试正常，仍然可能对有磨损、老化迹象的元器件进行更换。

第 4 步，调查部件 NFF 率高的原因。导致部件 NFF 率偏高的因素，基于故障数据分布趋势寻找原因最便捷。分类透视部件拆换记录，数据分布可能呈现以下几种形式：

第 4.1 步，NFF 拆换记录明显集中于某些飞机上。如果这些飞机不存在特殊构型，那就可能存在隐藏故障或缺陷，最好的纠正措施就是彻底排故，消除隐患。如果这些飞机存在相关联的独有构型，转到 4.4 步。

第 4.2 步，NFF 拆换记录明显集中于某些部件序号上。导致这种现象的最大可能性是这些序号部件是流氓件，应对其开展嫌疑流氓件专题调查。

第 4.3 步，NFF 拆换记录明显集中于某些航站或者执管单位。这种现象说明外部因素导致了部件误换，比如人员技能不足、工具欠缺、航班保障压力大等。查明了真正诱因，就可以很容易制定针对性整改措施。

第 4.4 步，NFF 拆换随机发生。这说明导致部件误换的原因在航空公司维修管理体系普遍存在。这种情况下，向外界寻找辅助判断信息是最好的办法，比如咨询其他航空公司、部件修理厂家或者飞机/部件制造厂家。如果 NFF 现象只发生在航空公司内部，说明航空公司维修管理体系存在问题，需要优化维修现场管理程序、检查标准以及排故程序等。如果 NFF 现象在世界机队普遍存在，这说明飞机/部件设计存在缺陷，转到 7 步。

第 5 步，如果部件拆换均为真实故障拆换，则应对比部件的装机使用时间，判断部件是否存在修理质量问题。如果部件的平均修理使用时间（TSR、CSR）远低于新件平均首次故障时间，且 TSR/CSR 波动性较大，说明部件存在修理质量不高问题，应开展部件修理质量专题调查。否则，转到第 6 步。

第 6 步，分析部件故障模式，研究部件故障机理，寻找导致部件可靠性不高的根本原因。工程师需要熟悉部件的工作原理，仔细统计部件修理报告数据，并结合部件拆换原因绘制部件主要故障模式表。

第 7 步，联系飞机/部件厂家，研究纠正措施。针对修理报告反映的主要故障模式，工程师应首先向飞机/部件厂家寻求技术支援，确认该故障模式的产生根源以及是否有有效的改进措施。如果厂家措施被证明无效或者无措施，工程师需要基于航空公司工程管理能力以及实际运行需要研究制定临时措施，以降低部件故障产生的影响，并督促厂家尽快制定产品改进措施。常见的临时措施包括更严格的预防性检查、测试、定期翻修或报废、更充足的备件等。

7.3.6.5 航班不正常事件分析逻辑

航班不正常事件一般包括延误、取消、中断起飞、返航、备降、空中停车等。相对于其他故障调查类型，航班不正常事件分析不仅关注故障本身，更关注航空公司对故障的处理过程以及对航班的保障能力。无论是基于单一事件的调查还是机队多发性事件的调查，航班不正常事件分析采用以点带面、层层递进的原则，具体分析逻辑见图 7-31。

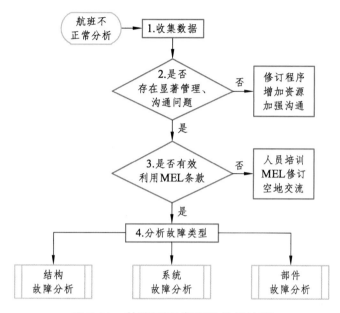

图 7-31　航班不正常事件分析流程

第 1 步，收集数据。相对飞机故障数据，航班不正常事件数据必然会少很多。基于海恩法则，一起航班不正常事件背后会有大量的关联故障或其可能导致航班不正常的问题。因而，扩大航班不正常事件关联数据的收集范围，在更长的时间尺度上以更高的视角分析这些数据，更容易找到导致航班不正常事件的深层次原因。首先应扩大相同类型航班不正常事件的采集范围，然后基于这些不正常事件寻找与其相关的故障报告和关联部件可靠性数据。

第 2 步，基于航班不正常事件的处理过程，判断是否存在明显的管理调度问题或人员协调沟通问题。航班保障需要航空公司、机场的多个部门通力合作。当航材、工具、机位、时间等资源紧缺时，高效的资源调配和沟通协调是避免航班不正常的重要保障。当航空公司因某些特定原因导致多次航班不正常时，其管理机制避免存在严重缺陷，需要尽快制定完善措施。

第 3 步，判断是否有效利用 MEL 条款。在保证安全和服务质量的前提下尽量减少飞机故障对航班正常运行的干扰，这是 MEL 手册的编制初衷。但是受公司管理政策、机务决策能力、机组人员的主观认识多种因素的影响，MEL 条款有时无法得到有效执行。工程师分析 MEL 条款无法落实的深层次原因，必要时还需要向一线机务人员、飞行员征求意见和建议，并制定针对性纠正措施，包括但不限于机务人员培训、修订 MEL 以及开展空地交流等。

第 4 步，判断导致航班不正常事件的主要故障类型，包括结构故障、系统故障以及部件故障，并按照对应分析逻辑开展故障分析，寻找纠正措施。

7.3.6.6　部件修理质量分析逻辑

部件修理质量调查的目的是评估和对比部件在特定时间段内由不同修理厂家修复后的可靠性水平，从而加强部件承修厂家质量管理，优化部件送修策略。

由于不用修理厂家所修理部件的时间、数量、修理级别、修理费用、部件固有可靠性、修后部件的装机情况等都有差异，一个部件修理质量评价体系要想让所有被评价厂家满意是非常困难的。部件修理质量分析应按照公平、公正以及多维度综合评价原则开展，如图 7-32 所示。

分析件号	14330-230	分析期	2016-01-01 至 2017-12-31	送修样本数量	197		
首次送修部件数量	7	平均 TSN	5 670.86 FH	TSN<1 000 FH 占比	28.57%	删除 NFF 记录 0 个	
修理件数量	188	平均 TSR	3 806.71 FH	TSR<1 000 FH 占比	18.09%	删除 NFF 记录 2 个	
供应商的 TSR 和小时成本数据剔除了 NFF 数据							
修理厂家	分析期内新增送修数量	在位部件数量	在位部件平均装机时间/FH	承修部件拆下数量	拆下件平均 TSR	TSR<1 000 FH 比例	NFF 数量比例	平均小时成本
MPO-A	186	100	574.11	60	2 060.5	40.91%	0%	1.6 元/FH
MPO-B	11	3	676.36	127	4 662.2	4.69%	0%	2.34 元/FH
MPO-C	0	0	NA	1	455	100%	0%	NA
MPO-D	0	0	NA	1	3 616	0%	0%	NA
最终评价：A 厂家的修理质量低于 B 厂家，但其平均小时成本较低。B 厂家分析期内新增送修次数较少，拆下部件多是早期承修部件，因而样本数据可能未包含早期失效部件。C 厂家和 D 厂家的数据样本太少，无法给出修理质量评价。								

图 7-32　部件修理质量分析示例

第 1 步，确定分析对象与分析时间段。分析对象一般由件号、系列号或构型号组成。由于不同件号的固有可靠性和可修性可能存在较大差异，而不同修理厂家承修部件的数量占比也不同，修理质量评价结果受分析对象的件号范围影响较大。同理，时间段变化会导致采集数据的变化，评价结果也会变化。为了避免人为干扰而产生定制型修理质量评价结果，航空公司有必要在工作程序中明确修理质量评价的分析对象、分析时间段以及数据采集来源的确定标准，降低岗位廉洁风险。

第 2 步，采集数据。对部件修理质量的评价主要基于修后使用时间相关指标，但也需要兼顾修理费用。基于多角度的分析需要，数据采集范围应至少包括部件的送修记录、使用时间、修理费用、修理级别、拆换原因等。

第 3 步，处理数据。数据处理的关键是做好数据分类，剔除错误数据、无效数据和干扰数据。由于修理质量评价结果对部件修理厂家的商业信誉、经营业绩有重大影响，不利的评价结果常会引起修理厂家的激烈反映。为了避免麻烦，数据处理一般采用保守原则，提前剔除准确性存疑的数据。除此之外，相关数据应按照"新件-修理件""故障拆换-非故障拆换""故障件-NFF 件"的标准进行分类，新件、非故障拆换部件、NFF 部件对应的装机使用数据不应用于评价修理质量。如果在数据处理过程中发现了嫌疑流氓件，相关送修数据也应剔除。

第 4 步，计算部件整体可靠性水平，评价部件可修性。以新件首次故障拆换数据计算平均 TSN/CSN，以所有修理件故障拆换数据计算修理件平均 TSR/CSR，修理件计算结果越接近于新件，部件的可修性越好。对于可修性差的部件，开展部件修理质量评价的意义不大，航空公司更应该从改进产品设计或者改变送修策略的角度制定纠正措施。

第 5 步，统计每个修理厂家在评价时间段内的样本数据指标，包括但不限于：总承修次数、承修件库存数量、承修件在用数量、承修件故障拆下次数、承修件故障索赔次数、承修在用件平均装机使用时间、承修故障拆下件平均使用时间、承修故障拆下件索赔率、承修故障拆下件平均小时成本等。

第 6 步，制定评价结论。工程师综合部件整体可靠性数据以及不同修理厂家的各个评价维修数据，给予最终评价。为了避免最终评价出现争议，工程师应充分考虑故障数据所占比重、流氓件干扰、平均小时成本与平均使用时间之间的关系等。

7.3.6.7　流氓件确认与处置逻辑

当航空公司的嫌疑流氓件监控系统探测到可疑部件后，工程师需要及时介入，确认其是否为真正流氓件，并向航材部门提供处置建议。

判断一个部件是否为真正流氓件的步骤如下：

第 1 步，确认部件的使用时间是否符合要求。真正流氓件需要最近 3 次的 TSR 均低于 1 000 FH（或航空公司定义的其他标准），且均为故障拆换。

第 2 步，确认部件的拆换原因（故障现象）都是类似的。流氓件的内部缺陷没有修复前，故障机理类似，因而造成的故障现象应是类似的。如果一个部件有明确的故障转移，可能是老化件、易损件，而不应被认定为流氓件。

第 3 步，确认部件故障的真实性。由于流氓件在车间检测时也常表现为 NFF，部件故障的真实性只能通过间接方式确认，即观察飞机系统的故障在换件后是否消失。流氓件的判断应剔除误拆换影响。

第 4 步，确认部件的整体可靠性。流氓件的可靠性应远低于正常部件。如果一个部件的平均 TSR 与该件号的整体平均 TSR 相差不大，即使使用时间再短，也不应将其视为流氓件。流氓件属于个体缺陷，低可靠性部件属于群体缺陷，二者的工程应对措施有明显差异。

当一个部件被判定为流氓件以后，航空公司首先考虑对其进行深度测试和修理。当修理也无法恢复其可靠性时，航材部门应基于部件残值、机队备件计划、部件 OEM 的商务方案综合评定最合理的处置办法，包括部件置换、出售、报废等。

7.3.6.8　维修方案项目优化评估逻辑

对维修方案项目优化评估的重点是任务有效性和间隔合理性，而任务有效性优先于间隔合理性。任务有效性分析主要从故障机理与任务类型的匹配性上进行理论分析，同时寻找相关可靠性数据验证分析结果；而对间隔合理性的分析侧重于寻找相关故障数据与任务执行间隔之前的分布关系，通过优化任务间隔使任务执行收益最大化。维修方案项目的优化评估流程如下：

第 1 步，分析项目执行时可能发现的所有故障或缺陷。分析过程要严格符合项目给定的任务类型以及任务对象，不要随意改变任务要求，不能假设任务执行人有超出正常标准的维修经验和主观意愿。

第 2 步，判断项目可能发现的故障或缺陷能否覆盖期望发现的故障和缺陷。如果不能覆盖，说明项目无效。如果能够覆盖，转到第 3 步。

第 3 步，分析期望发现的故障/缺陷的故障机理，判断其是否与维修项目匹配。故障机理分析能够揭示故障发生概率、故障扩展速度与使用时间的相关性，故障模式分析可以确定故障的危害以及是否可察觉。对于随机突发的故障，功能检查、恢复以及报废任务不能产生预期效果，目视检查、操作检查等验证型维修任务更合适。磨损、电子设备老化故障对飞行小时参数更敏感，而腐蚀、污染、复合材料老化等故障对日历间隔更敏感，维修项目的间隔参数选择错误也会导致效果下降。

第 4 步，收集维修项目相关数据，包括维修项目执行记录、NRC（非例行工卡）记录、运行中的故障记录以及航班不正常事件等。将这些数据按照轻微故障、重大故障分类，按照 Mapping 图方法排序。相关数据是在计划或非计划维护期间发现的维护缺陷，其纠正措施直接与正在分析的维修项目或其功能故障的后果相关联。

第 5 步，分析数据分布特征，判断维修项目有效性以及间隔合理性。如果维修项目执行后的较短时间内仍会发生重大故障，维修项目无效。如果项目执行时有较多的轻微故障发现，但极少发生重大故障，任务间隔合理。否则，转到第 6 步。

第 6 步，基于故障发现数据调整任务间隔。如果按照现有间隔执行项目，发现重大故障较多，则应缩短间隔；如果发现轻微故障和严重故障都较少，则应延长间隔。维修间隔可以按照小幅度多次渐进的方式调整，也可以基于故障概率分布建模计算结果一次性大幅度调整。

7.3.6.9　抽样调查

可靠性调查和维修方案优化评估中常常需要以最高效的方式快速了解机队的技术状况或者验证一项工程纠正措施的实施效果，这就需要抽样调查。抽样调查就是抽取一部分样本执行某些特定维修工作，并基于该结果推定该工作在全机队中可能产生的效果。这种调查方式具有实施周期短、维修成本低、产生风险可控的特点，因而在维修工程管理中得到广泛应用。

要想做好抽样调查，首先需要设计好抽样方案。好的抽样方案能够以最少的样本数量产生代表机队真实状况的样本结果。设计抽样方案时，应遵循以下原则：

第 1 点，要清楚所验证内容的影响范围。抽样调查所要验证的故障以及纠正措施都会有明确的适用范围。盲目扩大抽样范围，不仅产生成本浪费，还可能降低抽样结果的准确性。

第 2 点，要清楚所验证内容的影响因素有哪些。比如，飞机的货舱结构腐蚀受机龄、运行环境、维护质量以及货物类型影响，飞机的空调热交换器性能受飞机构型、定期清洗间隔、运行环境影响。影响因素不仅来自工程师对故障机理的分析结果，也依赖于飞机/部件制造厂家提供的支持性信息，比如航空公司不掌握的设计、材料以及工艺的变更。

第 3 点，样本群体可以覆盖各种影响因素。抽样调查需要反映不同影响因素的实际影响，因而样本需要差异化覆盖各种影响因素，以便产生对比效应。比如当要抽样调查 B737NG 发动机防冰活门内部磨损状况时，影响磨损的因素有部件使用时间、大气环境污染物以及工作环境的振动。那么样本既要包含相同环境下不同使用时间的部件，也要包含不同运行环境下使用时间接近的部件。制定抽样方案时，常见的影响因素包括运行历史、构型、翻修后的使用时间、日利用率、航段长度、运行环境、飞机封存时间以及维修任务等。

第 4 点，样本群体可以满足最低数量要求。为了避免随机误差导致的抽样结果失真，每一组对比样本的总数量不应少于 3 个。在保证最低绝对数量的前提下，总样本数量不应超过抽样对象总数量的 20%。

第 5 点，要有明确的样本结果反馈形式和反馈时间。由于样本数量较少，样本分析所需数据的冗余度也不高，因而必须确保所收集采样结果的质量。最好的办法就是提前设计好抽样反馈数据的填写格式、字段要求以及完成时限，避免因数据收集质量不高导致的抽样失败。

7.4   纠正措施系统

纠正措施系统是纠正措施决策和实施跟踪系统。这是可靠性管理体系的最重要环节，它决定了前面所有工作的最终价值。

纠正措施系统主要以召开可靠性会议的形式运作。不同架构的可靠性会议通过对工程技术部门制定的备选纠正措施的综合评估，制定航空公司的最终实施方案，并以可靠性会议纪要的形式发布，由航空公司各对口职能部门落实，可靠性管理工程师跟踪实施情况并定期评估实施效果。

7.4.1   纠正措施的形式

虽然建议纠正措施主要由工程技术部门制定，但其并不局限于工程技术领域，也可能涉及人员培训、管理制度建设、工具设施完善、航材管理等其他方面。因而纠正措施的形式是多样的，只要有助于飞行安全性、可靠性的提升和成本控制，各种纠正措施可以自由组合使用。常见的纠正措施类型见表 7-17。

表 7-17   纠正措施常见类型

纠正措施类型	实施方式
提高飞机/部件的可靠性	改装、发布部件禁装通知
提升排故技巧	发布维护提示、技术通告等
优化技术标准	修订维修方案、工卡、MEL、AMM 等技术资料
排除飞机隐患	飞机技术状况普查、发布工程指令
提升人员技能	人员培训、技术研讨、空地交流等

续表

纠正措施类型	实施方式
提升部件可靠性	采购新件号部件、更换部件修理厂家
加强部件保障能力	增加备件数量、优化备件保障策略
提升维修管理水平	修订管理程序、加强质量监管
增加维修资源保障	工具采购、维修能力建立、停场时间协调
其他措施	按需

7.4.2　决策机制

决策机制是纠正措施系统的核心。决策系统既要保证科学性，又要兼顾及时性。对于可能导致航空器适航性降低的重大功能失效或产生连锁影响的重大故障和失效，决策及时性优先于科学性，航空公司需要尽快采取临时纠正措施缓解风险，在风险可控的情况下才有充足的时间开展深入调查并科学决策最终纠正措施。对于其他非紧急的故障调查，决策的科学性优先于及时性。很多纠正措施的实施过程缓慢、成本高昂，匆忙之间选择不恰当的纠正措施，不仅浪费了大量的纠正时间和维修成本，无效决策也会损害航空公司可靠性管理体系的权威性和公信力，不利于后续工作的开展。

科学决策的过程就是寻找最符合航空公司运行和管理需要的最佳方案的过程。但是效果与成本、理想与现实之间总是对立的。追求高安全性和高可靠性必然增加维修成本，理想的管理模式、高质量的维修过程和复杂维修工艺一般都难以落实。因而寻找最佳方案的过程也是航空公司各方利益博弈的过程，这也是可靠性管理机构需要维修系统各部门共同参与的原因。可靠性管理机构的设置形式和工作方式决定了其纠正措施的决策形式。规模较大的航空公司需要平衡决策权威性、专业性以及及时性之间的关系，一般采用多层级的可靠性管理架构。可靠性纠正措施根据其影响范围和重要程序自下而上逐级讨论和决策，并根据各层级可靠性管理机构的权限以最快的速度形成最终决议。而小型航空公司机型单一、人员构成简单，决策过程也简单直接。

为了保证航空公司对重大故障、紧急事件的快速响应，可靠性管理系统还应建立一个紧急决策程序，包括机队技术状况普查程序、技术文件评估程序、工程指令发布程序以及维修方案的修订审批程序等。对于航空公司来说，维修方案、放行标准、培训大纲等技术文件的修订需要提交局方审批，因而非常有必要建立局方认可的紧急审批和发布流程；而其他类型纠正措施的审批流程都发生在航空公司内部，航空公司天然掌握足够的灵活性，建立紧急决策程序的必要性不强。

7.4.3　跟踪机制

可靠性决议措施可能涉及的实施部门多、实施周期长，保证决议措施得到正确、及时地执行也非常重要。一般来说，维修可靠性管理办公室需要建立配套的跟踪机制，将各项可靠性决议措施正确地传达到责任部门，督促其在规定时限落实并反馈落实情况。

可靠性决议措施跟踪系统需要具备稳定、便于查询、背景信息完整的特点。很多可靠性项目在长期的落实过程中各种影响因素的变化或效果达不到预期而反复决策，这些决策信息作为很多工程管理措施/文件的源头，是航空公司后续工程管理的重要参考。因而一个能够便捷、准确地获取历史可靠性决议及其执行情况的系统非常重要。

7.4.4　效果评价机制

纠正措施实施以后，航空公司还应评价其是否能够达到预期效果。对于无效的纠正措施，应及时改进或终止，这样既能避免维修资源的浪费，也可以加快问题的解决速度。除此之外，定期开展对可靠性决议措施的效果评估，弄清楚不同措施的实际作用，可以不断累积可靠性决策经验，从而提升可靠性决策质量和权威，使可靠性管理理念深入人心。

最常用的效果评价法就是机队性能标准对比法。可靠性工程师需要对比纠正措施前后的可靠性性能参数的变化情况。如果性能指标在纠正措施执行以后出现明显改善，可以确定纠正措施有效。但是很多情况下，机队可靠性性能指标有较大的随机波动性，措施尚未执行，性能指标已经好转。这种情况下，可靠性工程师需要基于纠正措施的具体情况设计对应的方法验证其效果。当多种纠正措施同时实施时，这种验证方法尤为必要。比如，纠正措施是执行部件升级改装时，就要评价部件改装后的可靠性是否提升；纠正措施是修订维修方案时，就要评价新修订维修方案的有效性；纠正措施是人员培训时，就要验证培训后是否发生人员技能不足导致的问题。

考虑到可靠性决议措施的实施周期较长，纠正措施效果评价周期一般为半年或一年，直至纠正措施全部得到落实且确认有效。对于长期重复执行的纠正措施，仍有必要按照三年的周期定期回顾，确保其持续有效。

7.5　数据显示与报告系统

数据显示与报告系统主要用于输出维修可靠性管理的主要成果，包括对机队可靠性状况的总结、对性能标准的监控结果、所采取的可靠性决议措施以及局方、航空公司和外部公司所需要的特定数据等。数据显示与报告系统的好坏直接影响人们对整个可靠性管理体系的评价。

7.5.1　数据显示与报告系统的总体要求

每个航空公司可以根据管理需要设计符合自己管理需求的数据显示与报告系统，但该系统应至少满足以下要求：

（1）应包含能够反映航空公司运行理念和经营目标的飞机性能数据；

（2）应包含多种数据显示与报告方法，以便展示每个报告周期内收集到的主要数据和可靠性活动；

（3）对于可靠性方案控制的所有飞机系统，应包含足够的信息，以便用户可以监控其维修任务的有效性；

（4）应包含足够的数据，以准确描述航空公司的特殊运行；

（5）应有足够的报告频率，以便及时识别有重大运行影响的趋势衰退；

（6）应包含所有已经预警的可靠性性能或缺陷；

（7）应列出已经或即将采取的纠正措施，包括实施情况和相关效果；

（8）应明确报告的审批流程、分发方式、分发对象以及相关时限。

7.5.2　可靠性报告的种类与样式

可靠性报告是民航局维修监管人员和航空公司维修管理人员快速了解航空公司机队运行情况、可靠性管理工作开展情况的主要途径。但是不同用户有不同的使用需求，期望看到的可靠性报告也是不同的，无论是内容还是样式。比如，管理层需要的可靠性报告的内容应集中在航空公司和维修运行的日常工作上，包括计划航班、延误/取消数量、MEL 项目量、AOG（地面飞机）数量等，一般通过图表形式展示；而民航局需要的可靠性报告的内容集中在机队性能、使用困难报告以及航班机械中断上，一般以数据表的形式展示；航空公司可靠性管理委员会以及工程师所需的可靠性报告侧重于工程报告，包括航班运行中断、机组报告、部件非计划拆换报告、部件修理报告等，主要以图表形式展示。而飞机制造厂家、飞机租赁公司以及航空公司其他业务部门也会各有所求。

因而，一个好的数据显示与报告系统应具有以下功能：

（1）客户化报表定制功能；

（2）数据与报表的即时查询功能；

（3）创建无须进一步分析即可辅助决策的报告功能；

（4）基于查询用户权限的数据过滤功能；

（5）基于实时数据的报表内容自动刷新功能。

7.5.3　可靠性报告的内容与形式

航空公司需要提供给局方的可靠性报告应至少包括以下内容：

（1）机队可靠性汇总报告；

（2）飞机机械原因延误/取消报告；

（3）飞机机组报告故障；

（4）发动机更换以及空中停车报告；

（5）飞机系统部件非计划拆换报告。

航空公司的可靠性报告可以按月、季度、年为周期编制，报告的样式和内容在满足局方规章要求的前提下都可以自行确定，但均需要在其可靠性控制方案中明确，并得到局方的批准。

7.5.4　可靠性报告的分发要求

航空公司应在可靠性方案中明确可靠性报告的分发方式、范围和时限。分发方式包括硬拷贝分发、电子邮件分发以及数据库上传分发。随着航空公司管理的信息化，除非有特殊需求，硬拷贝分发已经很少使用，而数据库上传分发因具有便于归档和查询的特

点而逐渐普及。由于可靠性报告中包含有航空公司大量的机队运行信息和故障信息，其分发范围一般基于用户工作需要按照"能小则小"的原则确定。分发时限则应至少满足民航局的适航管理要求和航空公司内部管理需求，能早则早。可靠性报告是信息的载体，信息的价值与其及时性息息相关。

7.6　维修方案更改系统

可靠性管理体系用于监控维修方案的有效性，因而也需要对无效的维修方案内容进行更改。维修方案更改系统作为可靠性管理系统的重要组成部分，用于阐述航空公司在可靠性管理框架下更改维修方案的原则和方法。

7.6.1　维修方案的审批原则

CCAR-121 部第 367 条明确指出，航空公司对维修方案的任何修订都需获得局方批准。但是局方在长期监管实践中发现，大量的维修方案更改都是源于所参考技术文件的修订，而诸如 MRBR、CMR、ALS（适航限制部分）、AD 等适航文件的修订也都是经过局方审查和认可的。对于航空公司参照这些技术文件执行的维修方案更改，局方既没有必要，也没有精力开展详细的技术审查和批准。因而民航局在咨询通告中要求航空公司在可靠性控制方案中明确维修方案的更改程序。局方通过监管航空公司可靠性管理活动的合规性来间接监管航空公司对维修方案更改的合规性。

原则上来说，航空公司对维修方案的任何更改在提交局方批准之前，应首先由航空公司可靠性管理委员会审批。航空公司通过与局方协商，可以取得对部分维修方案更改内容的批准授权。对于获得批准授权的维修方案更改，航空公司可靠性管理委员会一旦完成技术审查和批准，则无须提交局方批准即可生效。这样可以显著提升航空公司的维修工程管理效率。在此基础上，可靠性管理委员会还可以继续将其审批权限授权到特定部门或特定管理人员。但这些授权关系和授权范围都必须在航空公司的可靠性控制方案中明确并得到局方批准。

可靠性管理委员会对维修方案项目进行有效性审查，确保维修项目在技术层面有效且合理、在执行层面可行且经济，因而重点审查维修方案的技术性更改。而以下类型的方案更改一般无须提交可靠性管理委员会审批。

（1）按照局方或者飞机制造厂家文件修订的强制性维修任务。

（2）参加了机型工业指导委员会，或向机型工作指导委员会提供了相关数据，按照相应机型 MPD、MRBR 对维修方案所做的修改，且该修改与航空公司以往的可靠性分析纠正措施不冲突。

（3）不会对维修任务的执行产生技术性影响的更改。

作为对严重影响航空公司机队安全、运行或经济性的故障采取的紧急纠正措施产生的维修方案更改，可由航空公司可靠性管理委员会指定的授权人实施紧急审批，并在最近的可靠性会议上进行技术评审。

7.6.2　维修方案项目的更改限制

航空公司需要对飞机初始化维修方案进行必要的调整和优化，以持续保持其维修方案符合民航局的要求，并达到保证飞机运行安全性和可靠性的目的。导致维修方案持续调整和优化的来源包括但不限于以下情况：

（1）维修方案实施过程中发现问题的改正措施；

（2）民航局或型号审定当局规定的要求；

（3）飞机构型改变导致的维修方案内容的必要修改；

（4）飞机使用特点和利用率改变导致的维修方案内容的必要修改；

（5）航空公司可靠性管理体系分析的结果；

（6）SMR、MPD、CMM 等参考技术文件的修订。

即使建立了可靠性管理体系，航空公司也没有权限更改所有的维修方案项目。基于维修方案项目的产生逻辑、目的以及航空安全监管需要，局方对维修任务或维修方式的更改或删减有以下限制：

（1）不影响按照 MSG-2 逻辑决断产生的与视情/监控维修方式相关的系统维修任务；

（2）不涉及按照 MSG-2 逻辑决断涉及安全或隐蔽故障的维修任务；

（3）强制性维修任务（AWL、CMR 等）不得偏离局方或飞机制造厂家文件做降低维修任务标准的更改；

（4）除经局方批准，不得删除按照 MSG-3 逻辑决断涉及 5、8 类失效相关的维修任务。

7.6.3　维修方案间隔调整评估方法

维修方案间隔的修改应当通过可控制方式（如抽样实验、维修数据统计分析或其他支持数据等）来逐步实现，但事先必须获得民航局方的批准。同时，航空公司还需要采用可控制的方法对修改后的间隔进行监控，确保相关系统的可靠性。

7.6.3.1　抽样试验方法

抽样实验的方法延长维修任务间隔，就是通过监控确认任务关联系统/结构等状况良好后再逐步扩大范围，直至实现预定间隔目标。抽样试验方法既可以延长定检包维修间隔，也可以延长单一项目的维修间隔。但是延长定检包维修间隔时，抽样方案以及数据分析应涵盖定检包中的每一个维修项目。

抽样试验方法延长任务间隔或删减维修项目应按照以下原则进行：

（1）制定明确而合理的抽样方案。抽样方案的制定应参考本章 7.3.6.9，抽样数据既要包含一定比例的随机正常情况，也要覆盖最低数量的有特殊影响的情况（比如高利用率与低利用情况，长航段长度和短航段长度情况，沿海运行与沙漠运行情况等）。对于小机队来说，抽样数量可以规定为具体飞机数量，一般至少 2 架；对于大机队来说，抽样数量一般为正常机队规模的10%以及最少两架能够反映特殊运行影响的飞机。航空公司

可以根据任务的实际情况决定达到足够抽样次数的方法，既可在同一架飞机上重复采样，也可以在多架飞机上只采样一次。但是无论如何，抽样方案的设计宗旨是使抽样数据能够真实反映机队的实际状况。

（2）工程师基于对抽样数据的评估来决定是否能够延长维修任务间隔，因而抽样数据必须能够反映现行维修间隔的真实效果。

我们用任务间隔执行率（Task Yield）来描述计划性维修任务的执行提前量，任务间隔执行率等于实际执行间隔除以维修方案规定间隔。比如说，对于某项任务，航空公司维修方案规定间隔为 8 000 FH，但是由于该机队的 C 间隔定义为 7 500 FH，某架飞机某一次的实际执行间隔为 7 300 FH，其任务间隔执行率为 7 300/8 000=91.25%。一般来说，抽样数据总体平均的间隔执行率不应低于 90%，且每一个抽样数据的任务间隔执行率不应低于 80%。如果航空公司某一维修任务的间隔执行率普遍较低且仍能够发现故障缺陷，这意味着该任务当前无效，航空公司应开展相应调查。但是较低的任务间隔执行率并不意味着完全无法用于间隔延长评估，对于同一架飞机来说，如果连续 2 个或以上的维修任务执行都没有故障发现时，虽然单次的任务间隔执行率很低，但两次任务合并后的总任务间隔执行率一般会大于 100%，可以作为现行维修任务间隔延长的支持数据。

（3）工程师对抽样数据开展分析，判断任务间隔延长的可行性以及延长幅度。间隔延长不应突破本章 7.6.2 中所列的限制。

（4）对于那些经分析表明不能延长间隔的项目，应考虑保持现有间隔或减少间隔。

（5）当采用抽样试验方式延长定检间隔时，抽样方案以及抽样数据分析结果应报航空公司维修可靠性管理委员会以及监管局方审批。以上审批通过后，航空公司才可以按维修方案的修订审批修订维修任务。

7.6.3.2　数据统计方法

除了抽样试验，局方也鼓励航空公司按照 IP-44 给定的原则，以可接受的数据统计分析方法开展维修任务的间隔延长。但开展此项工作前，航空公司有必要向监管局方证明其数据统计分析方法的科学性和合理性。无论采用何种数据统计分析方法，开展任务间隔评估分析的基本流程如下：

（1）结合航空公司飞机营运特点，确定影响维修任务间隔的关键因素，如利用率、间隔参数类型、运行环境等；

（2）审查维修方案，确定能够进行间隔调整的项目范围以及项目特点；

（3）分析维修项目的影响，确定维修项目的关联部件与故障模式；

（4）收集与维修项目相关的任务执行记录、非例行卡以及相关故障报告、事件报告、厂家信息等，包括非计划维护和来自适航限制符合性的反馈；

（5）基于可接受的数据分析方法分析维修项目发现缺陷的概率和相关功能失效的风险，确定维修项目的间隔调整区间；

（6）基于航空公司运行目标和定检计划确定维修项目的间隔调整目标值。

7.6.4　特殊维修方案项目的优化评估要求

除了保证计划维修要求能够被航空公司正确、及时地执行，有些民航局对一些特殊维修项目还有额外的优化评估要求或限制。这些特殊要求主要集中在燃油箱安全分析相关维修项目、EWIS 相关项目以及部分特殊运行相关维修任务上。

例如，中国民航局在咨询通告中要求航空公司在对燃油箱安全分析相关系统或区域检查项目开展工程调查和评估时，应结合相关可靠性数据评估该区域的退化或失效状况，必要时将不易或不能有效地发现故障的一般目视检查更改为详细检查，以提高燃油箱系统的安全性。如将检查级别提高到详细检查，工程师应同时确定出明确的、切实可行的检查合格/不合格标准。

对于 EWIS 维修任务，局方要求航空公司在偏离 EWIS 源文件延长任务间隔或删除任务时必须随同提交相应的评估记录/数据到局方。对于燃油箱系统安全分析产生的 MSI 任务，局方指出航空公司的任何更改都必须包括相关的支持数据和分析，且延长故障后果类别为 5 类或 8 类的项目时必须得到局方的批准。

这些对维修方案更改的特殊管理要求分散在局方不同的规范性文件中，且随着局方监管政策的改变而不断变化。航空公司需要根据实际情况制定局方认可的管理政策，并体现在可靠性控制方案或其他工作程序中。

第8章

基于可靠性数据分析建模的
工程决策

8.1 概述

在第 7 章中，我们探讨了可靠性管理体系的构建与运作过程。可靠性管理工作以可靠性数据为核心，通过不断循环的数据收集、监控和分析实现维修方案的持续优化和维修工程管理水平的改善。但是常规的数据分析方法仍是以对数据的简单分类、对比和推理为主，对飞机系统、部件的故障着眼于事后分析，对维修间隔的调整严重依赖工程师的个人经验。这使数据分析方法无法有效地挖掘出航空公司大量维修可靠性数据的真正价值，与飞机维修可靠性管理的发展不匹配。

飞机系统、部件本身的故障率相对于使用时间的变化是有规律的。如果能够掌握这种规律，机务维修工作就可以化被动为主动，预防性维修工作更具有针对性，各种维修资源的调配会更合理。而若要实现对飞机系统、部件故障的预测，实现预见性维修，主要有两种方式：第一种方式是精准预测，利用飞机 QAR 数据中包含的各种性能参数和预设的飞机性能监控模型实施单机性能趋势监控，在飞机性能衰退到即将出现驾驶舱效应或故障信息之前预警；第二种方式是模糊预测，利用飞机系统、部件的历史可靠性数据建立其故障概率分布模型，并基于飞机在位件的使用时间和失效概率预测飞机系统的可靠性、部件可能的拆换数量和备件需求量等。而在可靠性管理中引入第二种故障预测方法是非常合适的，无论是基于飞机可靠性数据的失效概率建模还是针对机队的工程决策，都属于维修可靠性管理的范畴。

民航维修可靠性管理刚刚兴起的时候，IT 系统尚未普及，可靠性数据的收集和整理主要由人工完成，基于概率统计的数学建模也受专业知识与计算能力的制约无法普及，因而可靠性管理体系没有将基于概率统计分析的数据建模作为可靠性数据分析的主要方法。但是进入 21 世纪后，航空维修行业快速实现信息化，专业可靠性分析软件的产生也大幅度降低了数据统计建模的门槛，在可靠性调查中使用可靠性数据分析建模方法分析故障特征并进行科学决策的条件已经成熟。

本章主要介绍利用可靠性分析专业软件开展失效概率分析建模的相关基础知识，并用案例说明该数据分析方法在民航飞机维修工程管理中的应用方法。

8.2 统计学基本概念

对可靠性数据开展概率分布建模分析，选择合适的概率分布模型非常重要。而无论是利用可靠性分析软件开展建模分析还是人工计算，工程师必须掌握足够的统计学基础知识，包括统计学专业术语和表达方式。

8.2.1 可靠性的表述方法

可靠性是一种概率。如何更好了理解可靠性的概念以及其表述形式，我们通过对灯

泡故障数据的统计和整理进行说明。图 8-1 是 1 000 个灯泡使用到故障时的累积小时数据，我们利用直方图对 1 000 个样本数据进行分组统计，并设置四个不同的组距：200 小时、100 小时、50 小时、20 小时，如图 8-2 所示，组距越小，分组数量越多，每个分组中可能包含的样本数据的个数越少。

822	1022	1242	899	1223	931	695	805	986	792	1159	1333	1171	837	......	......
1205	1321	983	887	864	1366	1073	1257	1085	1044	892	1389	1370	1434	......	......
836	947	705	1129	1069	1437	1030	947	903	1163	1367	1584	1276	967	......	......
1114	1124	676	728	846	947	596	942	1241	1101	952	860	960	697	......	......
795	980	656	1013	1154	926	1436	1071	788	1230	783	1142	873	752	......	......
1554	788	1207	615	1046	1251	1446	1035	1534	1260	785	1371	568	......	......	......
753	799	1124	786	1105	1099	1105	1151	1345	733	1025	1501	859	703	......	......
978	573	1190	1186	874	615	1008	740	1149	727	892	865	1325	967	......	......
1410	769	558	630	1217	1136	865	578	1318	627	873	960	1322	1000	......	......
1138	927	573	1293	1325	1051	118	1038	1128	759	1129	1190	901	1009	......	......
728	920	792	1154	837	919	1673	1006	810	1065	1259	1415	1064			
953	961	818	1243	977	925	1322	906	787	848	978	878	1482			
1259	932	821	954	889	892	585	990	1157	1469	1246	1162	1048			
919	930	1132	608	834	1131	1088	1118	675	882	919	799	1261			
1219	995	1181	662	933	676	986	956	970	1026	1027	1221	696			
1012	1044	744	1410	1341	1360	771	1165	923	875	1159	926	994			
1189	899	1161	1354	981	1331	1164	642	968	1227	1273	782	859			
1166	794	687	1141	1092	1010	1129	1395	501	947	913	1098	1029			
1289	1191	582	682	620	699	756	679	1070	1303	577	1356	1618			
1081	1006	1042	1254	1561	662	1389	240	1085	1231	1221	1243	1015			
762	726	798	1055	950	1089	1510	1077	1277	1259	700	894	1454			
1236	1227	1257	1273	1117	521	1037	1048	938	1259	977	733	973			

图 8-1　灯泡故障数据

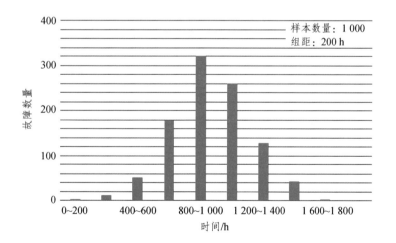

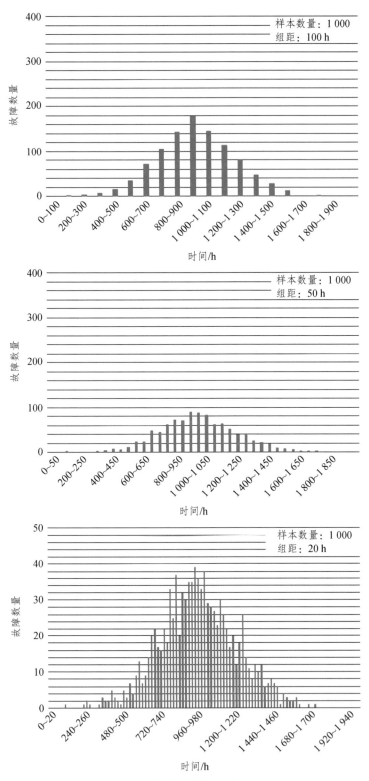

图 8-2　灯泡故障数据分组直方图

无论组距如何设置，各个直方图的整体趋势没有变化。这说明统计方式的变更不会影响灯泡本身的可靠性。但直方图的组距越小，组值波动越大，样本个体故障的随机性在直方图上表现得越明显。

当我们细分组距的同时，利用数学处理手段过滤样本个体的随机性影响，抽象化直方图的轮廓线，并将其进行归一化处理，就可以得到对样本总体可靠性的准确表述——灯泡的累积故障随时间的分布曲线，如图 8-3 所示。

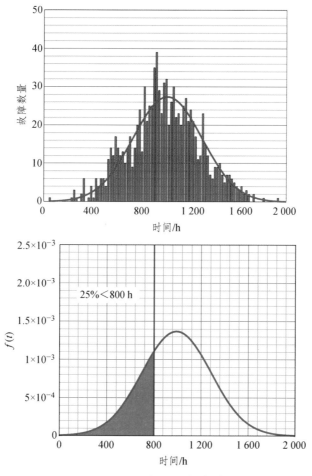

图 8-3　直方图的轮廓线

对于上面的分布曲线，我们如何表述呢？首先我们希望知道某一个时间瞬间（非常小的时间区间内）会有多少比例的灯泡发生故障，用概率密度函数 $f(x)$ 表述，简称 PDF（Probability Density Function）。而当我们想知道某一个时间点之前有多少比例的灯泡故障已经发生故障，则用累积分布函数 $F(x)$ 表述，简称 CDF（Cumulative Distribution Function）。它们之间的关系如下：

若 x 在区间 $[a, b]$ 取值，那么 x 对应的概率值为

$$P(a \leqslant x \leqslant b) = \int_a^b f(x)\mathrm{d}x$$

单独的概率密度函数没有实际含义。一般来说，我们将 $f(x)$ 设为纵坐标，将时间参数设置为横坐标，概率密度 $f(x)$ 对任意时间区间 $[a, b]$ 的积分面积表征该时间段内事件（故障）的发生概率，如图 8-4 所示。

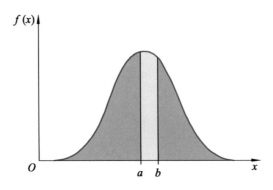

图 8-4　概率密度函数 $f(x)$

基于概率密度的概念，在时间点 a 处对应的累积分布函数 $F(x)$ 可以表示为

$$F(a) = P(x \leqslant a) = \int_{-\infty}^{a} f(x)\mathrm{d}x$$

概率密度函数 $f(x)$ 是累积分布函数 $F(x)$ 的导函数，$F(x)$ 是 $f(x)$ 对时间 x 的积分，最大值为 1，如图 8-5 所示。

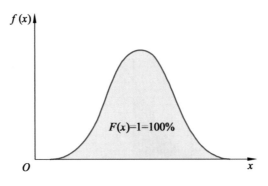

图 8-5　$F(x)$ 与 $f(x)$ 的关系

$$f(x) = \frac{\mathrm{d}[F(x)]}{\mathrm{d}x}$$

$$\int_{-\infty}^{+\infty} f(x)\mathrm{d}x = 1$$

可靠性数据分析时，我们重点研究飞机系统/部件的使用时间与可靠性、失效概率之间的关系，因而为了与传统的统计学术语不混淆，引入了三个可靠性管理方面的术语：故障概率函数 $F(t)$、不可靠度函数 $Q(t)$ 和可靠度函数 $R(t)$，它们之间的关系如图 8-6 所示。

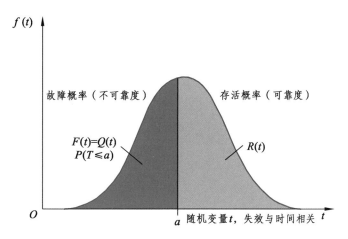

图 8-6　不同可靠性术语之间的关系

$$F(t) = Q(t)$$

$$Q(t) + R(t) = 1$$

$$R(t) = 1 - F(t) = 1 - \int_0^t f(s)\mathrm{d}s = \int_t^{+\infty} f(s)\mathrm{d}s$$

当我们想知道剩余样本在某一时刻发生故障的概率时，用故障率函数 $\lambda(t)$ 描述。故障率函数与故障概率密度函数的主要差异在于，故障率函数表征剩余存活样本的瞬时故障概率，而故障概率密度函数表征所有样本的理论瞬时故障概率。

$$\lambda(t) = \frac{f(t)}{R(t)}$$

$$f(t) = \frac{f(t)}{1} = \frac{f(t)}{R(t) + F(t)}$$

当我们需要评估正在装机使用的各个部件的可靠性时，关注的重点并非其总体可靠性水平，而是每个序号的部件在后续的飞行中可靠工作的概率高不高。但是每个序号部件使用的时间是不一样的，如何测算它们的可靠性呢？这里就需要使用条件概率函数进行计算。条件概率是指一个样本已经成功存活了 T 时间后，还能继续存活 t 时间的概率，表达式如下：

$$R(t\,|\,T) = \frac{R(T + t)}{R(T)}$$

由于 $R(T)$ 不可能大于 1，所以 $R(t|T)$ 一定大于 $R(t+T)$。从物理意义上来说，假设一架飞机执飞昆明到济南航班，需要经停武汉。如果飞机已经经停武汉且未出现故障，那么飞机此时顺利完成昆明—济南航班任务的概率（条件可靠度）要高于飞机在昆明尚未起飞时的概率，如图 8-7 所示。

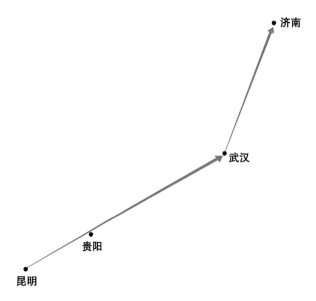

图 8-7　条件概率概念示例

8.2.2　寿命的表述方法

民航飞机维修发展过程中，无论是飞机还是机载设备都存在一定的寿命。航空公司编制维修方案时，维修任务的产生与间隔计算过程也用到寿命数据。因而我们开展可靠性数据分析时，非常希望获得分析对象的寿命数据。对于一个失效样本来说，其寿命是已知确定值；但是对于尚未失效的样本来说，其寿命是基于统计概率计算产生的预测值。因而，样本群体的寿命也必然是统计值，可以有多种表述形式。

最常用的寿命表述方法是平均寿命函数，用于表征产品工作到故障时的平均工作时间，也叫 MTTF（Mean Time To Failure）。平均寿命函数的表达式为

$$\overline{T} = m = \int_0^t t \cdot f(t)\mathrm{d}t = \int_0^{+\infty} R(t)\mathrm{d}t$$

上述公式可以看出平均寿命的计算比较复杂，不同概率分布曲线具有不同的平均寿命。但是当故障概率密度函数 $f(t)$ 呈指数分布时，其平均寿命刚好处于故障概率函数 $F(t)$ 达到 63.2%时的时间位置，后文将详细说明原因。

平均寿命（Mean Life）是对时间参数的平均，有时候不能很好地反映样本之间的差异性。而中位寿命（Median Life）侧重于对样本数量平均，指某一个随机变量值，其左侧的 PDF 面积（累积概率分布）与右侧的 PDF 面积各占 50%。

中位寿命一般用 $\tilde{T}$ 表示，数学表达式为

$$\int_0^{\tilde{T}} f(t)\mathrm{d}t = 0.5$$

当故障概率密度呈对称分布时，平均寿命与中位寿命是相等的。否则，平均寿命可能等于、大于或者小于中位寿命，如图 8-8 所示。

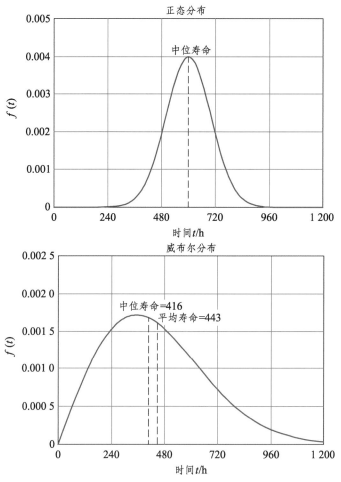

图 8-8　平均寿命与中位寿命关系

　　对于一个连续概率分布，当失效概率密度函数达到最大值时，其对应的时间位置称为众数寿命（Mode Life），如图 8-9 所示，其表达式为

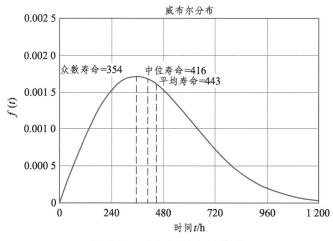

图 8-9　威布尔分布的寿命

$$\frac{\mathrm{d}[f(t)]}{\mathrm{d}t} = 0$$

众数寿命表征产品可能发生故障概率最高的时间段。我们在制定预防性维护措施时，经常需要参考此寿命数据。众数说明一般不受极端样本数据的影响。

对于正在工作中的部件来说，我们要描述它们从当前时间 T 工作到故障时的平均寿命，使用平均剩余寿命（Mean Remaining Life）$L(T)$ 表示，其公式为

$$L(T) = \int_0^{+\infty} R(t \mid T)\mathrm{d}t = \frac{\int_0^{+\infty} R(T+t)\mathrm{d}t}{R(T)}$$

另外，在可靠性分析与概率统计中，我们也经常看到 BX 寿命，X 为一个数值。BX 是指对象的不可靠度达到 X% 时对应的时间。因而中位寿命表可以表述为 B50 寿命。B10 寿命表示样本累积有 10% 失效时对应的时间。

8.3   常用概率分布

8.3.1   概述

人们在长期的科学研究和工程实践中发现，自然科学、工程学以及社会生活中的数据都是遵循一定的分布特征的。当我们基于这些分布特征总结出其概率分布数学表达式后，就可以有效地利用其描述与预测特定数据的发生概率。常用的概率分布可以分为离散型和连续型，但是不同的分布形式具有不同的适用对象和使用场景。而可靠性数据的分析建模过程研究系统、部件失效概率的分布规律，而能够准确描述这种规律的概率分布称为寿命数据分布。下面简单介绍几种寿命数据建模分析过程中常用的概率分布类型。

8.3.2   指数分布

图 8-10 是指数分布，其特点是只有一个参数，如图 8-10 所示，其故障概率密度函数 PDF 表达式为

$$f(t) = \lambda \mathrm{e}^{-\lambda t} = \frac{1}{m}\mathrm{e}^{-\frac{1}{m}t}$$

指数分布的可靠度函数 $R(t)$（见图 8-11）的表达式为

$$R(t) = 1 - Q(t) = 1 - \int_0^t \lambda \mathrm{e}^{-\lambda s}\mathrm{d}s = \mathrm{e}^{-\lambda t}$$

故障率函数 $\lambda(t)$（见图 8-11）的表达式为

$$\lambda(t) = \frac{f(t)}{R(t)} = \frac{\lambda \mathrm{e}^{-\lambda t}}{\mathrm{e}^{-\lambda t}} = \lambda$$

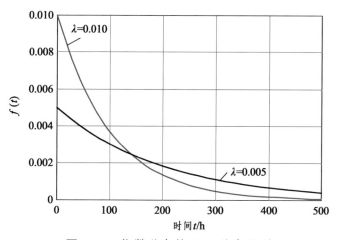

图 8-10　指数分布的 PDF 分布图形

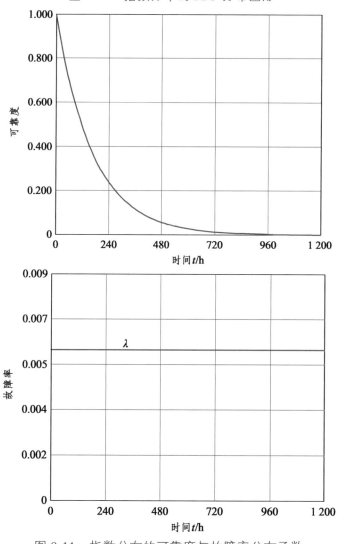

图 8-11　指数分布的可靠度与故障率分布函数

可以看出，指数分布的故障率函数是常值 λ，意味着如果一个部件的 PDF 服从指数分布，该部件的故障率不会随着使用时间的变化而变化。

指数分布的平均寿命（MTTF）为

$$\overline{T} = \int_0^{+\infty} t \cdot f(t)\mathrm{d}t = \int_0^{+\infty} t \cdot \lambda \mathrm{e}^{-\lambda t}\mathrm{d}t = \frac{1}{\lambda} = m$$

指数分布的条件可靠度函数为

$$R(t \mid T) = \frac{R(t+T)}{R(T)} = \frac{\mathrm{e}^{-\lambda(T+t)}}{\mathrm{e}^{-\lambda T}} = \mathrm{e}^{-\lambda t} = R(t)$$

可以看出，对于符合指数分布的产品来说，产品使用任意时间后的可靠性与未使用时的可靠性是完全一样的，这就是指数分布的"无记忆"特性。基于指数分布产品的故障率恒定和无记忆特性，其修理件的可靠性与新件没有什么区别，因而其平均故障间隔时间（MTBF）与平均寿命（MTTF）是相同。

指数分布的无记忆特性意味着事件（故障）以恒定平均的速率连续且独立地发生，这正是泊松分布过程中事件（故障）间隔时间的概率分布。

同时，指数分布作为一个单参数的简单概率分布形态，是威布尔分布和伽玛分布的特殊形态（部分参数取特定值时的简化形态），因而可以用于产品的故障概率分布建模。

对于大部分简单机械产品、零部件来说，随着使用时间增加，产品必然会出现诸如磨损、腐蚀、疲劳、老化等一种或多种机械损伤，进而使故障率逐渐升高。这明显与指数分布的故障率恒定、无记忆性特性相违背。因而指数分布主要应用于复杂集成系统/产品的可靠性研究。复杂系统由大量的简单零部件通过串联或并联原理组成。每一个简单零部件可能具有不同的故障概率分布形态，并围绕其概率分布形态随机发生故障。当众多零部件的随机故障叠加在一起时，相对于高可靠性复杂系统本身来说，接近于以恒定的故障率随机发生故障，因而可以用指数分布来简单有效地描述其故障分布规律。一般来说，电子设备大量使用集成电路，每个集成电路板都包含有大量的电子元器件，因而可以认为是复杂系统。大型工业产品如飞机、加工中心等都属于复杂系统。

8.3.3　正态分布

正态分布（Normal Distribution）也叫高斯分布，正态分布的故障概率密度函数 PDF 可以表示为

$$f(t) = \frac{1}{\sigma\sqrt{2\pi}}\mathrm{e}^{-\frac{1}{2}\left(\frac{t-\mu}{\sigma}\right)^2}$$

正态分布有两个参数，μ 被称为位置参数，它决定了 PDF 分布图形的中心位置。μ 既是平均值也是中位值。但是在数据建模时，由于样本数据量有限，一般利用样本数据的平均值计算 μ，因为中位值具有离散特性，误差比平均值更大。另一个参数 σ 称为幅度参数，它决定了 PDF 分布图形的形状，如图 8-12 所示。σ 可以通过样本数据的标准偏差

计算获得，代表随机变量的离散程度。对于正态分布来说，它没有形状参数，其 PDF 分布图形的形状固定为钟形，因而也称为钟形曲线。

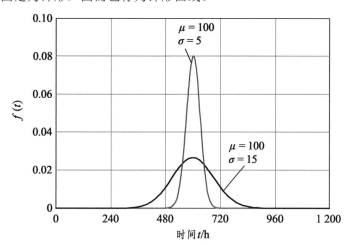

图 8-12　正态分布的 PDF 分布图形

μ 值和 σ 值确定以后，正态分布 PDF 分布图形也就确定了。当 μ 值改变时，PDF 分布曲线只会沿时间轴 t 平移而不改变其形状。当 σ 值改变时，PDF 分布图形的中心位置不变，但图形轮廓线会变得"高而瘦"或者"矮而肥"

从 PDF 分布图形可以看出，正态分布具有以下几个特性：

（1）集中性：$f(t)$的峰值和均值都集中在图形的中心位置，当 $t=\mu$ 时，$f(t)$达到最大值。

$$f(\mu) = \frac{1}{\sigma\sqrt{2\pi}}$$

（2）对称性：以均值为中心，左右对称，向两端无线延伸，且永远不会与横轴相交，即 $f(x)$永远大于 0。

（3）均匀变动性：$f(x)$值以均值为中心向左右两侧均匀下降。

在自然、社会和工程学中，很多随机变量都近似服从正态分布，尤其是测量误差值。因而正态分布在社会统计、医学检测和工业产品质量控制方面有广泛应用。

虽然正态分布有很多优点，应用也很广泛，但我们很少用它进行故障概率分布建模，主要原因是正态分布在横轴（时间轴）负方向上无限取值的特性。对于工程学中的系统/部件来说，时间为负数意味着产品在开始使用之前已经故障，这与实际情况并不相符。对于航空公司来说，购买的飞机、航材都是通过质量检验和测试的，在使用之前已经故障的概率也非常低。因而正态分布一般不用于产品寿命预测建模，更多用于品质检测、质量管理等。

8.3.4　对数正态分布

考虑到正态分布的诸多优点，要想将正态分布应用于寿命预测建模，需要对其进行修正，以避免时间取值为负数。对数正态分布（Lognormal Distribution）就是一个很好的

改良分布：随机变量 t 的对数呈正态分布，如图 8-13 所示。

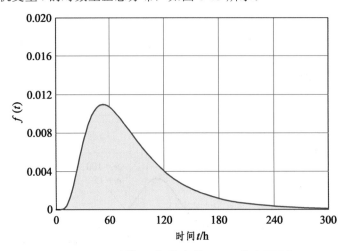

图 8-13　对数正态分布的 PDF 分布图形

对数正态分布的 PDF 表达式为

$$f(t) = \frac{1}{t\sigma'\sqrt{2\pi}} e^{-\frac{1}{2}\left(\frac{t'-\mu'}{\sigma'}\right)^2}$$

对数正态分布的 PDF 表达式与正态分布非常像，区别在于引入了 t'，t' 是 t 的自然对数，$t'=\ln(t)$，这样就限制 t 的取值范围（0，$+\infty$）。相应地，μ' 为位置参数，取值为 t' 的均值。σ' 为幅度参数，取值为 t' 的标准偏差。μ' 和 σ' 的值确定以后，$f(t)$ 的分布图形也就确定了。当 μ' 值确定后，随着 σ' 的增大，PDF 图形整体向左下方向偏移；当 σ' 确定以后，随着 μ' 值增大，PDF 图形整体向左下方偏移，如图 8-14 所示。

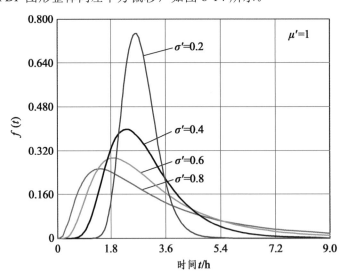

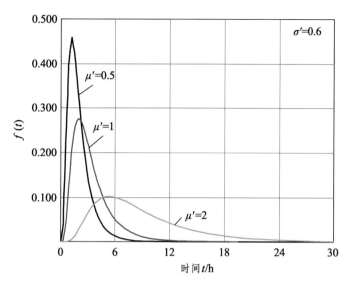

图 8-14　参数值变化对 PDF 图形的影响

对数正态分布的故障概率函数 $F(t)$ 为

$$F(t) = \int_0^t \frac{1}{t\sigma'\sqrt{2\pi}} e^{-\frac{1}{2}\left(\frac{t'-\mu'}{\sigma'}\right)^2} \mathrm{d}t, \ (t > 0)$$

对于正态分布来说，其失效率 $\lambda(t)$ 是随时间持续增加的。而对数正态分布不是这样，它的失效率先是随时间快速升高，到达峰值以后开始缓慢下降。如图 8-15 所示，当 μ' 值不变时，σ' 值变小会导致失效率的升高，但不会改变失效率曲线的形状。而当 μ' 值发生改变时，即使 σ' 值不变，失效率曲线也会整体改变。

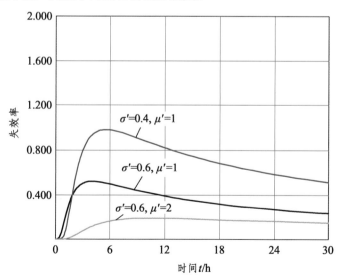

图 8-15　参数变化对 $\lambda(t)$ 曲线的影响

整体来说，对数正态分布继承了很多正态分布的优点，同时它的分布不对称特点刚好符合很多材料的疲劳、老化特性，因而在寿命预测建模中得到广泛应用，特别适合于

半导体元器件的可靠性分析以及机械部件的疲劳寿命分析。

8.3.5　威布尔分布

8.3.5.1　威布尔分布的表达式

威布尔分布（Weibull Distribution）是瑞典科学家威布尔 1951 年在研究链强度时提出的一种概率分布函数，是可靠性工程中应用最广泛的概率分布模型，特别适用于机械部件寿命预测建模分析。

威布尔分布根据使用的参数数量的不同，有多种 PDF 表达形式。威布尔分布的完整形态有 3 个参数，被称为三参数威布尔分布，也称为标准威布尔分布。相应地，如果只使用 2 个参数，被称为双参数威布尔分布；只使用 1 个参数时被称为单参数威布尔分布。下面以三参数威布尔分布为例说明不同参数的含义，PDF 表达式为

$$f(t) = \frac{\beta}{\eta}\left(\frac{t-\gamma}{\eta}\right)^{\beta-1}\mathrm{e}^{-\left(\frac{t-\gamma}{\eta}\right)^{\beta}}$$

其中，η 为尺度参数，或者比例参数，同时被称为特征寿命参数；β 为形状参数；γ 为位置参数；t 为时间变量。

8.3.5.2　尺度参数 η

要了解尺度参数 η 对威布尔分布的影响，我们先假设形状参数 β 和位置参数 γ 为固定值，且 $\gamma=0$，那么威布尔分布的 PDF 可以改写为

$$f(t) = \frac{\beta}{\eta}\left(\frac{t}{\eta}\right)^{\beta-1}\mathrm{e}^{-\left(\frac{t}{\eta}\right)^{\beta}}$$

令 $t'=t/\eta$，那么上面的公式就可以转换成

$$\eta f(t) = \beta(t')^{\beta-1}\mathrm{e}^{-(t')^{\beta}}$$

由上式可以看出，当 η 值发生改变时，威布尔分布的 PDF 分布图形的形状没有任何变化，改变的只是坐标轴的比例。如图 8-16、图 8-17 所示，以 $\eta=1$ 为基准图形，当 $\eta>1$ 时，在 [t, $f(t)$] 坐标系中的横坐标被放大 η 倍，纵坐标缩小为 $1/\eta$；当 $\eta<1$ 时，纵坐标被放大 $1/\eta$ 倍，横坐标缩小为 η。

我们预设位置参数 $\gamma=0$，三参数威布尔转换为双参数威布尔，其累积故障分布函数（CDF）的表达式为

$$F(t) = \int_0^t \frac{\beta}{\eta}\left(\frac{s}{\eta}\right)^{\beta-1}\mathrm{e}^{-\left(\frac{s}{\eta}\right)^{\beta}}\mathrm{d}s = 1 - \mathrm{e}^{-\left(\frac{t}{\eta}\right)^{\beta}}$$

当 $t=\eta$ 时：

$$F(\eta) = 1 - e^{-\left(\frac{\eta}{\eta}\right)^{\beta}} = 1 - e^{-1} = 1 - 0.368 = 0.632$$

也就是说，对于双参数威布尔来说，无论参数值 η 和 β 的值是多少，累积故障概率达到 63.2% 时，对应的时间值刚好是 η 值。因而参数 η 也被称为威布尔分布的特征寿命参数。威布尔分布的 MTTF 值的计算需要引入伽玛函数，计算相对复杂，因而对于符合威布尔分布的产品来说，用特征寿命 η 描述其可靠性更为普遍。

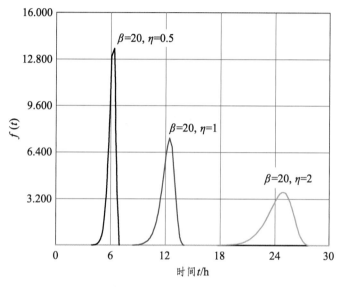

图 8-16　尺度参数对威布尔分布 PDF 图形的影响

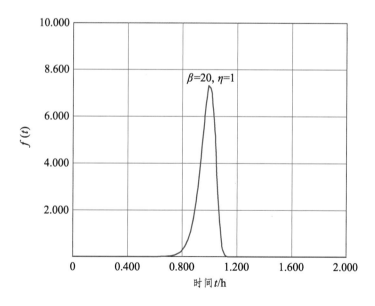

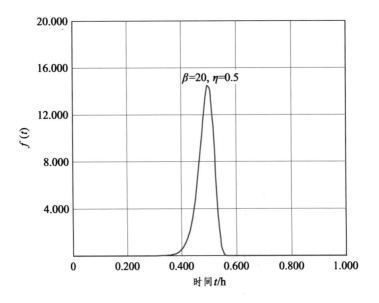

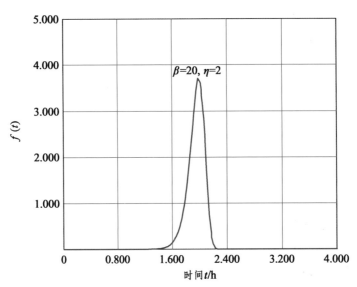

图 8-17　不同尺度参数对坐标系比例的影响

8.3.5.3　形状参数 β

β 之所以被称为威布尔分布的形状参数，是因为当 β 值发生改变时，威布尔分布的 PDF 形状会有明显的改变，并且在特定条件下转化为其他分布形式。

当 $\beta=1$ 时，对于双参数威布尔来说，其 PDF 如下：

$$f(t)=\frac{\beta}{\eta}\left(\frac{t}{\eta}\right)^{\beta-1}e^{-\left(\frac{t}{\eta}\right)^{\beta}}=\frac{1}{\eta}\left(\frac{t}{\eta}\right)^{1-1}e^{-\left(\frac{t}{\eta}\right)^{1}}=\frac{1}{\eta}e^{-\frac{t}{\eta}}$$

此时，双参数威布尔分布转化为指数分布，特征寿命参数 η 相当于指数分布的平均寿命参数 m。这也是指数分布的 MTTF 对应于 63.2% 的累积故障概率的原因。

当 $\beta=2$ 时，对于双参数威布尔来说，其 PDF 如下：

$$f(t) = \frac{\beta}{\eta}\left(\frac{t}{\eta}\right)^{\beta-1} \mathrm{e}^{-\left(\frac{t}{\eta}\right)^{\beta}} = \frac{2}{\eta}\left(\frac{t}{\eta}\right)^{2-1} \mathrm{e}^{-\left(\frac{t}{\eta}\right)^{2}} = \frac{t}{\eta^2} \mathrm{e}^{-\frac{t^2}{\eta^2}}$$

此时双参数威布尔转化为瑞利分布。瑞利分布在无线电通信行业应用较多，一般不用于产品寿命预测建模分析。

当 $\beta=2.5$ 时，威布尔分布的形态接近于对数正态分布；当 $\beta=3.6$ 时，威布尔分布接近于正态分布。威布尔分布的这种多变特性使其具有极强的适用性。当我们不知道一个产品的故障概率密度函数服从什么分布时，可以优先尝试一下威布尔分布。图 8-18 是 η 为固定值 1 000，β 取值分布是 0.5、1、2、2.5、3.6 时故障概率密度函数 $f(t)$ 的分布图形。

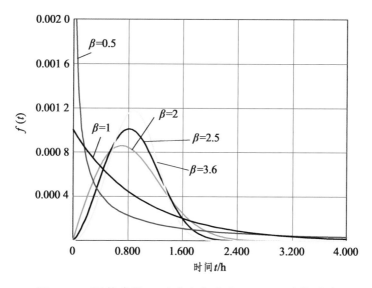

图 8-18　形状参数 β 对威布尔分布 PDF 图形的影响

随着 β 值的增加，威布尔分布的失效率函数 $\lambda(t)$ 也会有明显的变化，见图 8-19。当 β <1 时，故障率 λ 随时间 t 的增加而下降，产品的早期失效特征更明显；当 $\beta=1$ 时，故障率 λ 保持恒定值，产品主要是随机失效；当 $\beta>1$ 时，故障率 λ 随时间 t 的增加而上升，产品的损耗失效特征更明显。当 $\beta<1$ 时，β 越小，故障率 λ 随时间的下降速率越大；当 $\beta>1$ 时，β 越大，故障率 λ 随时间的增加速率越大。对于不同的失效特征，用户应采取的预防性维护措施也是不同的。

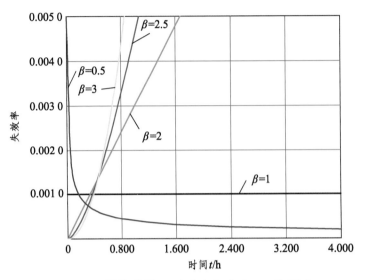

图 8-19　形状参数 β 对威布尔分布 $\lambda(t)$ 的影响

8.3.5.4　位置参数 γ

参数 γ 具有与变量 t 相同的单位，它表征在一个特定的时间段（t）内产品不会出现失效。从威布尔分布 PDF 图形来看，γ 值会使图形在横轴（时间轴）上产生平移，不会对图形的形状和尺度比例产生影响，如图 8-20 所示。

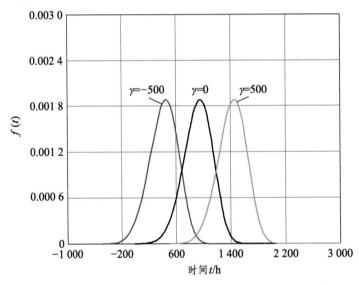

图 8-20　位置参数 γ 对威布尔分布 PDF 图形的影响

当 $\gamma=0$ 时，产品符合正常的双参数威布尔分布形态。

当 $\gamma>0$ 时，意味着产品在 0 至 γ 时间段内的可靠度为 100%，不会发生产品失效。从物理意义上来说，这些产品在此时间段内有保护机制或者保修政策，用户不需要考虑这个时间段内产品的失效问题。

当 $\gamma<0$ 时，意味着产品在尚未投入使用时就可能发生故障。从物理意义上来说，要

么是可靠性分析时模型原则错误，要么是样本数据受到其他因素干扰而失真，要么意味着产品在制造和运输环节出现了损伤。

8.3.5.5　威布尔分布模型的选择

我们利用威布尔分布对产品进行故障概率分析和寿命预测，最希望得到的结果就是产品准确的寿命数据。而要达到这个目的，就需要开展可靠性试验，收集样本数据并进行参数求解。而参数越多，求解难度越大，相同的样本参数下得到的结果误差越大。因而威布尔分布模型选择的原则是尽量减少参数数量。

当对产品的可靠性及其使用、管理政策一无所知时，应选择三参数威布尔分布开展故障分析。当知道产品不存在"故障门槛值"时，参数 γ 确定为 0，应优先选择双参数威布尔分布。当基于以往的可靠性试验或经验数据已经获知了某个产品的故障分布规律，即参数 β 已经明确时，应选择使用单参数威布尔分布。单参数威布尔的 PDF 表达式可以简化为（参数 β 为常数 C，参数 γ 为 0）

$$f(t) = \frac{C}{\eta}\left(\frac{t}{\eta}\right)^{C-1} e^{-\left(\frac{t}{\eta}\right)^{C}}$$

单参数威布尔主要用于产品的设计可靠性管理环节。减少一个变量后，产品设计/制造厂家开展破坏性可靠性试验时所需的样本数量更少，拟合产生的故障概率分布曲线的置信度更高，可以有效降低产品的研发成本。

8.3.6　广义伽玛分布

威布尔分布因参数较多，具有较强的适用性和灵活性。而广义伽玛分布是一种比威布尔分布更灵活多样的分布形式，在产品可靠性分析和寿命预测建模中也经常使用。广义伽玛分布（Generalized Gamma Distribution）并非伽玛分布，它的故障概率密度函数表达式为

$$f(t;\theta) = \frac{\beta t^{\beta\lambda-1}}{\sigma^{\beta\lambda}\Gamma(\lambda)} e^{-\left(\frac{t}{\sigma}\right)^{\beta}}$$

其中，$t>0$；$\theta=\{\sigma,\ \beta,\ \lambda\}$；$\sigma>0$，为尺度参数；$\beta>0$，为功率参数；$\lambda>0$，为形状参数；$\Gamma(\lambda)$ 为伽玛函数。

当功率参数 β 和形状参数 λ 保持不变时，尺度参数 σ 变化会影响 PDF 分布图形的峰值（均值），σ 越小，峰值越大，图形看起来越尖锐。而另外两个参数对 PDF 分布图形的影响是综合性的。

广义伽玛分布并没有典型的 PDF 分布图形，在特定的参数组合下，广义伽玛分布可以转变成其他概率分布形式，如图 8-21 所示，包括指数分布、伽玛分布、威布尔分布、对数正态分布、Frechet 分布等。而这些分布广泛应用于不同行业和专业领域。

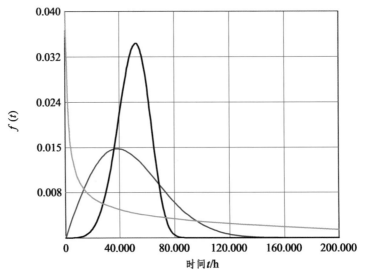

图 8-21　不同参数组合下的广义伽玛分布 PDF 图形

但是伽玛分布也是因为参数太多，函数构造过于复杂，一般并不用于寿命预测建模分析，因为求解这些参数需要大量的样本数据。对于设计可靠性工程分析来说，样本数量的增加意味着研发成本的增加。

但是由于广义伽玛分布可以模拟很多其他分布的特性，在可靠性分析中常用该分布模型做样本数据的初步分析，根据参数计算结果来决定更合适的概率分布模型。从可靠性工程分析经验来说，如果使用广义伽玛分布开展数据建模，样本数据量至少要有 30 个。

8.4　可靠性数据分析建模方法

对可靠性数据分析建模的常用概率分布模型有基本认知以后，我们就需要使用它们解决具体的工程技术问题，一般来说可以分成 5 个步骤，如图 8-22 所示。

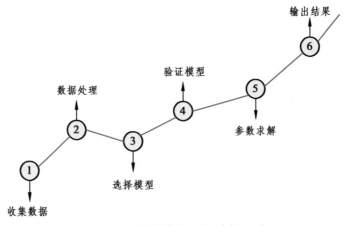

图 8-22　可靠性数据分析建模的步骤

第 1 步是收集样本数据。可靠性分析就是用数据说话，寻找数据背后的规律。找到

合适且足够的数据是开展数据建模与分析的前提条件。对于民航飞机维修可靠性分析来说，我们要收集的数据主要是分析对象的故障数据，包括部件的使用时间数据，部件的拆换原因数据、修理报告数据、维修任务的执行记录数据、非例行卡数据、飞机运行数据等。

第 2 步是处理数据，生成样本数据点。处理数据是一个非常重要而又烦琐的过程。收集到的样本数据一般是原始数据，不仅包含大量的无效、错误数据，往往也不符合数据建模分析的需要。处理数据，需要挑选合适的分析对象和样本数据类型（概率值、时间参数），并将使用数据（次数、时间等）转换成正确的样本数据点，同时按照故障模式或者样本类型进行分组。

第 3 步是挑选合适的概率分布模型。如前文所说，数据建模时可以选择的概率分布模型非常多，它们的差别在于分析结果的准确性。合适的模型可以使相同的样本数据计算出的故障概率分布的置信度更高，寿命预测更接近真实值。常见的确定概率分布模型的方法主要有三种。方法一是基于历史数据建模经验和概率分布模型特点确定合适模型，比如当我们分析复杂电子设备或大型集成系统的可靠性时优先选择指数分布，分析典型机械部件的磨损、腐蚀故障时优先考虑威布尔分布等。方法二是尝试和对比。当我们不确定哪种概率分布最合适时，多尝试一下不同的分布模型。当参数计算产生错误，或者计算出的参数没有现实意义，或者样本数据点与模型输出的 PDF 图形偏离很大时，需要考虑选择其他的概率分布模型。方法三是通过相关系数分析确定符合性最佳的分布模型。相关系数是表征变量之间线性相关程度的量。样本数据相对于某一种概率分布模型的相关系数绝对值越高（不超过 1），选择该模型时，样本数据对概率分布曲线的拟合度越高。相关系数的计算方法有多种，且计算过程比较复杂，本书不做详细介绍，可靠性数据分析与建模时一般都是由可靠性分析软件内置的计算模型自动计算。

第 4 步是验证模型。无论是用哪一种方法选择概率分布模型，都需要通过观察所选择模型的样本数据拟合结果和参数求解结果来确定模型选择是否合适。飞机系统/部件一般会同时存在多种故障模式和故障机理，而不同子部件/故障模式可能服从不同的概率分布模型。当样本数据中的失效数据来自不用的故障模式时，无论我们预先选择哪一种分布模型，都会存在一些数据点的拟合度不好。这些拟合度不好的数据点需要由分析工程师判断是其他故障模式还是干扰数据。根据判断结果适当修正样本数据点或者修改概率分布模型，比如选择适合多种故障模式的分析方法。

第 5 步参数求解（估值）。利用可靠性分析建模软件求解概率分布模型的参数，生成分析对象的 PDF 和 CDF 曲线。虽然是使用专业软件进行数学计算，但是需要分析工程师对不同的概率分布模型和样本数据情况设置不同的参数求解和置信度计算方法。计算方法选择错误会导致计算结果失真。具体的参数求解和置信度选择方法将在后文中介绍。

第 6 步就是输出结果。我们对产品开展可靠性数据分析与建模的目的并非只是获得产品的 PDF 和 CDF 曲线，而是要解决实际的工程技术问题，进行科学的工程决策。因而获得故障概率密度函数的参数值以后，需要根据实际需求开展进一步计算，包括各种寿命指标与可靠度的计算，产品未来的故障发生情况的仿真、预防性维修间隔的确定和成本评估等。

8.5 样本数据的处理

8.5.1 样本数据的挑选标准

样本数据是开展数据建模的基础，高质量的数据和合适的概率分布模型是获得准确分析预测结果的必要条件。无论是可靠性调查还是可靠性数据建模分析，对数据的处理都是最重要且耗费精力的。经验数据显示，在可靠性数据分析建模的过程中，分析工程师90%的时间花费在数据准备上。

要想准备一份高质量的样本数据，需要从以下三方面入手：

1. 数　量

样本数据的数量直接影响概率分布模型参数估值和分布曲线拟合的精准度。一般来说，样本数据的最少数量应该是需要求解的概率分布模型的参数数量加2，比如对指数分布求解时需要至少3个样本数据，对双参数威布尔分布求解时，需要至少4个样本参数。但是由于样本数据存在很大的不确定性，数据产生的过程中可能受到各种干扰，样本数据量越少，干扰因素在参数估值过程中的影响越大，参数估值结果的误差也越大。适当提高样本数据的数量可以有效抑制数据收集过程中的随机干扰，降低模型与真实值之间的误差，提高故障预测准确率。

2. 质　量

除了最低数量要求，样本数据还必须具有较高的质量。高质量的样本数据需要同时达到三点要求。第一点就是准确。对于样本数据来说，数据不准确是最致命的。数据量不够只会导致输出模型的置信度降低，而数据错误可能导致输出模型偏离真实情况。第二点就是代表性。收集的样本数据需要覆盖分析对象的各种运行情况，不应基于数据收集的难度差异而使样本数据具有明显的偏向性。第三点就是随机性。当我们需要从很多原始数据中提取样本数据时，应主要保证样本数据的随机性，不应让样本数据点过于集中。偏向性过高的样本数据会导致输出模型出现系统性偏差，而过于集中的样本数据会降低输出模型的预测准确性。

3. 信息量

样本数据字段数量和字段内容的填写完整度决定了其信息量。当样本数据的信息量比较丰富时，可以对其故障类型、故障模式等进行精准分类，从而有效过滤错误数据和干扰信息，并使数据分组更准确，数据拟合精度更高。飞机维修故障数据收集时，很多部件/系统的拆换原因填写不清晰。以飞机轮子更换为例，我们需要对轮胎故障情况建模分析。轮胎的主要更换原因包括磨平见线、意外损伤和漏气等。不同的故障模式符合不同的概率分布模型。在航空公司实际运行中，轮胎更换记录经常出现对更换原因描述不清的现象。即使对于同样的磨损更换，磨损程度的不同代表着轮胎使用循环数的较大差

异。当故障信息填写比较详细时，分析人员在处理数据环节就可以对样本数据进行准确分类和修正。

8.5.2　样本数据分类

对于系统/部件故障分析建模来说，样本数据按照对故障历史数据的记录完整性可以分成以下几类：

1. 完整数据

完整数据是指能够反映样本从开始使用至故障时完整过程的数据，如图 8-23 所示。截止点采集的数据 X 即样本的故障时间数据 TTF。

图 8-23　完整数据

2. 右删失数据

右删失数据也叫截尾数据，它记录了样本从开始使用至某个截止点之间的使用时间 X，此时样本还没有发生故障，如图 8-24 所示。至于样本以后什么时间会发生故障，并不清楚，因而样本的故障时间数据 TTF>X。

图 8-24　右删失数据

3. 区间删失数据

区间删失数据是指在样本故障前后两个时刻点分别记录了数据 X 和数据 Y，但不清楚样本具体的故障时间点，如图 8-25 所示。这种情况下，部件的故障时间数据 TTF 在区间[X，Y]之间。

图 8-25　区间删失数据

4. 左删失数据

左删失数据是指记录数据时样本已经失效，具体失效时间点不可知，如图 8-26 所示。这种情况下，样本的故障时间数据 TTF<X。左删失数据可以被认为是一种特殊的区间删失数据，其区间值为[0，X]。

图 8-26　左删失数据

对于飞机可靠性数据来说，弄清楚它们归属于上述哪类数据并不容易。而要准确判断样本数据类型，必须确保部件在新件或近似新件的状态开始计时，在已知其状态的情况下截止计时。常见的记录部件使用时间的数据有 TSN、TSO、TSR 以及 TSI，这些数据的区别仅在于计时起始点的不同，计时截止点对应的部件的状态未知。这就意味着部件的使用时间数据与样本数据类型之间并没有明确的对应关系，分析工程师必须结合部件的使用履历对其使用时间数据进行整理，剔除掉无效数据，并将有效数据进行正确分类。

一般来说，新件被认为是能够代表产品群体可靠性的初始状态。但是飞机维修时，高价值重要部件普遍都是可修周转件，因而 TSO、TSR 等修后使用时间数据是部件可靠性数据的重要组成部分。部件修理后，从一个故障件重新变成一个可用件，可靠性得到一定恢复，但能否恢复到其初始可靠性水平（新件状态）是一个未知数。全面、深度的修理可以将部件可靠性恢复到接近初始状态，称之为"修后如新"。通常我们将机械部件的翻修工作和个别简单部件的修理工作视为"修后如新"。而对于复杂部件来说，如果附件车间只做最简单的修理和测试工作，只更换已经失效的元器件，对其他元器件不做任务预防性维修，部件的可靠性没有明显恢复，称之为"修后如旧"。很多航电部件的普通修理可视为"修后如旧"。但是还有很多机电部件的普通修理介于"修后如新"与"修后如旧"之间，分析工程师需要详细研究部件内部构造和修理工艺，才能近似确定部件修理后的可靠性恢复程度。我们用修复系数来描述部件修理后的可靠性恢复程度，修复系数取值区间为（0，1]。修复系统接近 1 的修理件可直接使用其修后时间数据，但修复系统较低的修理件产生的数据必须在特殊处理后才能使用。

时间截止点对应的部件状态也是判断样本数据类型的关键信息。部件拆换原因包括计划和非计划。计划拆换时，部件普遍尚未功能失效，此时产生的样本数据一般都是右删失数据。但也并非所有的非计划拆换产生的数据就是完整数据，比如部件误换、预防性更换以及意外损伤导致的故障拆换，这些情况也应视为尚未失效。对于拆换原因未知的部件，其数据类型也无法确定，应被视为无效数据。

8.5.3　数据挑选原则

严格按照数据类型的定义，有人可能认为大部分飞机故障数据都属于区间删失数据：一个部件在从飞机上拆下前已经故障了，而部件使用时间计时截止到拆下时；一个 NRC 卡数据，上次 A 检时还没故障，这次 A 检时故障了，故障发生在两次 A 检之间的某个未知时间。实际工程实践中，只有当实际得到的样本数据的计时精度比期望值更低时才被视为区间删失，这是一个相对概念。比如，期望的样本数据精确到月，而采集到的也是

月数据，则这些样本数据被视为完整数据；但如果期望精度是天，而采集的样本数据是月，则将其认定为区间删失数据。

删失数据虽然不是完整的故障数据，但也反映了样本的部分工作情况，不容忽视。比如：有 100 个传感器装机使用 3 个月时间，其中 1 个在第一个月失效，1 个在第二个月失效，2 个在第 3 个月失效。那么这批传感器的平均失效时间是多少？如果忽略了未失效的 96 个传感器（右删失数据：已使用 3 个月且尚未失效），那么平均寿命（MTTF）＝（1×1+2×1+3×2）/4=2.25 个月。这明显与实际情况不相符。

右删失数据是非常重要的样本数据，但需要用特别的数学处理方法进行处理。区间删失数据是在右删失的基础上进一步提升精度（给出失效区间），因而也非常重要。而左删失数据相当于[0，截止点]的区间删失，如果需要用其进行数据建模，相关数据处理过程非常复杂，应尽量避免使用。因而，我们在开展部件寿命预测建模时，对样本数据类型的收集优先级应为完整数据 > 区间删失数据 > 右删失数据 > 左删失数据。

总体来说，样本数据的收集和处理过程应遵循以下原则：

① 宁愿减少样本数据量，一定要保证数据的真实性和准确性。

② 样本数据减少会降低数据拟合精度，但样本数据错误将导致数据拟合错误。

③ 部件的拆换类型影响采集数据的类型，数据收集应尽量完整。

④ 计划拆换可能对应右删失数据，故障拆换对应完整数据。

⑤ 要明确样本数据的故障原因（故障描述、修理报告等），以便决定数据拟合方法。

⑥ 维修任务间隔优化分析时，应优先选择完整数据和区间删失数据。

8.6　概率分布参数估值

8.6.1　参数估值的基本方法

图 8-27 是最简单的二元一次方程的参数求解。

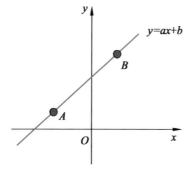

图 8-27　二元一次方程求解

已知：坐标值 A（x_1，y_1）、B（x_2，y_2），根据两点决定一线，对于直线函数 $y=ax+b$，求解参数 a、b。

$$a = \frac{x_1 - x_2}{y_1 - y_2}$$

$$b = y_1 - \frac{x_1 - x_2}{y_1 - y_2} \cdot x_1$$

但如何求解复杂的概率分布函数的参数呢？

如图 8-28 所示，假设某一个产品的故障概率密度函数 $f(t)$ 符合正态分布，且已经获得了 3 个完整的样本寿命数据：3 000、4 000、5 000，如何测算 $f(t)$ 的参数 μ 和 σ 呢？

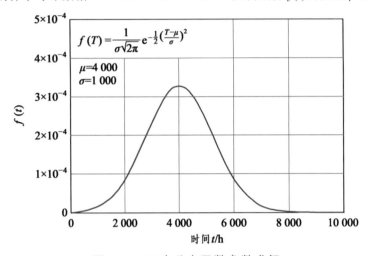

图 8-28　正态分布函数参数求解

正态分布的参数是比较容易计算的。但是我们做部件故障概率分布建模时，所使用的概率分布函数多是比较复杂的非线性函数，而且大多数情况下只能获得 T 值，无法直接获得 $f(T)$ 值，因而对概率分布函数的参数无法做到精确求解，而是尽量精确地"估值"。

参数估值的方法很多，但是对于寿命数据最常用的方法有秩回归法（Median Rank Regression，MRR）和极大似然法（Maximum Likelihood Estimation，MLE）。而秩回归法又可以分为概率绘图法（人工估值）和最小二乘法（计算机估值）。下面简单介绍几种估值方法的过程和相关注意事项。

8.6.2　秩回归法

8.6.2.1　概率绘图法

概率绘图法就是在对应的概率分布图纸上，利用直线求解的方法绘制线性化后的概率分布模型，并根据绘制的图形测算参数值。使用该方法的前提条件有两个：

（1）使用累积故障概率分布函数，这样方便获取坐标 Y 的值；

（2）使用能够线性化该 CDF 函数的特定坐标纸。

举例：已知一个产品的故障服从双参数威布尔分布，并且收集到 4 个产品失效报告，使用时间分布是 100 h、300 h、500 h 和 800 h，对该产品的故障概率密度函数 PDF 的参数进行估值。

第 1 步，对于双参数威布尔分布来说，其 PDF 函数和 CDF 函数具有相同的参数值 β 和 η。选择使用 CDF 函数进行参数估值，其表达式为

$$F(t) = Q(t) = 1 - e^{-\left(\frac{t}{\eta}\right)^{\beta}}$$

第 2 步是对 CDF 公式进行线性化转换。对于人工作图法来说，只有直线绘制的精度能够得到保证。将曲线通过特别处理后转成直线，基于两点决定一线的原理，可以将其相对精确地绘制出来。对 CDF 函数的线性化，就是将其函数表达式转换成直线的经典函数表达式 $y=ax+b$ 的形式。以下是 CDF 表达式的转换过程：

$$F(t) = 1 - e^{-\left(\frac{t}{\eta}\right)^{\beta}}$$

$$1 - F(t) = e^{-\left(\frac{t}{\eta}\right)^{\beta}}$$

$$\ln[1 - F(t)] = \ln(e^{-\left(\frac{t}{\eta}\right)^{\beta}}) = -\left(\frac{t}{\eta}\right)^{\beta}$$

$$\ln\{-\ln[1 - F(t)]\} = \ln\left[\left(\frac{t}{\eta}\right)^{\beta}\right] = \beta \ln\left(\frac{t}{\eta}\right)$$

$$\ln\left[\ln\left(\frac{1}{1 - F(t)}\right)\right] = \beta \ln(t) - \beta \ln(\eta)$$

$$\underbrace{\qquad\qquad} \quad \underbrace{\ } \underbrace{\ } \underbrace{\ }$$

$$\boldsymbol{y} \quad = \quad \boldsymbol{m} \; \boldsymbol{x} \; - \; \boldsymbol{b}$$

第 3 步是根据转换结果构建合适的坐标图纸。将等式左侧的 $\ln(\ln\{1/[1-F(t)]\})$ 设为 y 坐标，将等式右侧的 $\ln(t)$ 设为 x 坐标，那么 CDF 函数就可以转换成直线形式，如图 8-29 所示。但此时仍然存在两个难题：一是如何获得 $F(t)$ 的值，二是 y 值的计算仍然比较复杂。

第 4 步就是确定样本数据在坐标图纸上对应的坐标值。秩回归法使用中位秩概念计算 $F(t)$ 的值。中位秩是在 n 个样本第 i 次失效时真实失效概率在 50%的置信水平上应具有的值，或者说是不可靠性的最佳估计值，这个估计值是对二项式方程求解得到的。中位秩与一组数值的具体值关系不大，而是由这些数据的排序关系（按时间发生先后）决定的。中位秩的公式表达：

$$0.5 = \sum_{k=i}^{n} \binom{n}{k} Z^k (1-z)^{n-k}$$

求解 Z 可得到中位秩，但这个求解过程也非常麻烦，需要使用 β 分布和 F 分布。常见的求解方法是直接查询中位秩表，或者通过近似公式计算。最有名的近似公式就是 Benard's 近似：

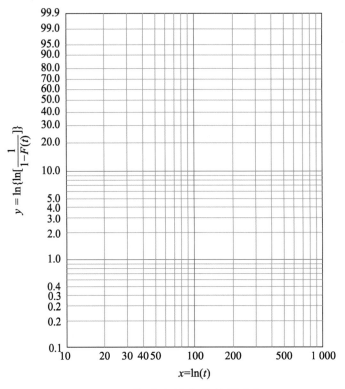

图 8-29　构建直线化的绘图坐标

$$MR = \frac{i - 0.3}{n + 0.4}$$

另外，还有一种稍微复杂一些的近似公式，称为 Johnson's 近似：

当 $n > 20$ 时：

$$MR = \frac{i - 0.306\,85 - 0.386\,3\left(\dfrac{i-1}{n-1}\right)}{n}$$

当 $n \leqslant 20$ 时：

$$MR = 1 - 2^{-\frac{1}{n}} + \left(\frac{i-1}{n-1}\right)(2^{1-\frac{1}{n}} - 1)$$

其中，n 为样本总数量；i 为每一个样本数据在总样本中先后发生的顺序号。

　　上述两个公式虽然是近似计算，但是误差值普遍控制在 1% 以内。特别是当 i 值接近 n 值 50% 时，中位秩的误差只有 0.1% 左右。

　　下面我们使用上述两种方法分别计算 4 个样本数据的中位秩（MR），MR 就是每个样本数据对应的累计失效概率 $F(t)$，也是不可靠度 $Q(t)$。计算之前，首先需要对样本数据进行排序，获得样本数据的 n 和 i 值。如表 8-1 所示，$n=4$，i 为样本编号值。

表 8-1　中位秩计算示例

样本编号	使用时间/h	不可靠度	中位秩
1	100	MR（1 of 4）	15.9%
2	300	MR（2 of 4）	38.6%
3	500	MR（3 of 4）	61.4%
4	800	MR（4 of 4）	84.1%

方法 1：查表。如图 8-30 所示，根据中位秩表的 n 和 i 索引，可以获得每个 MR（i of n）的值：MR（1 of 4）=0.159 1，MR（2 of 4）=0.386 4，MR（3 of 4）=0.613 6，MR（1 of 4）=0.840 9。本书附录 3 中列出了样本总量在 30 及以下时的中位秩表，可以满足大多数情况下的参数估值要求。

中位秩表
sample size = n
failure rank = i

i	1	2	3	4	5	6	7	8	9	10
1	0.500 0	0.292 9	0.206 3	0.159 1	0.129 4	0.109 1	0.094 3	0.083 0	0.074 1	0.067 0
2		0.707 1	0.500 0	0.386 4	0.314 7	0.265 5	0.229 5	0.202 1	0.180 6	0.163 2
3			0.793 7	0.613 6	0.500 0	0.421 8	0.364 8	0.321 3	0.287 1	0.259 4
4				0.840 9	0.685 3	0.578 2	0.500 0	0.440 4	0.393 5	0.355 7
5					0.870 6	0.734 5	0.635 2	0.559 6	0.500 0	0.451 9
6						0.890 6	0.770 5	0.678 7	0.606 5	0.548 1
7							0.905 7	0.797 9	0.712 9	0.644 3
8								0.917 0	0.819 4	0.740 6
9									0.925 9	0.836 8
10										0.933 0

图 8-30　查表法获取中位秩

方法 2：公式计算。利用简化计算公式分别计算 4 个样本数据的中位秩，分别是：

$$MR(1 \text{ of } 4) = \frac{1 - 0.3}{4 + 0.4} = \frac{0.7}{4.4} \approx 0.159\ 1$$

$$MR(2 \text{ of } 4) = \frac{2 - 0.3}{4 + 0.4} = \frac{1.7}{4.4} \approx 0.386\ 4$$

$$MR(3 \text{ of } 4) = \frac{3 - 0.3}{4 + 0.4} = \frac{2.7}{4.4} \approx 0.613\ 6$$

$$MR(4 \text{ of } 4) = \frac{4 - 0.3}{4 + 0.4} = \frac{3.7}{4.4} \approx 0.840\ 9$$

利用中位秩计算出每一个样本数据的失效时间对应的 $F(t)$ 后，就可以得到一个坐标点。为了便于人工作图，实际工作中会将类似于图 8-29 所示的坐标纸按照概率分布类型的不同进一步简化，直接以失效时间 t 和累积故障概率分布 $F(t)$ 作为坐标轴。这种专用标准纸有威布尔概率纸、对数正态概率纸、指数分布概率纸等。本例子中使用的是威布尔概率纸作图，如图 8-31 所示。

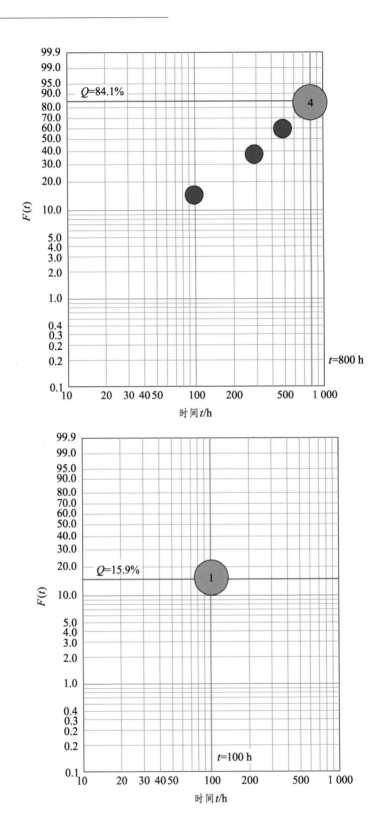

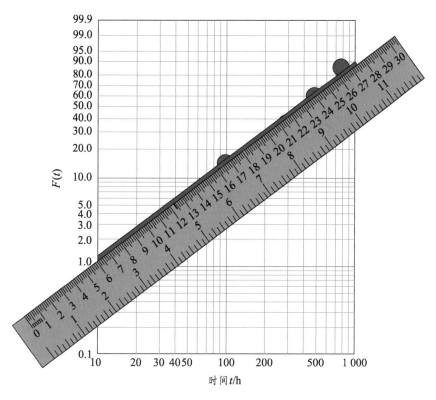

图 8-31　利用威布尔概率纸作图

　　第 5 步就是基于坐标点绘制概率分布图。由于样本数据点一定是大于 2 个点,实际作图时并不能按照两点决定一条直线的原则进行,需要绘图人凭主观感觉绘制,基本原则是使大部分样本数据点均匀分布在直线的两侧。对于个别明显远离直线的孤立点,需要核实其采样数据是否存在异常。如果发现有很多数据点偏离直线时,需要思考所选择的概率分布模型是否合适。

　　第 6 步是参数估值计算。确认绘制出来的 CDF 直线的拟合度可以接受后,可以使用该图形求解概率分布模型的参数 β 和 η。根据威布尔分布的特点,当 $t=\eta$ 时:

$$
\begin{aligned}
Q(\eta) &= 1 - e^{-\left(\frac{\eta}{\eta}\right)^{\beta}} \\
&= 1 - e^{-1} \\
&= 1 - 0.368 \\
&= 0.632
\end{aligned}
$$

　　因而纵坐标值为 63.2% 时对应的时间 T 即为 η 值。而 β 值为直线的斜率。但由于威布尔概率图纸坐标比例的特殊性,其斜率不能直接量取几何尺寸计算,具体计算过程如图 8-32 所示。

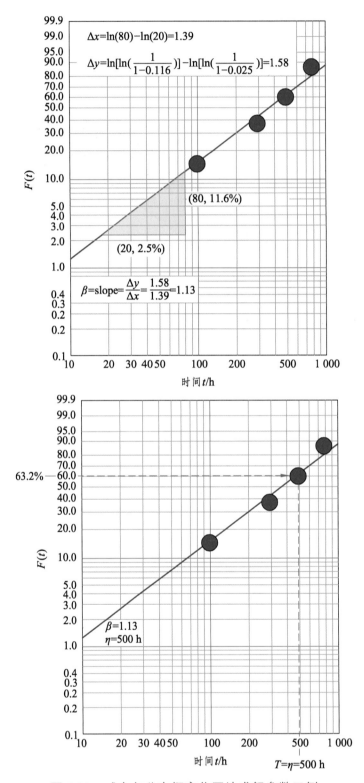

图 8-32　威布尔分布概率作图法求解参数示例

8.6.2.2　最小二乘法

随着 IT 系统的普及，使用人工绘图估算参数方法使用得越来越少，计算机软件求解越来越普遍。相对于人工凭感觉绘制直线，计算机使用最小二乘法拟合直线。两种参数估值方法在前期确定坐标点的过程基本相同，都是采用中位秩，这也是它们被统称为"秩回归法"的原因。

最小二乘法，就是基于一组数据点生成一条直线，并使这条直线在 x 或 y 方向上对样本数据点的偏差值平方和达到最小。根据选择的方向不同，可分为 RRX 和 RRY，如图8-33 所示。而选择 RRX 和 RRY 的判断原则是我们希望偏差发生在那一侧。一般来说，我们做数据分析建模时，样本数据的失效时间是随机且可能存在误差的，而中位秩是通过计算得到确切值，而时间分布在 X 轴上，因而优先使用 RRX 方法。

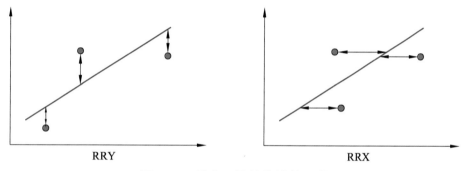

图 8-33　最小二乘法的计算原理

8.6.3　极大似然法（MLE）

极大似然法，就是在参数 θ 的可能取值范围内，选取使似然函数 $L(\theta)$ 达到最大的参数值作为参数 θ 的估计值。而 $L(\theta)$ 用于描述变量 θ 在不同取值时可以产生样本数据 X 的概率的函数。

举例：已知一个产品符合正态分布，已知有 2 个观测值，分别是-3 和 3，那么如何计算正态分布的参数呢？

如图 8-34 所示，按照 MLE 的估值方法，红线应该是正解，因为在红线的概率分布密度曲线下，同时观察到-3 和 3 样本值的概率最高。

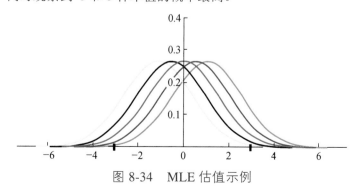

图 8-34　MLE 估值示例

已知一个产品符合某种分布，且有待评估的分布参数 θ_1，θ_2，$\cdots$，θ_k，通过实验收集到了 n 个独立的样本数据 x_1，x_2，$\cdots$，x_n，可以设定似然函数如下：

$$L = (\theta_1, \theta_2, \cdots, \theta_k \mid x_1, x_2, \cdots, x_n) = \prod_{i=1}^{N} f(x_i; \theta_1, \theta_2, \cdots, \theta_k)$$

通过使似然函数达到最大，就可以求解到此时对应的各个参数值 θ_1，θ_2，$\cdots$，θ_k。

可以看出，这种求值方法完全没有涉及 x 值的大小顺序，就没有使用中位秩。因而，MLE 与 MRR（秩回归）是完全独立的两种参数估值方法。

8.6.4　参数估值方法的选择

8.6.4.1　MMR 与 MLE 的区别

假设有一组样本数据，如表 8-2 所示，既有完整数据（F1、F2 和 F3），也有右删失数据（S1 和 S2）。已知这些数据服从双参数威布尔分布，需要对其参数估值。

表 8-2　参数估值示例样本数据

样本编号	数据状态	数据值	故障排序
1	F1	5 100	1
2	S1	9 500	—
3	F2	15 000	?
4	S2	22 000	—
5	F3	40 000	?

首先使用秩回归法进行参数估值，对这些样本数据计算中位秩。中位秩计算首先需要对样本数据按照故障发生的先后时间排序，但是因存在右删失数据 S1 和 S2，除了 F1 数据的次序确定外，其他样本数据的次序均不确定。这种情况下，需要将受删失数据影响的完整数据的所有可能性罗列出来，并用每一个样本数据的平均次序计算其中位秩。比如，F1 样本只有 1 种可能，即排名为 1；F2 样本，排名第 2 时有 6 种可能，排名第 3 时有 2 种可能，那么平均排名为

$$MON_2 = \frac{(6 \times 2) + (2 \times 3)}{6 + 2} = 2.25$$

通过这种排序修正，就可以计算出样本数据的中位秩，如表 8-3 所示。

表 8-3　样本数据修正中位秩

样本编号	数据状态	数据值	故障排序	中位秩
1	F1	5 100	1	13%
2	S1	9 500	—	—
3	F2	15 000	2.25	36%
4	S2	22 000	—	—
5	F3	40 000	4.125	71%

3 个完整样本数据和其中位秩构成了 3 个坐标点,利用人工绘图或最小二乘法即可拟合出概率密度分布直线,并进而得到参数值。除此之外,我们还可以使用 MLE 方法得到另一条直线,如图 8-35 所示。

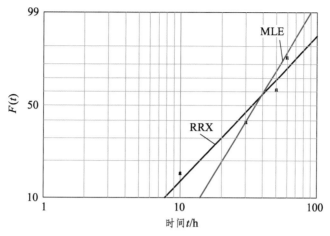

图 8-35 MMR 与 MLE 对比示例 1

可以看出,MMR 方法得到的黑线均匀分布于几个坐标点之间,而 MLE 方法得到的蓝线并不是这样。这反映出两种参数估值方法的最大区别:秩回归法是无偏估值,极大似然法是有偏估值。

8.6.4.2 MMR 与 MLE 的适用范围

对比表 8-4 所示的两组样本数据,其中 F1、F2 是完整失效数据,而 S1、S2 和 S3 是右删失数据。如果两组数据服从相同的概率分布类型,那么其可靠性会有什么差异呢?

表 8-4 修正中位秩的缺陷

样本编号	样本组 1		样本组 2	
	数据状态	数据点	数据状态	数据点
1	F1	1 000	F1	1 000
2	S1	1 100	S1	9 700
3	S2	1 200	S2	9 800
4	S3	1 300	S3	9 900
5	F2	10 000	F2	10 000
6	F3	11 000	F3	11 000

如果我们使用秩回归法对以上两组数据进行参数估值,会发现两组数据的修正中位秩完全一样,得到的坐标点也完全一样,因而参数估值也完全相同。这就意味着两组样本数据呈现出来的可靠性也全部相同,这明显违背了大家的直觉。但是如果我们使用 MLE 方法估值,可以得到两条不一样的概率分布直线,且组 2 数据的可靠性明显高于组 1 数据,如图 8-36 所示。

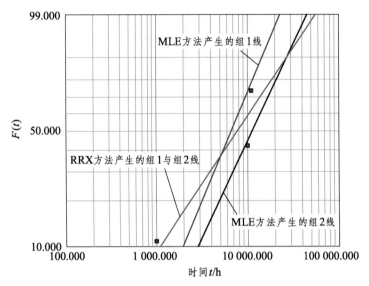

图 8-36　MMR 与 MLE 对比示例 2

图 8-36 说明，秩回归法对删失数据不敏感，因而只适合于对较少数量的完整样本数据进行参数估值；而极大似然法的适用范围较大，特别适合对包含删失数据的样本数据进行参数估值。但对于较少数量的完整样本数据，极大似然法估值的精度低于秩回归法。

8.7　多故障模式问题的处理方法

对于一个复杂的系统/产品来说，生命周期中往往伴随多种故障模式，而不同的故障模式具有不同的寿命节点或者分布规律。

此时如果将多种故障模式导致的失效按照一种故障模式去处理，很难确定其真正的概率分布模型，或者拟合出来的分布模型的准确度较低。

此时需要考虑改进分析方法，更好地模拟其寿命特征。常见的多模式分析方法有以下三种：

① 混合威布尔分布模型；
② 竞争失效分析模型；
③ RBD（可靠性直方图）分析方法。

8.7.1　混合威布尔分布模型

虽然威布尔分布具有较强的适应性，能够较好地描述大部分机械损伤的概率分布形态，但是往往一个产品的故障是不同子部件的不同机械损伤共同作用的结果。每一种子部件的每一种机械损伤都有其独有的威布尔分布曲线，多个威布尔分布曲线叠加在一起，就不再是一个标准的威布尔分布曲线。这种情况下我们对产品使用威布尔分布模型进行故障分析建模时，无论选择双参数还是三参数的威布尔分布，产品样本数据点的拟合度都不高。

当用单一的威布尔分布模型无法精确地描述产品故障形态时，可以引入混合威布尔分布模型。其故障概率密度函数和可靠度函数表达式为

$$f_{1,2,3}(t) = \sum_{i=1}^{S} \frac{N_i \beta_i}{N \eta_i} \left(\frac{t}{\eta_i} \right)^{\beta_i - 1} e^{-\left(\frac{t}{\eta_i} \right)^{\beta_i}}$$

$$R_{1,2,3}(t) = \sum_{i=1}^{S} \frac{N_i}{N} e^{-\left(\frac{t}{\eta_i} \right)^{\beta_i}}$$

其中，s 代表函数混合的威布尔分布个数（即可能存在的故障模式数量），一般不超过 4 个；N_i 代表每一种故障模式在产品总体故障概率分布中的权重。

如图 8-37 所示，当按照单一威布尔分布模型拟合样本数据时，样本数据有明显的转折，则表征存在多种故障模式。当我们选择混合威布尔模型拟合数据时，不同时间段的样本数据按照不同的威布尔分布进行数据拟合，最终形成一种拟合度较高的产品概率分布形态，如图 8-38 所示。多种故障模式混合的曲线，其失效率曲线也是由多个单一故障模式的失效率曲线叠加而成的，并无特定的变化趋势。而浴盆曲线就是多种故障模式叠加产生的一种特殊失效率曲线。

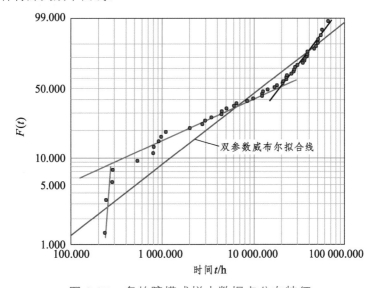

图 8-37　多故障模式样本数据点分布特征

8.7.2　竞争失效模型

一个复杂的系统/产品可能存在多种分布模式，之前说过可以使用混合威布尔进行分析。但是并不是所有的分析对象都符合威布尔分布，或者使用单一威布尔分布模型进行数据拟合时看不出明显的数据转折，这时就需要使用竞争失效模型进行数据建模。

所谓竞争失效，是指任意一种故障模式发生，将导致系统/产品故障停止工作。这就相当于所有的故障模式串联起来，系统可靠度是所有故障模式对应可靠度的乘积：

$$R(t) = R_1(t) \cdot R_2(t) \cdots R_n(t)$$

式中，n 代表系统的故障模式总数量。

每个故障模式的 $R(t)$ 由其对应的样本数据进行独立的数据拟合建模。

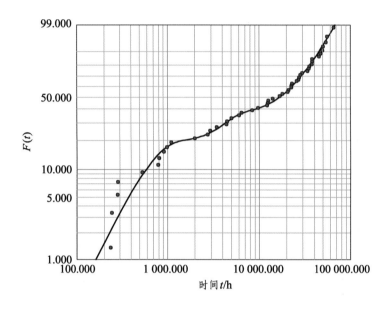

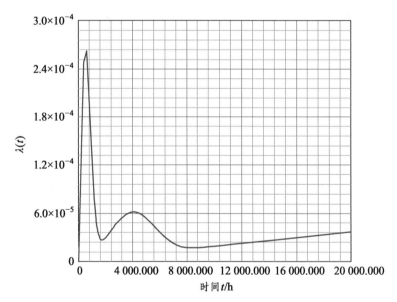

图 8-38　混合威布尔方法拟合曲线

表 8-5 是一个产品的失效样本数据，已知存在两种失效模式（A 和 B），任意一种失效发生都会导致产品失效。那么该产品使用三年不发生失效的可能性有多大呢？

表 8-5　竞争失效示例数据

失效模式 A/天		失效模式 B/天	
845	3 901	2 177	8 138
1 246	4 429	6 234	9 506
3 169	5 383	6 650	10 135
3 437	7 619	7 355	12 534

简单求解方法是直接将所有数据按单一概率分布模型进行数据拟合，相关度计算发现样本数据基本符合双参数威布尔分布，而且其双参数威布尔的 PDF 区域与样本数据的拟合度也较高，如图 8-39 所示。

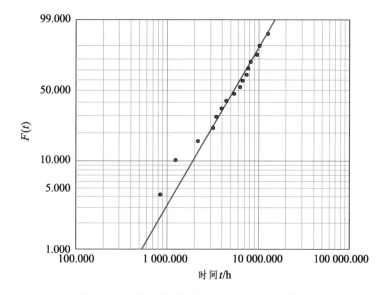

图 8-39　按双参数威布尔拟合 PDF 曲线

按此模型的参数求解，可知产品的特征寿命 η 为 6 514 天，形状参数 β 为 1.837，3 年折合 1 095 天，可计算得到：R（1 095 天）=96.29%。

我们再使用竞争失效模型对该组样本数据进行建模，看一下产品可靠度是多少。

首先需要将样本数据按照故障模式分成两组，并分别进行数据建模，找到每一种故障模式对应的概率分布，并计算其对应的 R（3 年）值。数据分组时，对于 A 故障模式来说，因为 B 故障模式拆下的部件仍属于尚未失效的数据，属于右删失数据，不能舍弃不用；反之亦然。两组故障模式分别按照双参数威布尔分布进行数据拟合和参数估值，CDF 分布图形如图 8-40 所示。其中，绿线为失效模式 A 的 CDF，粉色线为失效模式 B 的 CDF，蓝线则为产品的总失效 CDF。

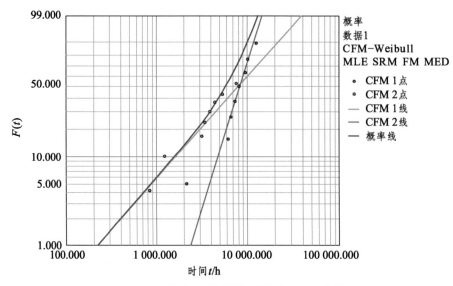

图 8-40　按竞争失效模型拟合 CDF 曲线

对两种失效模式分别求解，得到 R_A（3 年）和 R_B（3 年）的值，而 R（3 年）$=R_A$（3 年）$\cdot R_B$（3 年），如表 8-6 所示。可以发现竞争失效模型计算出的系统可靠性要低于单一概率分布模型下的计算值。而导致产品可靠性较低的主要原因是失效模式 A，因而如果需要提升产品可靠性，应首先考虑降低失效模式 A 的发生概率。

表 8-6　利用竞争失效模型求解产品可靠度

R（3 年）	失效模式 A	失效模式 B	系统/产品
竞争失效模型	93.53%	99.93%	93.46%
双参数威布尔	——	——	96.29%

从上面的例子可知，针对多种故障模式共存的产品，竞争失效模型的计算结果更准确，而且能够把握影响产品可靠性的主因，并有针对性地采取措施提升产品可靠性。

8.7.3　RBD 方法

无论是混合威布尔分布，还是竞争失效模型，都存在一定的使用限制。一个复杂的系统或组件会有多个功能模块，每一个功能模块都可能有多个故障模式，不同的故障模式又可能服从不同的概率分布模型。比如一个机电部件的机械部分常见故障是磨损、腐蚀、疲劳、形变等，可能服从威布尔分布或者对数正态分布；而其电控部分则可能受电子元器件老化、磨损、意外损伤等影响而服从威布尔分布或者指数分布。对于系统/组件来说，因为存在冗余设计，子部件故障并不一定会导致组件故障。因而计算复杂系统/组件的可靠性需要适用性更强的方法。

可靠性直方图（Reliability Block Diagram，RBD）将系统/组件的下一级部件/子部件的每一个独立的故障模式视为一个可靠性方块（Reliability Block），根据不同故障模式对系统/组件故障的贡献确定各个可靠性方块的逻辑关系，并利用串并联思想组成一个系统

功能回路图。RBD 的基本组成单元是可靠性方块，它可以是一个故障模式，也可以是一个子系统或组件，也可以是另一个 RBD 图。每一个可靠性方块应至少有自己的故障概率分布特性（PDF、CDF 等），也可以有其他的特性。构建 RBD 图时，不同可靠性方块之间可能有串联、并联、节点、组合及复杂网络等几种关系。

8.7.3.1　串联关系

当一个系统中所包含的多个故障模式（假设标记为 A、B、C、D、E）中的任意一个发生时，系统立即表现为失效，则这些故障模式对应的可靠性方块为串联关系，如图 8-41 所示。

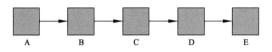

图 8-41　RBD 串联关系图

因而，若要求系统正常工作，需要每一个可靠性方块都正常工作。每一个可靠性方块的可靠度分别标记为 R_A、R_B、R_C、R_D、R_E，那么系统可靠度 R_S 应是所有串联的可靠性方块可靠度的乘积：

$$R_S = R_A \cdot R_B \cdot R_C \cdot R_D \cdot R_E$$

由于每一个可靠性方块的可靠度都是小于 1 的，系统串联的可靠性方块越多，可靠性被削弱的次数就越多，整体可靠性的提升越困难，如图 8-42 所示。系统的可靠性一定会比所有串联可靠性方块中最差的还差，这就是串联带来的短板效应。

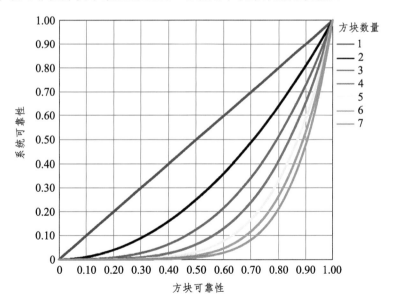

图 8-42　串联对系统可靠性的影响

竞争失效模型相当于 RBD 图形的串联关系。但是竞争失效模型需要所有串联单元服

从相同的概率分布模型，这样方便参数估值。RBD 图形中的各个可靠性方块是独立进行参数估值的，因而就没有这方面的限制。

对于飞机系统或部件来说，一个工作流链条上的上下游部件就是串联关系。空调组件的流量控制与关断活门、热交换器、冷凝器、ACM 在热空气循环回路中串联，流量控制与关断活门的压力传感器、电磁阀、作动器与蝶形阀芯在活门的控制环路中串联。

8.7.3.2 并联关系

除了串联关系外，另一种常见的关系就是并联。并联就是指一个系统中只要有任意一个可靠性方块能够正常工作，系统就可以正常工作。也就是说，系统/部件内部有冗余设计，只有所有冗余子系统同时失效，系统才会失效，如图 8-43 所示。

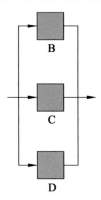

图 8-43　RBD 并联关系图

B、C、D 之间属于并联关系，其可靠度分别标记为 R_B、R_C、R_D，当它们全部失效时，系统才会失效，因而系统的整体可靠度 R_S 应为

$$R_S = 1 - Q_S$$

$$R_S = 1 - Q_B \cdot Q_C \cdot Q_D$$

$$R_S = 1 - (1 - R_B) \cdot (1 - R_C) \cdot (1 - R_D)$$

并联系统包含的可靠性方块越多，系统的可靠度越高，而且系统可靠度一定大于可靠度最高方块的可靠度，这与串联系统刚好相反，如图 8-44 所示。

因而，当我们希望提高系统可靠性时，直接提升串联方块的可靠性是比较困难的，而增加并联冗余方块可以简单直接地提高系统可靠性。这样虽然降低了设计成本，但是产品的制造成本以及后期维护成本会有明显上升，并非提升产品竞争力的最佳办法。

民航飞机为了确保有足够的安全性和放行可靠度，对于很多重要功能都设计有冗余系统或备用模式，以保证系统有足够高的可靠度。比如飞机的很多航电组件内部设计有 A、B 通道，一个通道故障时组件仍可以继续工作，但飞机会出现维护信息提醒机组和机务人员该组件可靠性下降。而诸如发动机、空调系统、电源系统、液压系统等也涉及了双套或三套系统，一套系统失效不会导致飞机相关功能的彻底丧失。

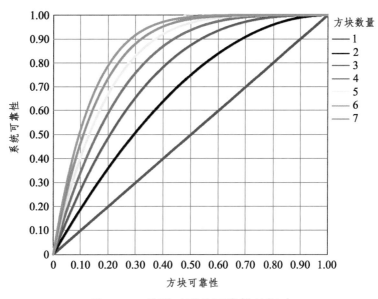

图 8-44　并联对系统可靠性的影响

8.7.3.3　并联节点

对于并联系统来说，只有并联可靠性方块全部失效时系统才会失效。但是有的时候系统的正常工作需要由多个并联系统共同保证，并非只需 1 个并联方块，这种关系称为并联节点。

并联节点描述了保证系统正常工作所需要的并联输入路径的最低数量。如图 8-45 所示，节点 2/4 表示同时有 4 个功能路径输入，但是至少 2 个功能路径同时工作才能保证系统正常工作。类似的功能系统如 B52 战略轰炸机的发动机，8 台发动机只要有 4 台可以正常工作，飞机就可以继续执行飞行任务。如果可以工作的发动机低于 4 台，飞机必须尽快着陆。

为了计算节点的可靠度，我们将节点的功能路径输入数量记为 n（即并联数量），将需要正常工作的功能路径数量记为 k，如果所并联可靠性方块具有相同的可靠度 R（完全相同的冗余系统），那么系统可靠度 R_S 为

$$R_S(k,\ n,\ R) = \sum_{r=k}^{n} \binom{n}{r} R^r (1-R)^{n-r}$$

如果并联的可靠性方块具有不同的可靠性水平，有 R_i、R_j、R_l 三个可靠度，且最多允许 2 个并联单元失效（即 $k=n-2$），那么系统可靠度 R_S 应为

$$R_S = \prod_{i=1}^{n} R_i + \sum_{i=1}^{n}(1-R_i)\prod_{\substack{j=1 \\ j \neq i}}^{n} R_j + \sum_{i=1}^{n-1}(1-R_j)\left[\sum_{j=i+1}^{n}(1-R_j)\prod_{\substack{l=1 \\ l \neq i \\ l \neq j}}^{n} R_l \right]$$

对于一个节点为 k/n 的并联系统，当 $k=1$ 时，意味着任意一个并联路径正常工作时系统就能正常工作，该并联节点与普通的并联系统一样；当 $k=n$ 时，意味着所有并联路径

正常工作时系统才能正常工作，该并联节点与串联系统一样。图 8-46 反映出 k 值的变化对系统可靠性的影响。

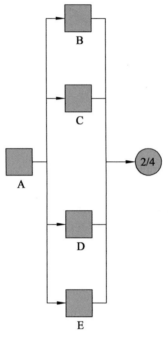

图 8-45　RBD 并联节点图

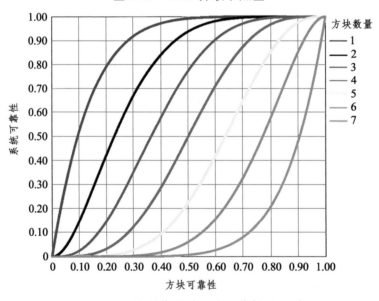

图 8-46　并联节点对系统可靠性的影响

8.7.3.4　组合图形

组合图形是指一个 RBD 图形中同时包含串联、并联或并联节点，这是大部分系统 RBD 的形态。图 8-47 是一个典型的组合 RBD，其中每个可靠性方块的可靠度已经写在方块中了，其系统可靠度 R_S 的计算步骤如下：

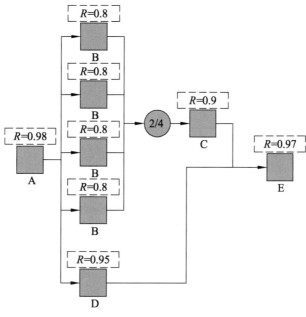

图 8-47　RBD 组合图

第 1 步计算并联节点的可靠度 $R_{2/4}$，该并联节点由 4 个相同的可靠性方块 B 并联而成，每个方块的可靠度 R_B 都是 0.8，因而

$$R_{2/4} = \sum_{r=2}^{4} \binom{4}{r} 0.8^r (1-0.8)^{4-r}$$

$$= \binom{4}{2} 0.8^2 (1-0.8)^{4-2} + \binom{4}{3} 0.8^3 (1-0.8)^{4-3} + \binom{4}{4} 0.8^4 (1-0.8)^{4-4}$$

$$= 0.972\,8$$

第 2 步计算并联节点 $R_{2/4}$ 与 R_C 的串联后的可靠度 R_SC：

$$R_\text{SC} = R_{2/4} \cdot R_\text{C} = 0.972\,8 \times 0.9 = 0.875\,5$$

第 3 步计算 R_SC 与 R_D 并联后的系统可靠度 R_SCD，计算公式为

$$R_\text{SCD} = 1 - (1 - R_\text{SC}) \times (1 - R_\text{D})$$

$$= 1 - (1 - 0.875\,5) \times (1 - 0.95)$$

$$= 0.993\,75$$

第 4 步计算 R_A、R_SCD 与 R_E 串联以后的系统总可靠度 R_S，计算公式为

$$R_\text{S} = R_\text{A} \cdot R_\text{SCD} \cdot R_\text{E} = 0.98 \times 0.993\,75 \times 0.97 = 0.945$$

总体来说，对于组合图形的可靠度计算是按照从内往外、从支路到干路的顺序逐级累加计算的。计算之前，梳理清楚 RBD 图形中各个可靠性方块的逻辑关系非常重要。

8.7.3.5　复杂组合图形

很多情况下，要判断清楚 RBD 图形中各个可靠性方块之间是串联关系还是并联关系是很困难的。以 A380 的发动机为例，一共安装有 4 台发动机，如果任意两台发动机工作正常，飞机发动机系统工作正常，那么 4 台发动机的 RBD 图是并联节点，如图 8-48 左图所示。但如要要求工作正常的两台发动机必须分布于飞机的左右两侧，那么 4 台发动机的关系就应该如图 8-48 右图所示。

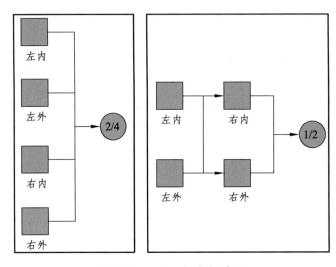

图 8-48　RBD 复杂组合图

复杂组合 RBD 图形的系统可靠度计算无法直接套用简单串并联系统的计算方法，可以选择的方法有解析法、路径追踪法等。但是无论采取哪一种方法，计算过程都是非常复杂而耗时的，因而对复杂组合 RBD 的可靠度求解多是由计算机软件完成。

对于可靠性分析工程师来说，虽然求解过程可由计算机完成，但 RBD 图形的构建与管理仍需要人工完成，因而适当简化复杂组合 RBD 图形既可以提高 RBD 图形的可读性，又能够降低出错风险。而简化图形的办法就是对可靠性方块进行升级，构建有特殊属性的可靠性方块和其他 RBD 图形元素，如图 8-49 所示，包括：

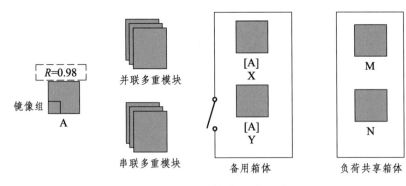

图 8-49　RBD 特殊方案元素

1. 方块镜像组

当同一个可靠性方块需要用于多个位置时，镜像方块可以减少很多连接线，使 RBD 图形看起来更简洁清晰。以飞机起落架系统的空地电门为例，空地信号是飞机的很多功能系统控制逻辑的重要组成部分，因而空地电门故障可能导致很多系统功能故障。在构建飞机功能系统 RBD 图形时，对空地电门可靠性方块使用方块镜像组功能就非常合适。

2. 多重方块

一个多重方块可以代替多个独立、可靠度相同且简单的串联或并联关系的可靠性方块。比如飞机每个发动机有 A、B 两个点火环路，两个环路可靠性完全相同且属于并联关系，那么构建发动机功能系统 RBD 时，A、B 点火环路的两个可靠性方块可由一个多重方块替代。

3. 备用箱体

有很多部件可能设计有多种工作模式，不同工作模式具有不同的可靠度，且不同模式在特定条件下自动切换，飞机的飞行控制系统的很多控制逻辑或部件就属于此种类型，比如飞行舵面控制作动筒有主用模式和备用模式。对于这种类型部件，RBD 图形构建时可以使用备用箱体，将一组复杂的可靠性方块控制逻辑集成到一个 RBD 图形元素中。

4. 负荷共享箱体

飞机的空调组件系统、引气系统等都分为左、右两套，但它们并非单纯的并联或者备用关系。正常情况下，它们是同时工作的，但无须达到最大负荷（流量）就可以满足飞机系统的整体需求。但是一旦有一侧系统失效，另一侧系统就要增加负荷，在高流量模式下工作才能满足飞机系统的需求。而这些系统在不同负荷模式下的可靠性特征是不一样的，总体来说，负荷增加，系统/部件的故障率也会升高。A320 飞机的双引气系统失效就是一个典型的案例。正常情况下，A320 飞机左右侧引气系统在标准流量下工作，一旦有一侧引气系统出现故障关断，另一侧会自动增加输出流量以保证飞机的正常运行。但是实际运行中发现，A320 飞机一侧引气系统故障，另一侧很快也因为负荷过高而保护性关断，导致飞机无引气供应而无法正常运行。这种不同系统/部件之间共享负荷、自动切换负荷模式的关系在 RBD 图形中用负荷共享箱体描述。

8.7.3.6　RBD 图形的构建

我们利用 RBD 方法解决复杂系统/部件的可靠性计算问题时，首先需要分析系统/部件的功能原理，尝试建立简化的 RBD 图形。而 RBD 图形构建需要注意以下几点：

（1）RBD 构建层级应从上而下确定，并控制在其他简单可靠性数据分析建模方法可处理的最高层级。RBD 对系统可靠度的计算是以可靠性方块为对象的，而可靠性方块的可靠度函数仍需要采取前文所说的简单概率分布模型处理。因而当一个对象已经有明确的故障概率函数时，直接设置为可靠性方块即可，无须进一步分解其子系统或子部件。

（2）RBD 图形元素的逻辑关系并不一定是其对应实物/系统的物理连接关系，而是要根据各个 RBD 元素故障对系统的影响来判断。以下例子可以说明二者之间的差异：

三个电阻并联在一起，每个电阻的阻值为 3 Ω，要计算其等效阻值不高于 1.2 Ω 时的可靠度，如图 8-50 所示。

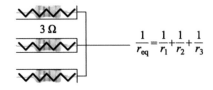

$$\frac{1}{r_{\text{eq}}} = \frac{1}{r_1} + \frac{1}{r_2} + \frac{1}{r_3}$$

图 8-50　电阻的实物并联

当任意一个电阻故障时（断路），RBD 系统电阻值为

$$\frac{1}{r_{\text{eq}}} = \frac{1}{3} + \frac{1}{3} + \frac{1}{+\infty} = \frac{2}{3}$$

$$r_{\text{eq}} = 1.5\,\Omega$$

当任意两个电阻故障时（断路），RBD 系统电阻值为

$$\frac{1}{r_{\text{eq}}} = \frac{1}{3} + \frac{1}{+\infty} + \frac{1}{+\infty} = \frac{1}{3}$$

$$r_{\text{eq}} = 3\,\Omega$$

可以看出任意一个电阻故障，RBD 系统的等效电阻值都是高于 1.2 Ω，即系统故障。因而创建 RBD 图形时，每一个电阻的可靠性方块都是串联关系，而非类似实物的并联关系。

（3）RBD 图形创建后，应利用特殊 RBD 元素（如镜像方块、备用箱体等）尽量精简图形，使图形结构清晰，提高 RBD 图形的可读性，降低 RBD 系统可靠度的计算难度。

8.7.3.7　RBD 系统的其他故障概率函数的计算

RBD 系统的可靠度函数是基于可靠性方块的可靠度函数 R_i 计算产生的，无论可靠性方块的概率分布形式和参数如何变化，在 RBD 图形关系没有改变时，RBD 系统的可靠度 R_{S} 也随之变化。

当 R_{S} 确定以后，RBD 系统的其他故障概率函数也随之确定：

$$F_{\text{S}}(t) = Q_{\text{S}}(t) = 1 - R_{\text{S}}$$

$$f_{\text{S}}(t) = \frac{F_{\text{S}}(t)}{\mathrm{d}t} = -\frac{\mathrm{d}[R_{\text{S}}(t)]}{\mathrm{d}t}$$

$$\lambda_{\text{S}}(t) = \frac{f_{\text{S}}(t)}{R_{\text{S}}(t)}$$

$$\text{MTTF} = \int_0^\infty R_{\text{S}}(t)\mathrm{d}t$$

8.7.4　多故障模式分析方法的对比

前面介绍了三种常见的处理多种故障模式的故障概率预测建模方法，它们有各自的优点和缺点，读者在对产品开展可靠性数据分析与建模时应根据实际需要选择最合适的方法。

对于混合威布尔分析来说，它的应用有三方面局限性：一是它仅适用于服从威布尔分布的故障模式。当一个产品存在不服从威布尔分布模型的故障模式时，该种方法是受限的。但考虑到指数分布以及对数正态分布都属于威布尔分布的特殊形态，混合威布尔分布基本适用于大部分产品。二是故障模式的数量限制，虽然混合威布尔模型对故障模式数量没有限制，但参数估值的复杂程度限制了其最大故障模式数量不能超过 4 个。三是混合威布尔分析方法无法对单一故障模式进行独立分析。该方法主要用于对产品总体故障概率的分析建模，如果需要对比每一种故障模式的概率分布以及其对产品总体可靠性的贡献，则应选择其他分析方法。但也是因为有这种特性，我们使用混合威布尔开展多模式分析时无须对样本数据提前分组，分析过程相对简单。

竞争失效分析方法相对混合威布尔分析方法来说，可以针对每一个故障模式进行单独分析，而且可以适用于多种概率分布模型，但它也存在以下几个局限性：首先，它能够处理的故障模式必须是串联关系的。也就是说，每一个失效样本数据只会对应一种故障模式的发生，此时其他故障模式对应样本数据都被默认为截尾数据。其次，样本数据需要有明确的故障模式信息。这对样本数据的收集质量有更高的要求。最后，竞争失效模型要求所有故障模式服从相同的概率分布模型，这和混合威布尔分析方法类似，只是混合威布尔分析方法要求的概率分布模型更具体。

RBD 方法是最灵活、适用范围最广的多模式分析方法，它对故障模式的数量、分布类型、复杂程度都没有限制。但这种分析方法要求我们对系统/部件的工作原理和失效影响有清晰的认识，对每一种故障模式都要单独分析建模，整个分析过程相对烦琐。

因而在满足用户工程分析需求的前提下，对于多故障模式产品的故障分析建模，首选混合威布尔分析方法，最后选择 RBD 分析方法。

8.8 产品故障分析建模方法选择逻辑

前文介绍了很多概率分布模型和参数求解方法，那么我们对产品开展故障概率建模分析时，应该如何选择合适的方法呢?这里给出一个简单的选择逻辑供读者参考，如图8-51 所示。

第 1 步，我们需要基于收集到的样本数据和对产品工作原理的分析，确定产品的故障模式。如果产品是单一故障模式，跳转到第 2 步；否则，跳转到第 7 步。

第 2 步，要确定收集到的样本数据中是否有足够的失效数据（完整数据）。如果失效数据较少，或者说没有失效数据，只有性能衰退数据，则只能基于已有经验确定的 β 值使用单参数威布尔分布开展产品失效概率分析，或者使用性能衰退数据开展退化分析。如果有足够的失效数据，转到第 3 步。

第 3 步，要确认收集到的样本数据中是否包含删失数据。如果有删失数据，只能使用极大似然估值法进行参数估值。为了保证足够的样本数据的拟合精度，此时应考虑适当增加样本数据数量到 30 个以上。如果样本数据全部是完整数据，且数据量较少，可以使用秩回归法进行参数估值；如果样本数据量超过 30，同样也可以使用极大似然法估值。

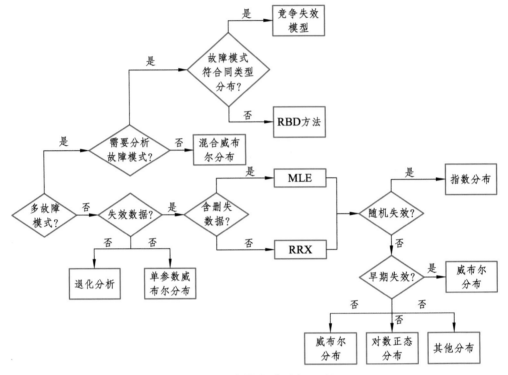

图 8-51　建模方法选择逻辑

第 4 步，要判断产品的失效数据是否符合随机失效的特征。随机失效的一个显著特点就是故障时间、故障现象等没有集中性。如果产品有显著的随机失效特征，则选择指数分布作为概率分布模型。如果随机失效不明显，转到第 5 步。

第 5 步，要判断产品的失效数据是否有明显的早期失效特征。早期失效的特点就是一定数量的失效数据的时间明显较短。如果产品符合早期失效特征，选择威布尔分布作为概率分布模型。否则，可以选择威布尔分布，也可以选择对数正态分布或者广义伽玛分布等。

第 6 步，对选择的概率分布模型进行参数估值，并确定样本数据对概率分布曲线的拟合情况。如果样本数据点的拟合度较高，故障概率建模及参数估值工作完成。如果数据点拟合度不高，且数据点相对离散，观察样本数据点的分布形态，并回到第 4 步，重新挑选更合适的概率分布模型。如果数据点呈线性排列，且有明显的拐点，产品可能存在多种故障模式，跳转到第 7 步。

第 7 步，判断是否需要分析每一种故障模式的故障概率。如果只是需要计算产品的整体故障概率，选择混合威布尔分布模型进行故障概率建模，跳转到第 8 步。如果需要开展每一种故障模式的故障概率分析，跳转到第 9 步。

第 8 步，对产品按照混合威布尔模型进行参数估值。根据故障模式数量和样本数据的类型选择合适的参数估值方法。完成参数估值后，检查样本数据点的拟合度。如果样本数据点的拟合不好，可能是部分故障模式不服从威布尔分析，跳转到第 9 步。

第 9 步，判断产品的多种故障模式是否服从同一种概率分布模型。如果所有故障模式都服从指数分布、对数正态分布或者威布尔分布，则可以选择竞争故障模式进行产品概率建模分析。否则，产品只能选择 RBD 方法进行分析。

8.9　置信度的影响

8.9.1　置信度的概念

我们设定一个双参数威布尔分布（β=1.5，η=100），并利用蒙特卡洛（Monte Carlo）仿真工具生成样本数量分别是 3、10、100 和 1 000 的样本数据各 1 000 组。然后基于这 4 类样本数据组进行数据拟合，并将各类的 1 000 条拟合曲线展现在同一张图上，如图 8-52 所示。

图中红线就是预设的双参数威布尔分布线。而所有基于样本数据组拟合的分布线都是以预设线为中心对称分布的。每组样本的数量越多，其拟合结果接近预设值的可能性就越大。而样本拟合结果相对预设值的偏离情况存在明显的正态分布的特点：以预设值为中心，左右对称分布，偏离预设值幅度越大，发生概率越小。这说明，样本数据即使是按照给定分布无误差的产生，其拟合分布也无法精确还原给定分布，但是样本数据量越大，拟合分布的还原度越高、越可信。

置信度（Confidence Coefficienet）也叫置信水平（Confidence Level），指总体参考值落在样本统计值某一区间的概率。置信区间（Confidence Interval）指在某一个置信水平下，样本统计值与总体参数值之间的误差范围。置信区间跨度越大，置信度越高。

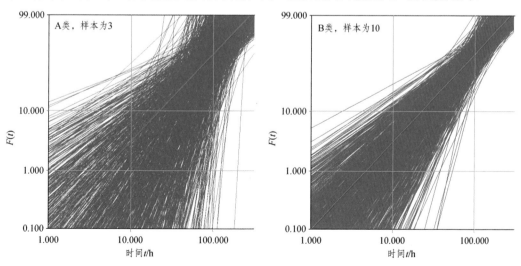

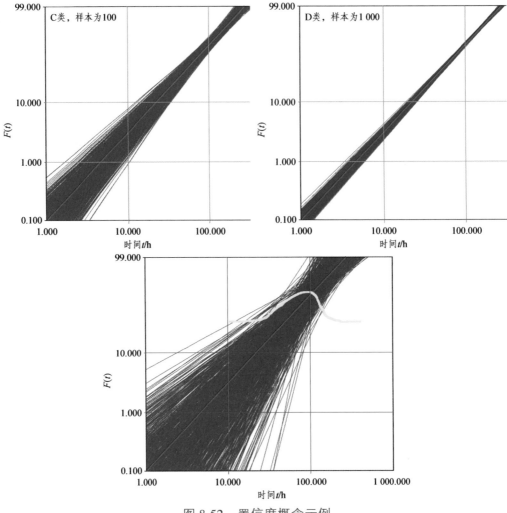

图 8-52　置信度概念示例

置信区间按照边界数量，分成单边、双边共三类。图 8-53 的三种置信度描述分别是：

（1）下单边 95% 置信度的置信边界为 x。

含义：95% 的时间/次数中，真实值大于 x。

（2）上单边 95% 置信度的置信边界为 x。

含义：95% 的时间/次数中，真实值小于 x。

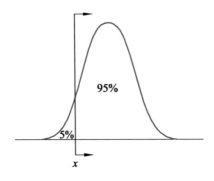
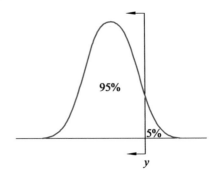

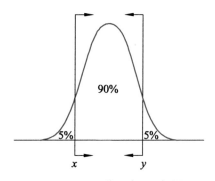

图 8-53　置信区间示意图

（3）90%置信度的置信区间为[x，y]。

含义：90%的时间/次数中，真实值落在区间[x，y]中。

一般来说，我们期望产品的可靠性越高越好，因而很少对上边界设限，下单边置信边界使用较多。

8.9.2　置信区间的计算方法

根据测定对象的不同，置信区间的计算可分为测定时间和测定概率两种（类似于最小二乘秩回归法中的 RRX 和 RRY）。

根据计算方法的不同，置信边界可以分为：

（1）贝叶斯（Bayesian，BSN）置信边界。

贝叶斯方法通过分析有关假定分布参数的先验信息以及样本数据来计算置信范围，以便评估估计值中的不确定性量。

（2）似然比（Likelihood Ratio Bounds，LRB）置信边界。

利用置信区间上下边界作为变量，分别构建其似然函数，并以两个似然方程的比值构建似然比函数，同时通过等值线作图法求解。

（3）费歇耳矩阵（Fisher Matrix，FM）置信边界。

费歇耳矩阵置信边界利用费歇耳信息矩阵构建可靠性函数，然后利用极大似然估值法求解获得。

（4）贝塔二项式（Beta-Binomial，BB）置信边界。

这是一种利用中位秩计算置信边界的非参数方法，可用于任何分布，不必基于假定的分布对基础方程式进行调整。

无论是哪一种置信边界，其数学计算过程都是非常复杂的，一般都是由专业的数学或可靠性分析软件完成。因而此处不再详细介绍其计算原理。

8.9.3　计算方法的选择技巧

不同的置信边界计算方法都有其特点和最佳使用范围，分析工程师需要基于样本数据的特点以及所选择的概率分布类型选择合适的类型。

FM 是 ReliaSoft 软件内置的计算置信边界的默认方法，具有较广泛的适用性，其计算结果相对 LRB 和 BB 更激进（置信区间更窄）。因而，如果样本数据都是完整数据，参数估值选择秩回归法时，数据拟合精度有一定的保证，此时推荐选择 FM 计算置信边界。对于具有大量数据点的数据集，FM 和 LRB 产生的结果没有显著差异；但是，当样本数量较少时，数据拟合精度较低，需要使用更保守的置信边界计算方法，此时更推荐选用 LRB。当参数估值选择极大似然法（MLE）时，或者当概率分布模型选择贝叶斯-威布尔时，置信边界计算优先推荐 BSN。BB 虽然适用范围更广，但其计算精度并不高，一般情况下只用于计算混合威布尔分布的置信边界。

8.10 基于数据建模的工程决策

8.10.1 建模软件的选择

可靠性数据分析与建模的核心，是对样本数据的概率分布曲线拟合。这项工作既可以通过专业的可靠性分析软件完成，也可以通过专业的数学计算软件完成，甚至人工利用电子表格的内置工具计算完成。

但是概率分布曲线拟合工作是核心和基础而非目的。故障概率数学建模的目的是辅助工程师完成故障趋势分析和工程决策，专业的软件可以提供大量基于概率分布模型的计算、模拟和决策工具。常见的可靠性数据分析建模软件包括 ReliaSoft、Relex、PTC 等可靠性分析软件，以及 Minitab、MATLAB 等数学软件。

本书的可靠性数据分析建模案例主要使用 ReliaSoft 软件中的 Weibull++模块完成。读者如果需要了解软件的相关信息和使用方法，可以参阅相关资料，本书不作详细介绍。

8.10.2 部件寿命预测

部件寿命预测是可靠性数据分析建模的最基本用途。当我们利用产品故障数据完成故障概率密度函数的参数估值后，很容易获得各种寿命预测数据。下面我们通过对 B737NG 飞机 CMF56-7B 发动机的点火激励器进行故障概率分析建模，计算其平均寿命，如图 8-54 所示。

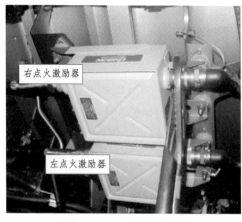

图 8-54　点火激励器

8.10.2.1　了解分析对象的基本信息

在开始故障概率建模之前，我们需要了解分析对象的基本工作原理和相关数据情况，判断其是否满足建模条件。

B737NG 的点火激励器件号为 PN：10-631045，发动机的每个点火环路安装一个，接收 115 V 交流电源，整流变压以后输出 20 000 V 的直流电给点火线和点火嘴。点火激励器除了在发动机启动时工作之外，在特定情况下（如起飞、着陆、恶劣天气、发动机有熄火迹象时）也会在 EEC（数字式电子控制器）控制下工作。同一台发动机的两个点火环路一般情况下交替工作。当点火激励器故障后，该点火环路故障。

点火激励器是可修航线可更换件，航空公司可靠性数据收集系统会收集其各种可靠性数据，包括部件使用时间、拆换原因、送修记录、修理报告等。从现有的故障记录和修理报告来看，点火激励器的故障模式相对单一。

查询 B737NG 飞机维修方案，点火激励器有定期维护检查要求，当检查不通过时，需要更换点火激励器。

总体来看，点火激励器故障模式相对单一、各类故障数据齐全，符合开展故障概率分析建模的条件。

8.10.2.2　收集样本数据

由于航空公司可靠性数据收集系统对点火激励器的数据记录比较完整，我们不需要开展抽样试验，直接提取机队所有的点火激励器故障送修数据和在位件数据作为样本数据。

但是需要注意的是，数据建模的对象理论上应具有相同的固有可靠性和使用可靠性。因而我们收集样本数据时，应保证它们的可靠性没有明显差异性。同一系列产品不同件号的固有可靠性并不一样，不能混用其数据开展数据建模。而同一个件号在不同工况下的使用可靠性可能有较大的差异，也不应该混在一起。对于可修件来说，修理深度的不确定导致修复系数也不同。对于相同件号的一批修理件，因为部件总使用时间的差异和修理深度的不确定性，装机使用时的初始可靠性也会有较大的差异。因而直接使用修理件的 TSR 作为样本数据开展故障概率建模，就如同将不同件号的故障数据作为一个样本群体进行建模一样，故障预测的误差会很大。

对于点火激励器来说，现有的数据显示其内部的变压整流模块的可靠性非常高，样本故障数据中没有此模块的故障记录。而输出接头插钉烧蚀是点火激励器的主要故障，而且对其的修理措施就是更换新的电缆和插头。因而我们可以认为点火激励器的修理接近于修后如新。

这样我们就收集到了三类样本数据，分别是点火激励器的新件首次故障数据 TSN 和 CSN、修理件故障数据 TSR 和 CSR、新件/修理件装机后的使用数据 TSI 和 CSI。

8.10.2.3　处理样本数据

收集到的样本数据并不能直接使用，需要进行必要的处理。数据处理的过程包括剔除无效数据、数据类型分组和参数类型选择三个方面。

对无效数据的判断标准主要有两个：第一，样本数据是否真实、准确。当一条记录的 TSN、TSR、CSN、CSR 数据出现明显不匹配时，需要调查数据的真伪，矫正错误的数值，或者不使用该数据。第二，样本数据是否为真实的故障数据。如果外部因素导致的部件损伤或拆换，该数据属于干扰数据，不应用于数据分析建模。对于点火激励器的故障拆换记录数据，我们没发现数据错误的迹象，但是有两条记录的时间非常短，可能属于干扰数据，如表 8-7 所示。第一条记录显示点火激励器没有使用就出现故障，第 2 条记录显示其只使用 2 个循环即出现插头烧蚀的故障，使用时间远低于其他拆换记录。其他拆换记录的飞行循环数普遍在 1 000 以上。有理由相信这两个样本数据是产品质量不合格或者维护不当导致的干扰数据。这种数据可以在数据拟合之前剔除掉，也可以用于后期的对照分析。

表 8-7　可能无效的样本数据

拆换原因	TSN	TSR	CSN	CSR
处理装上的点火激励器故障情况，依据 AMM74-11-01，更换点火激励器，测试正常	0	0	0	0
右发左点火激励器插钉烧蚀，更换点火激励器	5.43	5.43	2	2

数据类型的分组是指将样本数据分成完整数据、右删失数据和区间删失数据三种。不同的数据类型需要采用不同的参数估值方法。点火激励器的在位件数据（TSI 和 CSI）都属于右删失数据，但故障送修数据并非全部属于完整数据。表 8-8 列出了两条点火激励器的拆换送修记录数据。第一条记录显示，点火激励器拆换时点火系统已经失效，即点火激励器已经出现功能故障。第二条拆换记录显示，C 检对点火激励器执行目视检查时有损伤，预防性更换点火激励器，此时点火激励器功能并未丧失，发动机点火系统功能正常。因而，严格来说，第一条样本数据属于完整数据，第二条样本数据属于右删失数据。

表 8-8　数据类型分析对比示例

拆换原因	TSN	TSR	CSN	CSR
机组反映右发点火失效，航后检查右发左点火激励器插座烧蚀，更换右发左点火激励器，测试正常	8 879	8 879	3 351	3 351
C2 检发现右发左点火激励器损伤	12 939	7 080	5 653	3 389

参数类型的选择也是处理样本数据的关键。每一条样本数据都包含有小时数据和循环数据，它们都属于时间数据，应该选择哪一种用于数据建模呢？理论上应优先选择与产品故障发生详细性最高的时间参数。对于飞机功能系统来说，如果它的工作时间与飞机巡航时间正相关，且飞机巡航期间的工作时间相对其他飞行阶段占比较高，应优先选择飞行小时参数；如果系统/部件的工作时间与飞机巡航时间长短无关，只与飞机起飞/着陆的次数正相关，则应优先选择飞机起落作为参数。如果系统/部件的工作时间与飞机是否飞行没有关系，那么就需要选择该系统/部件特有的工作时间或者日历日作为时间参数。点火激励器主要是在发动机启动时工作，而发动机启动与飞行起落密切相关。飞机巡航过程中启动发动机的概率非常低。但是当飞机遭遇恶劣天气或者启动发动机防冰时，

点火系统也会工作，而且这种情况发生的次数随飞机巡航时间的增加而增加。总体来说，点火激励器的工作时间与飞机的起落次数密切相关，但也与飞行小时有一定的关系。对点火激励器进行故障概率建模时，应优先选择循环参数（CSN 和 CSR），但小时参数（TSN、TSR）也可以作为参考。

经过上述数据处理，形成点火激励器可用样本数据组，如表 8-9 所示。

表 8-9　点火激励器处理后样本数据

F/S	小时数据	循环数据	故障拆换	拆换原因
F	10 458	5 752	Y	不清楚
F	16 569	6 829	Y	插头烧蚀
F	15 848	8 379	Y	插头烧蚀
F	5 860	2 264	Y	未知原因
F	0	0	Y	未知原因
F	16 380	6 309	Y	插头烧蚀
F	3 618	1 867	Y	MCDU（控制显示组件）故障记录
F	…	…	Y	…
S	183	88		
S	4 326	2 477		
S	435	254		
S	20 687	10 932		
S	3 958	1 547		
S	5 526	2 777		
S	12 286	6 456		
S	…	…		

8.10.2.4　创建数据建模项目

在 ReliaSoft 软件中创建两个寿命数据项目，分别对小时数据和循环数据进行建模。按照软件提示录入样本数据。此时需要注意选择正确的样本数据类型：选择时间-失效数据，且包含截尾数据，如图 8-55 所示。

8.10.2.5　选择概率分布模型

概率分布模型的选择对故障概率分析预测结果的可信度影响很大。如果分析建模人员对点火激励器有分析经验，或者从点火激励器厂家那里得到工程建议，可以直接选择合适的概率分布模型。如果缺乏相关经验，可以选择软件内置的"分布向导"，对样本数据与各种概率分布的相关度做自动计算，由分析软件提供推荐概率分布模型。首先选择对点火激励器的 TSR 样本数据组分析计算。初步分析结果并不令人满意，如图 8-56 所示。软件对多个分布的相关度计算出错，而推荐度最高的是正态分布，不适合用于故障概率分布建模。这说明样本数据存在异常。

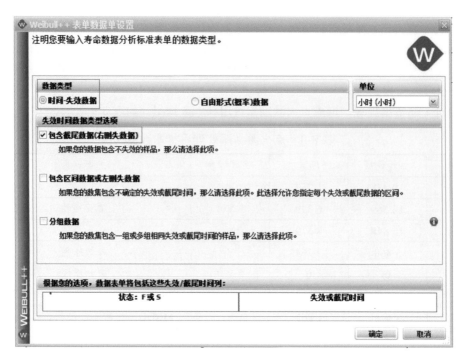

图 8-55　创建样本数据表单类型

图 8-56　分布向导分析结果

　　我们将之前怀疑是干扰数据 TSR 为 0 和 5.43 的两条样本数据剔除后，重新运行分布向导，结果显示相关度最高的分布是广义伽玛分布，排名第二的是三参数威布尔分布，如图 8-57 所示。

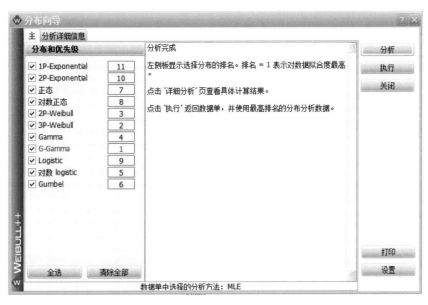

图 8-57 分布向导分析结果（修正）

由于广义伽玛分布需要的样本数据量较大，而点火激励器的完整数据并不多，我们选择三参数威布尔分布作为概率分布模型。

8.10.2.6 参数估值与检验

由于样本数据中有截尾数据，我们选择极大似然法（MLE）进行参数估值，使用似然比法（LRB）计算置信边界，由软件自动计算，得到参数估值结果：β=2.17，η=15 193 h，γ=507 h，样本数据点拟合产生的 CDF 如图 8-58 所示。

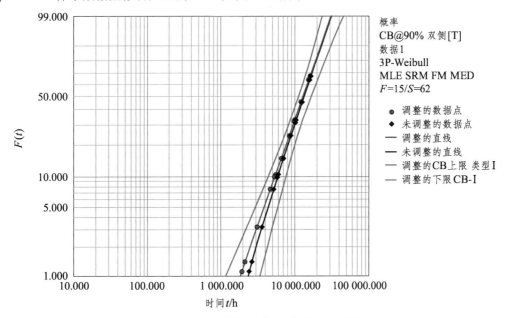

图 8-58 三参数威布尔分布 CDF 图

对于三参数威布尔分布来说，首先需要观察的是 γ 值。如果 γ 为负值，需要考虑使用三参数威布尔分布的合理性。对于点火激励器，γ 值为 507 h，意味着正常情况下点火激励器在安装使用后的前 507 h 不会出现故障，这正反映出 TSR 为 0 和 5.43 h 的两个样本数据出现的不合理。

其次，观察样本数据点在概率分布图形中的分布，发现数据点的拟合度较好。调用软件的 QCP 面板计算点火激励器的平均寿命 MTTF，以及 90%置信区间上下边界的比值，如图 8-59 所示。MTTF 为 13 962 h，MTTF 90%置信区间上边界为 16 937 h，下边界为 11 284 h，上下边界比值为 1.5。根据工程实践经验，当概率分布拟合曲线 MTTF 的 90%置信区间上下边界比值在 1.5 以内时，概率分布拟合精度和预测分析结果可信度是可以接受的。

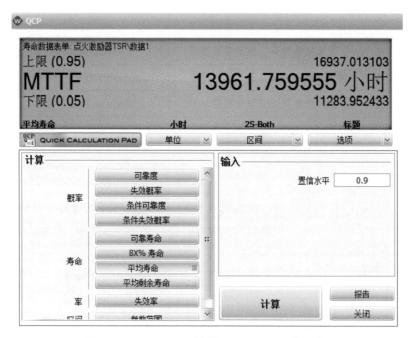

图 8-59   QCP 工具计算 MTTF 及置信区间

8.10.2.7   可靠性指标计算与工程决策

点火激励器 CSR 数据组的建模与分析过程也是类似的，此处不再赘述。工程师通过对比 TSR 与 CSR 数据的拟合结果，结合工程实践经验挑选最合理的建模结果。

完成对点火激励器失效故障的数学建模后，我们就可以利用 QCP 工具方便地计算出其 BX 寿命、特定使用时间的累积故障概率、瞬时故障率等一系列可靠性指标，并根据维修管理需要开展相关工程决策，比如例行维修任务的有效性评价、备件需求测算以及在位部件可靠性评估等。

8.10.3   返修数据与备件需求预测

航空公司以可靠性为中心对飞机开展计划及非计划维修工作，其根本目的是寻求飞机安全性、正常性与经济性的平衡。而降低飞机系统、部件故障发生率或者故障影响都是可行的办法。提高产品固有可靠性可以降低故障发生率，但往往需要投入较高的研发成本，并且一般由 OEM 主导，航空公司的发挥空间非常小；但是航空公司可以通过强化维修工程管理能力、提高维修资源保障水平、完善故障快速处理系统等措施有效降低故障影响。而预测飞机上在用部件的故障发生概率，对航空公司制订航班计划和航材计划、提高排故资源保障率有重要意义。

要计算返修数量，就需要使用条件可靠度概念，根据已经建立的 $R(t)$ 模型，已知 T 时间（即当前部件已使用时间）没有发生故障的情况下，计算下一个给定时间段 $t=T_0$ 时的可靠度 $R(t=T_0|T)$ 以及其不可靠度 $Q(t=T_0|T)$：

$$Q(t=T_0\,|\,T)=1-R(t=T_0\,|\,T)=1-\frac{R(T_0+T)}{R(T)})$$

计算出每一个在用部件在下一个时间段 T_0 内的不可靠度以后，虽然不能以此来判断该件是否一定会失效，但基于中心极限定理，大量样本的真实失效情况一定是以该不可靠度为中心呈正态分布的。因而我们只需要将每一个部件对应的失效概率累加，即可估算出所有在用部件在给定时间周期内的失效总量。

图 8-60 是对某航空公司 A320 机队的空调系统温度传感器失效故障的建模结果，通过多次尝试，发现 4 个失效模式的混合威布尔分布具有较好的拟合度。在此基础上，就可以计算每一个在翼部件的条件失效概率，进而预测出所有在用温度传感器在未来某一个给定时间段内的失效数量。ReliaSoft 软件提供了便捷的返修数量计算工具，可以根据给定的增长时间段和增长次数自动计算出所有可用部件的预测失效次数，如图 8-61 所示。

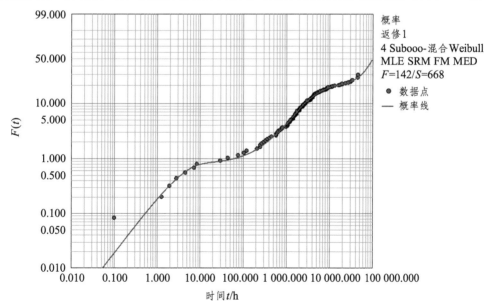

图 8-60　温度传感器 CDF 拟合图

图 8-61　温度传感器返修数量预测

航材备件采购成本高昂，备件储备量超过需求量会导致航空公司资金的沉淀和额外的财务成本，但备件储备不足又会导致飞机故障排除的及时性和飞机可用率的降低。当航空公司能够基于部件故障发生概率预测到备件需求后，就可以精准控制备件采购数量和节奏，有效降低财务成本。

8.10.4　预防性维修间隔优化

当我们基于样本失效数据建立了失效概率分布模型后，就可以预测给定时间段内的失效概率和次数。这也就为我们开展合理的预防性维修工作提供了条件。通过预防性维修，我们可以人为改变飞机、部件的可用率，可以避免非计划故障对飞机安全性和正常性的影响。对预防性维修任务的间隔优化分析存在两种指导原则，分别是以风险控制为导向的分析和以成本最低为导向的分析。

以风险控制为导向的分析在前文中有过探讨，其核心思想就是希望在开展预防性维修工作时，能够发现的早期故障/轻微故障越多越好，不能及时发现的重大故障/不可接受故障越少越好。而计算原理就是将样本数据中的轻微故障数据和重大故障数据分成两组，分别对其失效概率分析建模，并按照 95%的置信水平计算每个概率分布模型的单边风险控制置信边界，两个置信边界构成一个维修任务间隔取值区间，如图 8-62 所示。

对于轻微故障的概率分布模型（蓝线），T_1 取值对应于 40%不可靠度的 95%置信度上边界，即按照 5 067 h 间隔执行维修任务，有 40%的概率可以发现轻微故障（可信度 95%）。对于重大故障的概率分布模型（黑线），T_2 取值对应于 4%不可靠度的 95%置信度下边界，按照 9 588 h 间隔执行维修任务，重大故障提前发生的概率为 4%（可信度 95%）。那么当维修任务间隔在区间[5 067，9 588]之间取值时，既可以保证足够的轻微故障发现率（40%），也可以控制重大故障的出现概率（4%）。

以成本为导向的间隔优化，其核心思想是将计划维修、非计划维修对应的维修成本以及关联成本，如飞机折旧成本、安全/运行风险成本、人工成本、品牌损失成本等，全部折算到同一个成本模型中，然后基于系统/部件的失效概率分布模型进行全生命周期的成本计算，寻求最佳预防性维修策略。

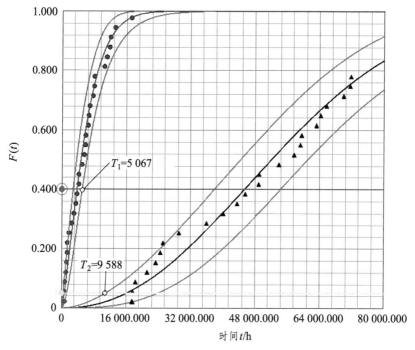

图 8-62　基于风险控制的间隔优化分析

　　但是这种最佳维修策略的计算需要工程师基于经验数据建立各种成本核算模型，并通过复杂的数学计算求取最佳维修间隔。ReliaSoft 软件的维修计划模块提供了一个相对便捷的功能，根据用户输入的成本模型参考数据，在已有的失效概率模型的基础上自动计算最佳维修间隔。该模型的可选维修策略包括计划更换和检修更换，但只适用于单一失效的概率分布模型。图 8-63 是一个软件计算结果截图。

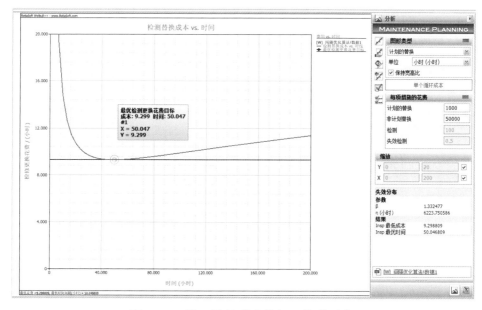

图 8-63　基于最低成本的间隔优化分析

8.10.5　产品可靠性对比

飞机的大部分系统失效都是由部件故障引起的，而部件的使用可靠性又与其修理质量密切相关。因而可靠性工程师经常需要分析对比不同厂家的部件修理质量，并对修理质量不佳的 MRO 执行相应管控措施。除了前文探讨的人工设计的部件修理质量评价模型外，我们也可以基于部件寿命预测建模的方式对比通常 MRO 的修理质量。

对于同一件号的部件，其新件固有可靠性是相似的，但是不同修理厂家对修理件的修理水平决定了其可靠性恢复系数的不同。恢复系数越高，可以认为其修理质量越高。而恢复系数不同的修理件可被近似认为是不同的部件。那么我们对不同修理厂家承修的部件产生的使用时间数据独立建模，然后对比不同概率分布模型的差异，就可以判断出各个修理厂家的修理质量。下面通过一个例子来说明对比过程。

我们需要对比 B737NG 飞机的温度控制活门（TCV，PN：398908-5）的修理质量，该件在三家 MRO 修理，希望找出修理质量最好和最差的 MRO。

从航空公司维修管理系统下载 PN：398908-5 多年以来的送修记录、部件故障拆换记录以及在位件履历记录，其中包含了每次 TCV 送修对应的本次修理厂家、上次修理厂家、使用时间以及已装机使用的时间。将修理件使用数据按照承修单位分成 A、B、C 三家 MRO，与新件使用数据构成 4 个样本数据组，分别进行失效概率分布建模，结果如图 8-64 所示。其中蓝线为 $Q(t)$ 拟合线，红线为置信边界线。

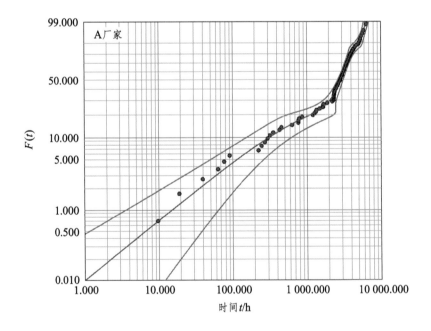

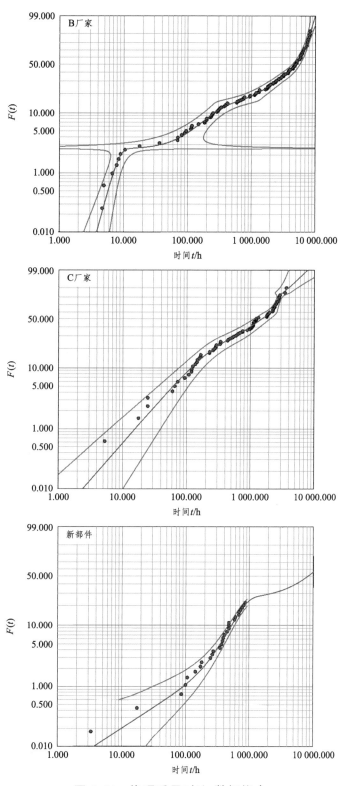

图 8-64　修理质量对比-数据拟合

民航维修可靠性管理（系统运作）

利用软件内置功能，将不同数据组的 PDF 拟合函数两两对比，软件可以自动分析出对比结果，图 8-65 展示了 B 厂家与 A 厂家、C 厂家、新件的可靠性对比结果。

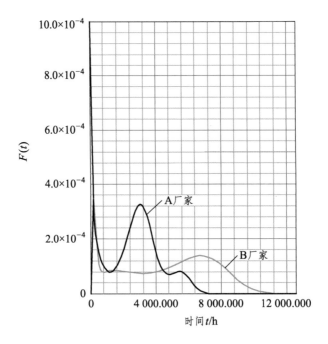

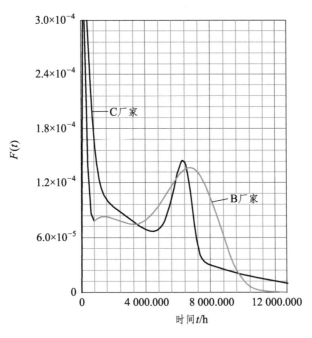

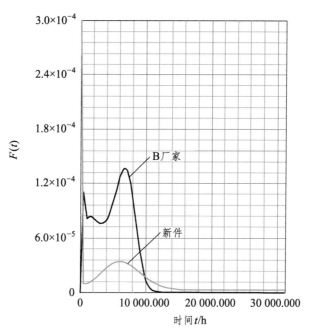

图 8-65　修理质量对比-数据对比

同时，软件还给出了以下文字性对比结果：B 厂家所修理的部件有 67.7% 的概率比 A 厂家所修的部件使用时间长；B 厂家所修理的部件只有 55% 的概率比 C 厂家所修的部件使用时间长，两组样本数据可能来自同一母体；B 厂家所修理的部件只有 9.4% 的概率比新件使用时间长。这说明 B 厂家和 C 厂家的修理质量没有明显差异，而 A 厂家相对较差。新件的可靠性远高于修理件，修理无法有效地恢复产品的固有可靠性，该件的可修性较差。

8.11　维修工程管理案例

8.11.1　皮托管可靠性分析建模与工程决策

8.11.1.1　部件概况介绍

某航空公司的某型飞机在 2017 年频繁出现空速不一致故障。该故障经常发生在飞机起飞滑跑阶段以及巡航阶段，不仅频繁导致航班延误，对飞行安全也产生较大影响。

可靠性调查发现该系统故障主要是皮托管失效导致的。该皮托管只有一个件号（PN：0851HT-01），结构简单，如图 8-66 所示。

8.11.1.2　建模可行性评价与目标

皮托管作为飞机重要的周转件，具有详细的使用履历记录。同时，该件即使故障送修，也只是按照 CMM 执行功能测试，无法通过修理恢复其固有可靠性。该件内部构造简单、故障模式清晰、误换概率较低，非常适合开展失效概率建模分析。

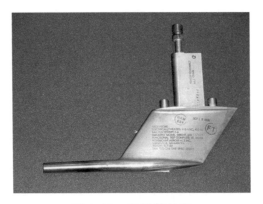

图 8-66　皮托管外观

工程师希望通过对皮托管内部失效概率的建模分析，评价当前已有预防性维修措施的有效性和经济性，同时预测机队在未来一年可能产生的皮托管非计划拆换次数，视需制定其他纠正措施。

8.11.1.3　样本数据收集

皮托管本体的不可修复性决定了其样本数据的采集主要由两部分数据构成：部件拆下时的 TSN 数据和数据采集截止点时的 TSI 数据。TSI 数据属于截尾数据，TSN 的数据类型根据拆换原因确定。当皮托管基于计划性维修任务或预防性维修需要拆下时，应视为截尾数据；当皮托管因外部损伤/变形拆下时，考虑到这种故障模式都是因鸟击、雷击、FOD 等随机事件引起，与皮托管本身可靠性、使用时间没有关系，也应视为截尾数据；因皮托管加温故障、飞机系统功能失效导致的皮托管故障拆换，此时 TSN 应视为完整数据。

基于上述原则，收集到某航空公司 2012 年至 2016 年皮托管完整样本数据 51 个，截尾数据 934 个，对这些数据开展失效概率分布建模。

8.11.1.4　建模与参数估值

利用 ReliaSoft 软件的 Weibull++ 模块开展皮托管失效概率分布建模，录入上述样本数据后，首先利用双参数威布尔模型尝试数据拟合，发现样本数据点的拟合度不佳，且样本数据存在明显拐点，切换到两个失效模式的混合威布尔分布模型，产生了拟合度较高的 CDF 曲线，如图 8-67 所示。

8.11.1.5　数据拟合精度验证

两个失效模式的混合威布尔曲线中，有两个早期失效样本数据点（TSN=3.15 FH 和 TSN=40 FH）严重偏离拟合线，需要核实这两个数据点的拆换原因。查询数据点对应飞机的历史故障记录，发现两个数据点对应的皮托管拆换原因都是"空速不一致"故障，而且当时飞机还同时更换了 ADM、AOA 等其他部件。因而，这两个数据点很有可能是误换件产生的干扰数据。

利用软件的 QCP 面板，计算皮托管 B10 寿命的 90% 置信水平下的置信区间上下边界，如图 8-68 所示，上下边界比值为 1.22，说明样本数据拟合精度可以接受。

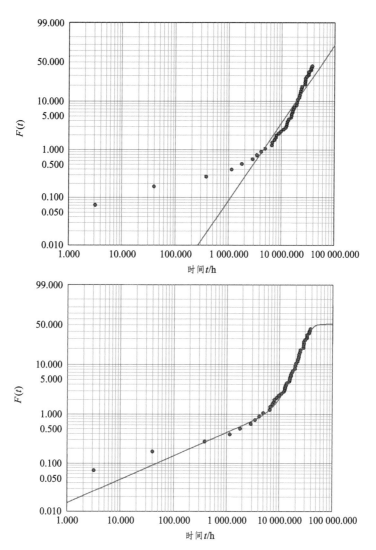

图 8-67　皮托管 CDF 拟合图

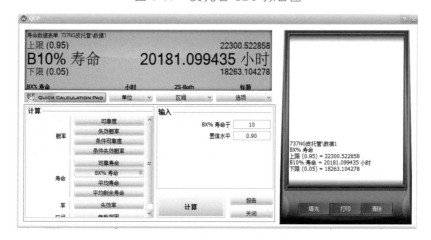

图 8-68　皮托管数据拟合精度验证

基于该分布模型，可以计算出皮托管的以下寿命信息：B10=20 181 FH，B30=31 689 FH，B50=50 547 FH。同时，按照航空公司 20 000 FH 预防性更换机头皮托管的维修措施，累积失效概率为

$$Q（t=20\ 000）=9.77\%$$

8.11.1.6 航空公司实际数据验证

利用航空公司 2017 年至 2018 年的真实皮托管故障拆换数据验证失效概率分布模型的有效性。航空公司该型飞机机队共 180 架，机头区域皮托管安装数量为 540 个，20 000 FH 间隔对应的飞行日历时间为 6.4 年，$Q（t=20\ 000）$为 9.77%。这就意味着，每 6.4 年的皮托管定期更换周期中，仍会有 9.77% 的皮托管功能失效发生，约 53 次，平均每年约 8.3 次。

表 8-10 中列出了该航空公司 2017 年至 2018 年的所有皮托管故障更换记录，剔除了机尾的升降舵区域皮托管的拆换以及机头区域意外损伤导致的皮托管更换数据外，2017 年 9 次，2018 年 8 次，基本符合失效概率分布模型的预测结果。

表 8-10　皮托管实际拆换数据

2017 年		2018 年	
位置/数量	故障拆换原因	位置/数量	故障拆换原因
机头区域功能失效（9次）	空中"F/O PITOT"灯亮	机头区域功能失效（8次）	滑出后，AUX PITOT 灯亮
	副驾皮托管加温灯空中闪亮		备用皮托管加温灯亮
	副驾一侧皮托管不加温		副驾侧皮托管加温灯亮
	滑跑时 IAS DISAGREE 信息		副驾驶皮托管不加温
	副驾驶皮托管不加温灯亮		副驾驶侧上皮托管加温失效
	备用皮托管加温故障		备用皮托管加温故障
	出现空速不一致信息		左右两边空速指示不一致
	航后发现正驾皮托管磨损超限		机长皮托管不加温，皮托管灯常亮
机头区域意外损伤（3次）	F/O PILOT 故障	机头区域意外损伤（6次）	检查右备用空速管堵塞
	备用皮托管后缘右 1 cm 缺口		管口变形
	右座皮托管外观损伤		备用皮托管遭鸟击
	地面检查发现机长位皮托管鸟击		航后发现，机长皮托管结构损伤
机尾区域（4次）	左升降舵皮托管灯亮	机尾区域（4次）	右下皮托管有划痕
	左升降舵皮托管失效		左侧机长皮托管鸟击
	感觉压差灯起飞后亮，直到落地后熄灭		左升降舵皮托管加温失效
			左升降舵皮托管不加温
	L ELEV PITOT 灯亮		左升降舵皮托管加温灯亮
			垂尾左皮托管有雷击痕迹

8.11.1.7　航空公司预防性维修措施的经济性评价

航空公司采取了 20 000 FH 定期更换机头区域皮托管可以预防 90%的皮托管非计划拆换，并且能够减少不正常事件的发生。但是这个纠正措施是否经济呢？

由于 ReliaSoft 软件的"维修计划"工具并不适用于混合威布尔分布的最佳维修策略计算，我们对皮托管样本数据使用单一分布拟合分布曲线，并和混合威布尔分布拟合结果对比，发现三参数威布尔分布的拟合结果误差最小。选择三参数威布尔分布配合维修计划功能，计算皮托管定期更换维修策略的小时成本曲线。

根据航空公司经验数据，该皮托管在运行中功能失效后导致延误/取消事件的概率为25%，而按照飞机供应商统计的飞机延误取消损失模型数据，每次延误取消事件的平均损失为 30 354 美元，而皮托管新件的采购成本约为 10 159 美元。国内皮托管更换的人工成本较低，忽略不计。那么每次计划性更换的成本为 10 159 美元，非计划更换的成本为17 747 美元。

将上述成本数据输入到软件的维修计划模块中，可以计算出皮托管的小时成本曲线，如图 8-69（a）所示。航空公司计划更换间隔 20 000 FH 并非最低成本间隔。但是对于国内的航空公司来说，空速不一致故障属于 SDR 事件，不仅仅会导致航班延误，还容易导致中断起飞，频繁发生空速不一致故障不仅影响飞行安全，还同时导致额外的局方监管压力、排故误换件概率的升高、旅客投诉以及公司品牌美誉度的下降，而这些是难以分摊到故障更换成本模型中的。考虑到诸多影响，当我们将故障更换成本上调到 37 747 美元后，可以发现 20 000 FH 定期更换间隔逐渐向最低成本间隔靠近，如图 8-69（b）所示。

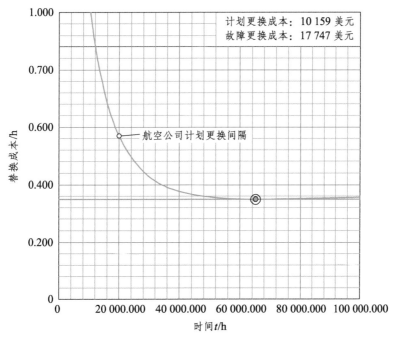

（a）

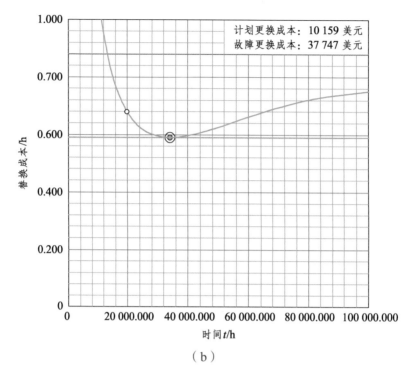

图 8-69 皮托管计划更换小时成本曲线

8.11.1.8 航空公司的其他工程决策

完成对皮托管的失效概率分布建模以及对当前纠正措施有效性、经济性的评价后，工程师还可以利用产品返修模块计算当前在位部件在未来一个时间段内的故障数量，从而合理规划备件采购量。

同时，利用该成本曲线，工程师可以根据公司经营与运行需要，随时调整当前的计划更换维修策略，或者制定检修更换策略。另外，工程师还可以根据概率分布模型测算的皮托管寿命数据开展相关索赔工作，或者督促 OEM 改进产品，降低产品的早期失效概率。

8.11.2 APU 可靠性数据建模与故障预测在维修管理中的应用

某航空公司的 APU 修理中心承担该航空公司主要机队的 APU 的修理业务。早年曾经遇到机队 APU 的换发高峰，而由于修理中心的产能有限且缺少相关资源准备，航空公司长期缺少备发可用，租赁 APU 花费了大量的维修成本。因此，APU 修理中心尝试利用其积累的 APU 内部故障数据和航空公司的 APU 可靠性数据开展 APU 故障概率建模分析，并依据建模结果测算航空公司的 APU 返修数量和故障 APU 的序号，进而不断优化资源配置和计划性维修方案，逐步实现 APU 的精益修理。

该 APU 附件修理中心通过分析 APU 换发原因和相关构型差异，寻找出显著影响 APU 整体可靠性的失效模式和构型变化数据，将其视为独立单元体，并按照竞争失效模型建立 APU 的整体可靠度函数。工程师利用每个 APU 独立单元体的新件首次故障数据开展建模分析，从而获得独立单元体的 $R(t)$ 函数。而对于每个独立单元体，由于每次 APU 修理时的修复系数不同，可能是更换新件，也可能只是检测，工程师通过详细分析 APU 修理报告确定单元体的修复系数，利用该值计算单元体虚拟寿命 t_0。对于一个修理后继续使用的独立单元体，其已用时间应为实际使用时间 T 与虚拟寿命 t_0 之和。此时可以利用条件可靠度计算公式计算下一个给定时间段 Δt 下独立单元体的条件可靠度，公式如下：

$$R_i(\Delta t \mid T + t_0) = \frac{R_i(\Delta t + T + t_0)}{R_i(T + t_0)}$$

获得每一个独立单元体的条件可靠度后，就可以计算出每台 APU 的条件可靠度和条件不可靠度。而所有在用 APU 在给定时间 Δt 内的条件不可靠度之和就是此期间可能的 APU 故障拆换数量，而且实际故障主要发生在条件不可靠最高的 APU 上。

第9章

民航可靠性管理的作用与发展

9.1 民航可靠性管理的作用

前面探讨了民航维修可靠性管理的目的和方法。但若要做好这项工作，还需要正确认识其价值和作用。价值认同是可靠性工程师将可靠性管理工作做好、做强的关键。综合来说，民航可靠性管理对于航空公司有以下四方面的作用：

1. 运行合规

开展民航维修可靠性管理工作是民航局对大型飞机公共航空运输承运人的强制性要求。航空公司如果不按照民航局的相关要求建立局方接受的可靠性管理体系，就无法获得运行资格批准；如果航空公司无法持续按照局方批准的可靠性管理体系开展可靠性管理工作，就不能够通过局方的年审；如果航空公司不开展局方规章条例或者规范性文件中规定的可靠性管理工作，就无法取得特定运行能力批准。因而，无论航空公司的可靠性管理活动产生的成果对机队安全、运行和经济性有多大帮助，开展可靠性管理工作的行为都必然产生运行资格合规的作用。

2. 管理抓手

可靠性管理工作输出的各种可靠性指标数据是民航局、航空公司、机务维修等各层级管理人员快速掌握机队状况、制定管理决策、评价管理效果的重要依据。管理层级越高，所管理的飞机数量越大，管理层直接面对实际运行现场的可能性越低，对统计型指标数据的依赖度越高。因而，无论航空公司是否专门开展可靠性管理工作，管理层必然存在可靠性数据统计、分析需求，只是专业的可靠性管理工作使统计结果更规范、更高效、更准确、更细致，更贴合各管理层级的需求。除此之外，与 PDCA 循环（戴明环）非常相似的可靠性管理体系也为航空公司提供了一个全面质量管理工具，有助于航空公司维修管理系统的健康发展。因而，可靠性管理工作是民航维修工作做大、做强的必要支撑，也许它在不同的公司架构中表现为不同的形态，但不可或缺。

3. 监控维修方案有效性

监控维修方案有效性是航空公司开展维修可靠性管理的根本目的。通过持续监控飞机、部件的可靠性指标变化趋势，可以及时识别出飞机、部件的可靠性恶化趋势。而对可靠性数据的分析和工程评估，有助于航空公司动态调整机队构型、完善维修方案、建立健全与公司发展战略相适应的维修管理体系，从而不断提高机队运行质量和降低维修成本。

4. 以可靠性为中心的工程决策

以可靠性为中心的维修理念已经融入民航维修工作的方方面面。要将可靠性理念与具体工作相结合，必须有可用的可靠性管理成果，它们可以是具体的可靠性数据或指标，也可以是可靠性调查结论或者可靠性决议。专业工程师开展工程技术文件的技术评估需要参考机队可靠性状况，航材计划制订备件计划需要参考部件的失效概率数据，排故人员也需要参考机队历史故障数据制定最佳的排故方案。"以史为鉴，可以知兴替"。可靠性管理为机务从业人员提供了丰富、直观的历史维修经验总结，有助于机务维修管理的科学决策和持续改进。

9.2 制约民航可靠性管理因素

民航维修可靠性管理实施已经四十余年，在民航业的持续、健康发展中发挥了重要作用。但不可否认，很多航空公司在可靠性管理工作的开展过程中仍存在不少矛盾和问题，具体表现在以下几个方面：

1. 理论与现实的背离

民航可靠性管理体系的很多管理要求或工作模式无法顺利落实到实际工作中。不同航空公司可能具有不同的维修管理模式，不同的机队规模和维修能力也造成了不同的技术壁垒和市场地位。相同的可靠性管理理论在与不同航空公司的具体实践相结合时，会出现各种各样的问题。

CCAR-121 第 368 条规定可靠性监控项目应至少包括 MSI 和 SSI，但 SSI 项目普遍存在任务间隔非常长、故障率非常低、定位非常困难的特点，将其设置为可靠性监控项目非常困难。航空公司在收集非例行卡数据、部件修理报告数据、定检执行记录等数据时，经常面临承修单位分散、生产管理系统各自独立的问题，数据孤岛以及维修记录格式不统一问题严重制约了航空公司可靠性数据收集质量的提高，而缺少深度维修能力和商业谈判话语权的小航空公司受影响最大。可靠性管理体系倡导的集体投票决策机制与具有中国特色的民主集中制决策模式也有明显的冲突。各个航空公司遇到的问题既有共性也有差异，可靠性工程师需要平衡业务管理需求、局方监管要求以及航空公司的客观条件之间的关系，建立与航空公司实际情况相符的可靠性管理体系。

2. 效率与制度的冲突

航空公司必须按照局方批准的《可靠性控制方案》开展可靠性管理工作，并定期接受局方的监督审查；而《可靠性控制方案》编制和修订既要满足局方相关规定和要求，又要符合航空公司管理和运行需要，审批流程也相对复杂。因而民航可靠性管理的开展形式、内容和流程需要保持足够的稳定性和强制性。这种制度性约束在保证可靠性管理工作得到最低程度的落实方面发挥了重要作用，但也会降低可靠性管理工作的灵活性和效率。具体表现在以下方面：

（1）性能监控对象的设置往往落后于维修管理需求，导致可靠性性能预警项目与机务维修系统重点关注的项目背离。这种情况下，有限的工程技术资源无法保证所有可靠性预警项目都得到充分调查。

（2）对于大型航空公司来说，以定期会议形式运作的可靠性决策机制严重制约了工程决策效率。而旁通定期会议的紧急决策机制虽然能够提升效率，但决策正确性和可执行性必然降低。决策效率与决策质量难以同时兼顾。

（3）管理层对可靠性管理方式、方法的革新探索常常受限于合规性要求而推进缓慢。航空公司对可靠性管理体系的变革首先需要通过其可靠性管理委员会的充分讨论和审

查，还需要向局方证明变革方向的正确性和有效性，因而往往需要可靠性管理人员大量的时间和精力。

3. 定位与能力的错位

可靠性管理的根本目的和运作形式决定了其定位：兼具工程技术管理、质量管理和综合协调管理特点的"交叉学科"。在设置可靠性性能监控模型、组织和评审可靠性调查、跟踪和评价纠正措施方面，可靠性工程师需要有较高的机队工程技术管理能力，熟悉机队各功能系统的工作原理、常见故障模式和相关纠正措施。在可靠性数据收集体系的建立与运作、可靠性纠正措施的制定与落实、可靠性报告的编制与上报、可靠性方案的修订与报批方面，可靠性工程师需要对机务维修系统的安全、质量管理体系的运作情况有充分的了解，并掌握与民航局方的沟通、协调能力。除此之外，可靠性工程师还需要频繁地组织各种可靠性会议、跟踪落实各类可靠性决议，并需要有较强的文字功底和沟通协调能力。

对可靠性工程师个人能力的高要求说明想做好可靠性管理工作并非易事，也说明可靠性管理部门设置的尴尬处境：无论是设置在工程序列还是质量序列之下，都无法充分满足其履行职责的需要。

9.3　民航可靠性管理面临的机遇

可靠性管理核心是收集数据和分析数据。21世纪的前20年，信息化潮流席卷了人类生产、生活的方方面面，航空产业属于产业信息化的领头羊。机务维修领域的信息化改变了行业生态，各个岗位的工作形式和方法都发生了巨大改变，可靠性管理也是如此。目前，各航空公司普遍建立了机务维修信息化管理体系，基本实现了业务数据的数字化和信息化，极大提升了可靠性数据收集、处理的质量和效率。科学技术的持续进步，也为民航可靠性管理进一步发展带来新的机遇，其影响表现在以下方面：

1. 降低专业门槛

随着数学研究的不断深入，专业化数据分析处理软件的发展与普及能够有效提高工程技术人员对可靠性数据的分析处理能力，降低民航可靠性管理工程师从事可靠性大数据分析、可靠性工程建模以及可靠性性能监控模型建立的专业准入门槛。

2. 提升工作效率

虽然民航维修领域数字化和信息化已经极大提升了可靠性管理的效率和质量，但当前的民航可靠性管理工作在可靠性数据整理与清洗、分析与总结方面仍需要繁杂的人工处理。而机器深度学习、人工智能技术可以将可靠性工程师从这些繁杂、简单的劳动中解放出来，使其从事技术含量更高的工作。

3. 扩展应用场景

数据无线传输技术的高速发展以及芯片计算能力的不断提升，大幅缩短了人、飞机、数据在空间和时间上的距离，为民航可靠性管理的开展形式和成果应用创造了无限可能。

当可靠性数据可以实时反映飞机真实状态、可靠性决策系统可以突破时间与空间限制而快速决策、可靠性决议可以直接指导一线生产时，可靠性管理体系将产生超乎想象的作用。

9.4　民航可靠性管理的发展方向

2019 年，中国民用航空局正式提出了建立智慧民航的战略目标，并将其列为民航业"十四五"期间的重要工作。而加强云计算、大数据、物联网、人工智能、移动互联网与民航产业的深度融合是智慧民航建设的核心工作。

民航可靠性管理作为民航维修体系的重要组成部分，其发展方向也必然与智慧民航建设相契合，以标准化、数字化、网络化、智能化为目标，建设一个能够极大提高可靠性管理工作效率、措施效果和应用效能的体系，其重点发展方向包括：

1. 建立自动化可靠性数据收集系统

民航系统建立互联互通的标准化数据收集体系，以可控方式打通业务系统、飞机系统以及智能工具之间的数据传输壁垒，消除不同 MRO、不同部门之间的数据孤岛现象，实现可靠性数据的"一次录入、全网共用"，以及数据录入的数字化、智能化和标准化。

2. 应用人工智能技术处理数据

人工智能算法核心是航空公司可靠性数据收集与分析系统相结合，在数据规范化输入引导、数据清洗与分类、数据自动总结分析等方法上可以发挥重要作用，节省大量的人力劳动。

3. 开展预测性维修

基于可靠性数据和概率分析模型建立飞机部件、系统的可靠性模型，从而预测飞机/部件的条件可靠度，科学安排航班和维修资源；利用机队排故手册、历史排故经验数据建立计算机辅助排故系统，为机务维修人员提供实时排故建议，提高排故准确率，降低故障影响。

4. 利用虚拟现实技术（VR）/增强现实技术（AR）指导维修

将可靠性管理成果，诸如维护提示、安全提醒、重要参考信息等，通过 VR 或 AR 设备展示给机务维修人员，辅助机务维修人员正确、快捷地完成飞机/部件的排故、检修或相关培训工作。

5. 数据共享

资源共享是民航业长期以来的发展方向。数据资源，尤其是民航维修可靠性数据和维修经验数据，逐渐被各飞机/部件制造厂家以及航空公司重视。从可靠性管理的角度来说，可靠性数据越多越好，因而建立公平、合理的数据共享机制，扩大航空公司与其他公司之间数据共享规模有百利而无一害。

附　录

附录1　缩略语及解释

缩略语	英文全称	中文说明
AC	Advisory Circular	咨询通告，民航局发布的一种技术文件
ACARS	Aircraft Communications Addressing and Reporting System	飞机通信寻址与报告系统，飞机的一种数据通信系统
ACM	Air Cycle Machine	空气循环机，飞机空调系统的一个核心部件
AD	Airworthiness Directive	适航指令，民航局发布的一种技术文件
AD	Accidental Damage	意外损伤，飞机结构损伤的一种来源类型
AEG	Aircraft Evaluation Group	航空器评审组，民航局组建航空器型号审定机构
AFM	Airplane Flight Manual	飞机飞行手册，飞机制造厂家发布的一种飞行技术手册
AGREE	Advisory Group on Reliability of Electronic Equipment	电子设备可靠性咨询组，美国国防部1952年牵头组建的一个可靠性研究工作组
AHM	Aircraft Health Monitoring	飞机健康管理系统，波音公司开发的飞机健康实时监控系统
ALI	Airworthiness Limitation Item/ Airworthiness Limitation Instruction	适航限制项目/指令，飞机的一种强制性计划维修任务类型
ALS	Airworthiness Limitation Section	适航限制部分，空客飞机强制性计划维修要求文件
AMM	Aircraft Maintenance Manual	飞机维护手册
ASN	Assigned System Number	分配系统号，波音飞机部件的功能设备编号
ATA	Air Transport Association of America	美国航空运输协会，2011年改名为 Airlines for America（A4A）
AWL	Airworthiness Limitation	适航限制文件，波音飞机的部分强制性计划维修任务
BFE	Buyer-Furnished Equipment	买方提供的设备，飞机的一种选型类别，由买方选择供应商和订购，卖方安装到飞机上
CAAC	Civil Aviation Administration of China	中国民用航空管理局

缩略语	英文全称	中文说明
CAMP	Continuous Airworthiness Maintenance Program	持续适航维修方案,FAA 文件体系中的广义维修方案
CASS	Continuing Analysis and Surveillance System	持续分析与调查系统,FAA 文件体系中的一种质量监控系统
CCAR	Chinese Civil Aviation Regulations	中国民航规章
CDCCL	Critical Design Configuration Control Limitation	关键设计构型控制限制,飞机与燃油箱系统安全相关的一种适航限制要求
cdf	cumulative distribution function	累积概率分布函数
CM	Condition Monitoring	状态监控,MSG-2 决断逻辑中的一种维修方式
CMM	Component Maintenance Manual	附件维修手册
CMR	Certification Maintenance Requirement	审定维修要求,飞机的一种强制性计划维修要求
CPCP	Corrosion Prevention and Control Program	腐蚀预防与控制方案
CRN	Current Return Net	电流回路网络,B787 飞机的一种 L/HIRF 防护系统
DET	Detailed Visual Inspection	详细目视检查,MSG-3 决断逻辑中的一种维修任务类型
DIS	Discard	报废,MSG-3 决断逻辑的一种维修任务类型
DTR	Damage Tolerance Rating	损伤容限评级,对飞机结构损伤的一种工程评估方法
EASA	European Union Aviation Safety Agency	欧洲航空安全局
ED	Environmental Deterioration	环境恶化损伤,飞机结构损伤的一种来源类型
ELT	Emergency Locator Transmitter	应急定位发射机,飞机的一种机载应急设备
EM	Engine Manual	发动机手册,也称发动机维护手册(Engine Maintenance Manual,EMM)
EO	Engineering Order	工程指令,航空公司工程部门发布的一种技术文件
ETOPS	Extended Range Operations With Two-Engine Aircraft	双发飞机延程运行,飞机的一种特殊运行类型
EWIS	Electrical Wiring Interconnection System	电气线路互联系统
EZAP	Enhanced Zonal Analysis Procedure	增强型区域分析程序,MSG-3 决断逻辑中的区域维修任务分析方法
FAA	Federal Aviation Administration	美国联邦航空局
FAL	Fuel Airworthiness Limitation	燃油适航限制项目,空客飞机强制性计划维修工作的一种

续附表

缩略语	英文全称	中文说明
FCS	Fatigue Critical Structure	疲劳关键结构
FD	Fatigue Damage	疲劳损伤，飞机结构损伤的一种来源类型
FEC	Failure Effect Categories	故障后果类别，MSG-3 决断逻辑对 MSI 项目的故障影响分类
FIN	Functional Item Number	功能识别号，空客飞机功能设备编号
FNC	Functional Check	功能检查，MSG-3 决断逻辑中的一种维修任务类型
FSEU	Flap/Slat Electronic Unit	襟翼缝翼电子组件，飞机飞行控制系统的一个重要部件
FTD	Fleet Team Digest	机队技术摘要，波音公司提供的一种介绍机队运行问题的技术文件类型
FTS	Fuel Tank Safety	燃油箱安全分析，飞机适航法规对燃油箱的设计和维修有相关要求
GVI	General Visual Inspection	一般目视检查，MSG-3 决断逻辑中的一种维修任务类型
HT	Hard Time	定时维修，MSG-2 决断逻辑中的一种维修方式
HUD	Head-UP Display	平视显示仪，飞机的一种驾驶舱显示系统，也指飞机的一种特殊运行类型
ICA	Instructions for Continued Airworthiness	持续适航文件
IDG	Integrated Drive Generator	整体驱动发电机，飞机电源系统的一种核心部件
IDOLS	In-service Data Online Service	空客公司提供的运行数据在线服务
IMRBRP	International Maintenance Review Board Policy Board	国际维修评审委员会政策委员会，欧洲、加拿大以及美国民航管理机构创立，主要解决航空器维修任务分析过程中的政策和程序问题
ISC	Industry Steering Committee	工业指导委员会，负责组织编制、修订和报批飞机维修大纲
ISDP	In-service Data Program	在用飞机数据共享系统，波音公司组建的可靠性数据共享系统
ISI	In-Service Information	服务信息，空客公司发布的一种用于总结航空公司频繁咨询的技术问题的技术文件类型
L/HIRF	Lightning/High Intensity Radiated Field	闪电/高强度辐射场，MSG-3 决断逻辑中的一种维修任务分析方法
LHSI	L/HIRF Sensitive Item	L/HIRF 敏感项目，用于开展 L/HIRF 防护系统维修任务分析
LRU	Line Replaceable Unit	航线可更换部件
LUB	Lubrication	润滑，MSG-3 决断逻辑中的一种维修任务类型

缩略语	英文全称	中文说明
MEMM	Maintenance Engineering Management Manual	维修工程管理手册，航空公司说明其维修工程管理体系的手册
MLE	Maximum Likelihood Estimation	极大似然估值法，概率分布参数估值的一种方法
MMEL	Master Minimum Equipment List	主最低设备清单，由飞机制造厂家发布，是航空公司制定 MEL 手册的主要参考文件
MP	Maintenance Program	维修方案
MPD	Maintenance Planning Document	维修计划文件，飞机制造厂家发布的包含各种计划性维修要求的技术文件，是航空公司编制维修方案的重要参考文件
MRB	Maintenance Review Committee	维修审查委员会，民航局组建的用于评审和批准飞机维修大纲的组织机构
MRBR	Maintenance Review Committee Report	维修审查委员会报告，俗称维修大纲，由 ISC 组织编制，MRB 批准，飞机制造厂家发布
MRO	Maintenance, Repair & Overhaul	维护、修理与大修，泛指市场化的民航维修业
MRR	Median Rank Regression	秩回归，概率分布参数估值的一种方法
MSG	Maintenance Steering Group	维修指导小组，20 世纪 60 年代波音公司为编制 B747 维修大纲成立的一个组织，后来该缩写用于 MSG-2/3 理论的命名
MSI	Maintenance Significant Item	重要维修项目，MSG-3 决断逻辑中对系统/发动机功能系统的分类
MTBF	Mean Time Between Failure	平均失效间隔时间，该指标主要针对可修复系统/部件
MTBUR	Mean Time Between Unscheduled Removal	平均非计划拆换间隔时间
MTTF	Mean Time To Failure	平均寿命，该指标主要针对不可修系统/部件
NDI	Non-Destructive Inspect	无损检测，不损伤被检测对象的一种缺陷检查方法，包括超声波检查、X 射线检查、涡流检查等
NDT	Non-Destructive Testing	
NFF	Non Fault Finding	无故障发现，用于描述部件送车间修理时的检测结果
OC	On Condition	视情监控，MSG-2 决断逻辑中的一种维修方式
OMP	Operator Maintenance Program	航空公司维修方案
OPC	Operational Check	操作检查，MSG-3 决断逻辑中的一种维修任务类型
pdf	probability density function	概率密度函数
PMA	Parts Manufacturer Approval	零部件制造人批准书，由适航当局颁发给申请人证明其设计和生产的材料、零部件和机载设备符合适航要求的证件

缩略语	英文全称	中文说明
PPH	Policy Procedures Handbook	政策和程序手册，由 ISC 编制和批准的管理文件，用于指导 MRBR 建议书的编制和审议
PSE	Principal Structure Element	基准结构元件，指任何对飞行、地面、增压或操纵载荷产生重要影响的结构元件，并且其故障后果是灾难性的
PSEU	Proximity Switch Electronic Unit	临近电门电子组件，飞机起落架系统的一个重要部件
QAR	Quick Access Recorder	快速存取记录器，用于监控、记录飞机重要飞行参数、数据的机载设备
QTY	Quantity	装机数量
RA	Radio Altimeter	无线电高度表，飞机导航系统的一个重要部件
RBD	Reliability Block Diagram	可靠性直方图，系统可靠性数据分析建模的一种方法
RCA	Root Cause Analysis	根本原因分析法，可靠性调查的一种指导思想
RCM	Reliability Centered Maintenance	以可靠性为中心的维修，民航飞机维修的一种理念
RFID	Radio Frequency Identification	射频识别，一种非接触式的自动识别技术，通过射频信号自动识别目标对象并获取相关数据
RSPL	Recommended Spare Parts List	推荐备件清单，由飞机制造厂家或备件供应商发布的，便于航空公司做航材备件计划的参考文件
RST	Restore	恢复，MSG-3 决断逻辑中的一种维修任务类型
RVSM	Reduced Vertical Separation Minimum	缩小垂直间隔运行，民航飞机的一种特殊运行，在 RVSM 空域内，飞机的垂直间隔标准由 2 000 ft（1 ft= 0.304 8 m）缩小到 1 000 ft
SB	Service Bulletin	服务通告，飞机制造厂家发布的一种技术文件
SCI	Special Compliance Item	特殊符合性项目，波音飞机基于燃油箱系统安全分析产生的适航限制项目，相当于空客的 FAL
SDI	Special Detailed Inspection	特别详细检查，MSG-3 决断逻辑中的一种维修任务类型
SDR	Service Difficult Report	使用困难报告，航空器在使用过程中出现和发现符合特定规章条款要求的故障报告
SFAR 88	Special Federal Aviation Regulation No. 88	88 号联邦特殊航空条例，FAA 在该条例中列出了对飞机燃油箱系统的容错评估要求
SFE	Seller Furnished Equipment	卖方提供设备，飞机的一种选型类别，费用包含在购机合同中，由买方在卖方指定范围内选择、卖方提供和安装

续附表

缩略语	英文全称	中文说明
SL	Service Letter	服务信函，飞机制造厂家发布的一种技术文件
SMR	Scheduled Maintenance Requirements	计划维修要求，飞机制造厂家组织编制并经过 AEG 评审或 MRB 批准的计划维修任务，MRBR 是其中的一种
SSI	Structural Significant Item	结构重要项目，指那些承受飞行、地面或增压载荷，并且其失效会导致灾难性后果的结构项目
SVC	Service	勤务，MSG-3 决断逻辑中的一种维修任务类型
TFU	Technical Follow-Up	技术跟进，空客公司提供的一种持续跟进正在开展的机队运行问题工程调查进展的技术文件类型
TSN	Time Since New	自新件以来的使用小时，部件使用时间的统计方式之一
TSO	Time Since Overhaul	自上次翻修以来的使用小时，部件使用时间的统计方式之一
TSR	Time Since Repair	自上次修理以来的使用小时，部件使用时间的统计方式之一
UCL	Upper Control Line	上控线，也称警戒值，是统计型性能标准系统中设置的最低可接受标准
VCK	Visual Check	目视检查，MSG-3 决断逻辑中的一种维修任务类型
WG	Working Group	工作组，编制维修大纲时，工业指导委员会的下属机构
ZAP	Zonal Analysis Procedure	标准区域分析程序，MSG-3 决断逻辑中对区域任务的分析程序之一

附录 2　泊松函数累积概率分布表

$$P(k) = \sum_{i=0}^{k} \frac{\lambda^i}{i!} e^{-\lambda}$$

k	0.1	0.2	0.3	0.4	0.5	0.6	0.7	0.8	0.9
0	0.9048	0.8187	0.7408	0.6703	0.6065	0.5488	0.4966	0.4493	0.4066
1	0.9953	0.9825	0.9631	0.9384	0.9098	0.8781	0.8442	0.8088	0.7725
2	0.9998	0.9989	0.9964	0.9921	0.9856	0.9769	0.9659	0.9526	0.9371
3	1.0000	0.9999	0.9997	0.9992	0.9982	0.9966	0.9942	0.9909	0.9865
4		1.0000	1.0000	0.9999	0.9998	0.9996	0.9992	0.9986	0.9977
5				1.0000	1.0000	1.0000	0.9999	0.9998	0.9997
6							1.0000	1.0000	1.0000

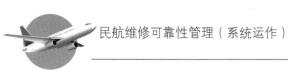

续附表

k	1.0	1.2	1.4	1.6	1.8	2.0	2.2	2.4	2.6	2.8
0	0.3679	0.3012	0.2466	0.2019	0.1653	0.1353	0.1108	0.0907	0.0743	0.0608
1	0.7358	0.6626	0.5918	0.5249	0.4628	0.4060	0.3546	0.3084	0.2674	0.2311
2	0.9197	0.8795	0.8335	0.7834	0.7306	0.6767	0.6227	0.5697	0.5184	0.4695
3	0.9810	0.9662	0.9463	0.9212	0.8913	0.8571	0.8194	0.7787	0.7360	0.6919
4	0.9963	0.9923	0.9857	0.9763	0.9636	0.9473	0.9275	0.9041	0.8774	0.8477
5	0.9994	0.9985	0.9968	0.9940	0.9896	0.9834	0.9751	0.9643	0.9510	0.9349
6	0.9999	0.9997	0.9994	0.9987	0.9974	0.9955	0.9925	0.9884	0.9828	0.9756
7	1.0000	1.0000	0.9999	0.9997	0.9994	0.9989	0.9980	0.9967	0.9947	0.9919
8			1.0000	1.0000	0.9999	0.9998	0.9995	0.9991	0.9985	0.9976
9					1.0000	1.0000	0.9999	0.9998	0.9996	0.9993
10							1.0000	1.0000	0.9999	0.9998
11									1.0000	1.0000

k	3.0	3.5	4.0	4.5	5.0	5.5	6.0	6.5	7.0	7.5
0	0.0498	0.0302	0.0183	0.0111	0.0067	0.0041	0.0025	0.0015	0.0009	0.0006
1	0.1991	0.1359	0.0916	0.0611	0.0404	0.0266	0.0174	0.0113	0.0073	0.0047
2	0.4232	0.3208	0.2381	0.1736	0.1247	0.0884	0.0620	0.0430	0.0296	0.0203
3	0.6472	0.5366	0.4335	0.3423	0.2650	0.2017	0.1512	0.1118	0.0818	0.0591
4	0.8153	0.7254	0.6288	0.5321	0.4405	0.3575	0.2851	0.2237	0.1730	0.1321
5	0.9161	0.8576	0.7851	0.7029	0.6160	0.5289	0.4457	0.3690	0.3007	0.2414
6	0.9665	0.9347	0.8893	0.8311	0.7622	0.6860	0.6063	0.5265	0.4497	0.3782
7	0.9881	0.9733	0.9489	0.9134	0.8666	0.8095	0.7440	0.6728	0.5987	0.5246
8	0.9962	0.9901	0.9786	0.9597	0.9319	0.8944	0.8472	0.7916	0.7291	0.6620
9	0.9989	0.9967	0.9919	0.9829	0.9682	0.9462	0.9161	0.8774	0.8305	0.7764
10	0.9997	0.9990	0.9972	0.9933	0.9863	0.9747	0.9574	0.9332	0.9015	0.8622
11	0.9999	0.9997	0.9991	0.9976	0.9945	0.9890	0.9799	0.9661	0.9467	0.9208
12	1.0000	0.9999	0.9997	0.9992	0.9980	0.9955	0.9912	0.9840	0.9730	0.9573
13		1.0000	0.9999	0.9997	0.9993	0.9983	0.9964	0.9929	0.9872	0.9784
14			1.0000	0.9999	0.9998	0.9994	0.9986	0.9970	0.9943	0.9897
15				1.0000	0.9999	0.9998	0.9995	0.9988	0.9976	0.9954
16					1.0000	0.9999	0.9998	0.9996	0.9990	0.9980
17						1.0000	0.9999	0.9998	0.9996	0.9992
18							1.0000	0.9999	0.9999	0.9997
19								1.0000	1.0000	0.9999
20										1.0000

k	8	8.5	9.0	9.5	10.0	10.5	11.0	11.5	12.0	12.5
0	0.0003	0.0002	0.0001	0.0001	0.0000	0.0000	0.0000	0.0000	0.0000	0.0000
1	0.0030	0.0019	0.0012	0.0008	0.0005	0.0003	0.0002	0.0001	0.0001	0.0001
2	0.0138	0.0093	0.0062	0.0042	0.0028	0.0018	0.0012	0.0008	0.0005	0.0003
3	0.0424	0.0301	0.0212	0.0149	0.0103	0.0071	0.0049	0.0034	0.0023	0.0016
4	0.0996	0.0744	0.0550	0.0403	0.0293	0.0211	0.0151	0.0107	0.0076	0.0053
5	0.1912	0.1496	0.1157	0.0885	0.0671	0.0504	0.0375	0.0277	0.0203	0.0148
6	0.3134	0.2562	0.2068	0.1649	0.1301	0.1016	0.0786	0.0603	0.0458	0.0346
7	0.4530	0.3856	0.3239	0.2687	0.2202	0.1785	0.1432	0.1137	0.0895	0.0698
8	0.5925	0.5231	0.4557	0.3918	0.3328	0.2794	0.2320	0.1906	0.1550	0.1249
9	0.7166	0.6530	0.5874	0.5218	0.4579	0.3971	0.3405	0.2888	0.2424	0.2014
10	0.8159	0.7634	0.7060	0.6453	0.5830	0.5207	0.4599	0.4017	0.3472	0.2971
11	0.8881	0.8487	0.8030	0.7520	0.6968	0.6387	0.5793	0.5198	0.4616	0.4058
12	0.9362	0.9091	0.8758	0.8364	0.7916	0.7420	0.6887	0.6329	0.5760	0.5190
13	0.9658	0.9486	0.9261	0.8981	0.8645	0.8253	0.7813	0.7330	0.6815	0.6278
14	0.9827	0.9726	0.9585	0.9400	0.9165	0.8879	0.8540	0.8153	0.7720	0.7250
15	0.9918	0.9862	0.9780	0.9665	0.9513	0.9317	0.9074	0.8783	0.8444	0.8060
16	0.9963	0.9934	0.9889	0.9823	0.9730	0.9604	0.9441	0.9236	0.8987	0.8693
17	0.9984	0.9970	0.9947	0.9911	0.9857	0.9781	0.9678	0.9542	0.9370	0.9158
18	0.9993	0.9987	0.9976	0.9957	0.9928	0.9885	0.9823	0.9738	0.9626	0.9481
19	0.9997	0.9995	0.9989	0.9980	0.9965	0.9942	0.9907	0.9857	0.9787	0.9694
20	0.9999	0.9998	0.9996	0.9991	0.9984	0.9972	0.9953	0.9925	0.9884	0.9827
21	1.0000	0.9999	0.9998	0.9996	0.9993	0.9987	0.9977	0.9962	0.9939	0.9906
22		1.0000	0.9999	0.9999	0.9997	0.9994	0.9990	0.9982	0.9970	0.9951
23			1.0000	0.9999	0.9999	0.9998	0.9995	0.9992	0.9985	0.9975
24				1.0000	1.0000	0.9999	0.9998	0.9996	0.9993	0.9988
25						1.0000	0.9999	0.9998	0.9997	0.9994
26							1.0000	0.9999	0.9999	0.9997
27								1.0000	0.9999	0.9999
28									1.0000	1.0000
k	13	14	15	16	17	18	19	20	21	22
1	0.0000	0.0000								
2	0.0002	0.0001	0.0000	0.0000						
3	0.0011	0.0005	0.0002	0.0001	0.0000	0.0000				
4	0.0037	0.0018	0.0009	0.0004	0.0002	0.0001	0.0000	0.0000		
5	0.0107	0.0055	0.0028	0.0014	0.0007	0.0003	0.0002	0.0001	0.0000	0.0000
6	0.0259	0.0142	0.0076	0.0040	0.0021	0.0010	0.0005	0.0003	0.0001	0.0001

续附表

k	13	14	15	16	17	18	19	20	21	22
7	0.0540	0.0316	0.0180	0.0100	0.0054	0.0029	0.0015	0.0008	0.0004	0.0002
8	0.0998	0.0621	0.0374	0.0220	0.0126	0.0071	0.0039	0.0021	0.0011	0.0006
9	0.1658	0.1094	0.0699	0.0433	0.0261	0.0154	0.0089	0.0050	0.0028	0.0015
10	0.2517	0.1757	0.1185	0.0774	0.0491	0.0304	0.0183	0.0108	0.0063	0.0035
11	0.3532	0.2600	0.1848	0.1270	0.0847	0.0549	0.0347	0.0214	0.0129	0.0076
12	0.4631	0.3585	0.2676	0.1931	0.1350	0.0917	0.0606	0.0390	0.0245	0.0151
13	0.5730	0.4644	0.3632	0.2745	0.2009	0.1426	0.0984	0.0661	0.0434	0.0278
14	0.6751	0.5704	0.4657	0.3675	0.2808	0.2081	0.1497	0.1049	0.0716	0.0477
15	0.7636	0.6694	0.5681	0.4667	0.3715	0.2867	0.2148	0.1565	0.1111	0.0769
16	0.8355	0.7559	0.6641	0.5660	0.4677	0.3751	0.2920	0.2211	0.1629	0.1170
17	0.8905	0.8272	0.7489	0.6593	0.5640	0.4686	0.3784	0.2970	0.2270	0.1690
18	0.9302	0.8826	0.8195	0.7423	0.6550	0.5622	0.4695	0.3814	0.3017	0.2325
19	0.9573	0.9235	0.8752	0.8122	0.7363	0.6509	0.5606	0.4703	0.3843	0.3060
20	0.9750	0.9521	0.9170	0.8682	0.8055	0.7307	0.6472	0.5591	0.4710	0.3869
21	0.9859	0.9712	0.9469	0.9108	0.8615	0.7991	0.7255	0.6437	0.5577	0.4716
22	0.9924	0.9833	0.9673	0.9418	0.9047	0.8551	0.7931	0.7206	0.6405	0.5564
23	0.9960	0.9907	0.9805	0.9633	0.9367	0.8989	0.8490	0.7875	0.7160	0.6374
24	0.9980	0.9950	0.9888	0.9777	0.9594	0.9317	0.8933	0.8432	0.7822	0.7117
25	0.9990	0.9974	0.9938	0.9869	0.9748	0.9554	0.9269	0.8878	0.8377	0.7771
26	0.9995	0.9987	0.9967	0.9925	0.9848	0.9718	0.9514	0.9221	0.8826	0.8324
27	0.9998	0.9994	0.9983	0.9959	0.9912	0.9827	0.9687	0.9475	0.9175	0.8775
28	0.9999	0.9997	0.9991	0.9978	0.9950	0.9897	0.9805	0.9657	0.9436	0.9129
29	1.0000	0.9999	0.9996	0.9989	0.9973	0.9941	0.9882	0.9782	0.9626	0.9398
30		0.9999	0.9998	0.9994	0.9986	0.9967	0.9930	0.9865	0.9758	0.9595
31		1.0000	0.9999	0.9997	0.9993	0.9982	0.9960	0.9919	0.9848	0.9735
32			1.0000	0.9999	0.9996	0.9990	0.9978	0.9953	0.9907	0.9831
33				0.9999	0.9998	0.9995	0.9988	0.9973	0.9945	0.9895
34				1.0000	0.9999	0.9998	0.9994	0.9985	0.9968	0.9936
35					1.0000	0.9999	0.9997	0.9992	0.9982	0.9962
36						0.9999	0.9998	0.9996	0.9990	0.9978
37						1.0000	0.9999	0.9998	0.9995	0.9988
38							1.0000	0.9999	0.9997	0.9993
39								0.9999	0.9999	0.9996
40								1.0000	0.9999	0.9998
41									1.0000	0.9999
42										1.0000

附录3　中位秩表

中位秩是在 n 个样本中第 i 次失效时真实失效概率在50%的置信水平上应具有的值。

秩序 i	样本数量 n									
	1	2	3	4	5	6	7	8	9	10
1	0.5000	0.2929	0.2063	0.1591	0.1294	0.1091	0.0943	0.0830	0.0741	0.0670
2		0.7071	0.5000	0.3857	0.3138	0.2644	0.2285	0.2011	0.1796	0.1623
3			0.7937	0.6143	0.5000	0.4214	0.3641	0.3205	0.2862	0.2586
4				0.8409	0.6862	0.5786	0.5000	0.4402	0.3931	0.3551
5					0.8706	0.7356	0.6359	0.5598	0.5000	0.4517
6						0.8909	0.7715	0.6795	0.6069	0.5483
7							0.9057	0.7989	0.7138	0.6449
8								0.9170	0.8204	0.7414
9									0.9259	0.8377
10										0.9330

秩序 i	样本数量 n									
	11	12	13	14	15	16	17	18	19	20
1	0.0611	0.0561	0.0519	0.0483	0.0452	0.0424	0.0400	0.0378	0.0358	0.0341
2	0.1480	0.1360	0.1258	0.1170	0.1094	0.1027	0.0968	0.0915	0.0868	0.0825
3	0.2358	0.2167	0.2004	0.1865	0.1743	0.1637	0.1542	0.1458	0.1383	0.1315
4	0.3238	0.2976	0.2753	0.2561	0.2394	0.2247	0.2118	0.2002	0.1899	0.1805
5	0.4119	0.3785	0.3502	0.3258	0.3045	0.2859	0.2694	0.2547	0.2415	0.2297
6	0.5000	0.4595	0.4251	0.3954	0.3697	0.3471	0.3270	0.3092	0.2932	0.2788
7	0.5881	0.5405	0.5000	0.4651	0.4348	0.4082	0.3847	0.3637	0.3449	0.3280
8	0.6762	0.6215	0.5749	0.5349	0.5000	0.4694	0.4423	0.4182	0.3966	0.3771
9	0.7642	0.7024	0.6498	0.6046	0.5652	0.5306	0.5000	0.4727	0.4483	0.4263
10	0.8520	0.7833	0.7247	0.6742	0.6303	0.5918	0.5577	0.5273	0.5000	0.4754
11	0.9389	0.8640	0.7996	0.7439	0.6955	0.6529	0.6153	0.5818	0.5517	0.5246
12		0.9439	0.8712	0.8135	0.7606	0.7141	0.6730	0.6363	0.6034	0.5737
13			0.9481	0.8830	0.8257	0.7753	0.7306	0.6908	0.6551	0.6229
14				0.9517	0.8906	0.8363	0.7882	0.7453	0.7068	0.6720
15					0.9548	0.8973	0.8458	0.7998	0.7585	0.7212
16						0.9576	0.9032	0.8542	0.8101	0.7703
17							0.9600	0.9085	0.8617	0.8195
18								0.9622	0.9132	0.8685

续附表

秩序	样本数量 n									
i	11	12	13	14	15	16	17	18	19	20
19									0.9642	0.9175
20										0.9659

秩序	样本数量 n									
i	21	22	23	24	25	26	27	28	29	30
1	0.0325	0.0310	0.0297	0.0285	0.0273	0.0263	0.0253	0.0245	0.0236	0.0228
2	0.0786	0.0751	0.0719	0.0690	0.0662	0.0637	0.0614	0.0592	0.0572	0.0553
3	0.1253	0.1197	0.1146	0.1099	0.1055	0.1015	0.0978	0.0944	0.0911	0.0881
4	0.1721	0.1644	0.1573	0.1509	0.1449	0.1394	0.1343	0.1296	0.1252	0.1210
5	0.2189	0.2091	0.2001	0.1919	0.1843	0.1774	0.1709	0.1648	0.1592	0.1540
6	0.2657	0.2538	0.2430	0.2330	0.2238	0.2153	0.2074	0.2001	0.1933	0.1869
7	0.3126	0.2986	0.2858	0.2741	0.2632	0.2532	0.2440	0.2354	0.2274	0.2199
8	0.3594	0.3433	0.3286	0.3151	0.3027	0.2912	0.2806	0.2707	0.2614	0.2528
9	0.4063	0.3881	0.3715	0.3562	0.3422	0.3292	0.3171	0.3059	0.2955	0.2858
10	0.4531	0.4329	0.4143	0.3973	0.3816	0.3671	0.3537	0.3412	0.3296	0.3187
11	0.5000	0.4776	0.4572	0.4384	0.4211	0.4051	0.3903	0.3765	0.3637	0.3517
12	0.5469	0.5224	0.5000	0.4795	0.4605	0.4431	0.4268	0.4118	0.3977	0.3846
13	0.5937	0.5671	0.5428	0.5205	0.5000	0.4810	0.4634	0.4471	0.4318	0.4176
14	0.6406	0.6119	0.5857	0.5616	0.5395	0.5190	0.5000	0.4824	0.4659	0.4506
15	0.6874	0.6567	0.6285	0.6027	0.5789	0.5569	0.5366	0.5176	0.5000	0.4835
16	0.7343	0.7014	0.6714	0.6438	0.6184	0.5949	0.5732	0.5529	0.5341	0.5165
17	0.7811	0.7462	0.7142	0.6849	0.6578	0.6329	0.6097	0.5882	0.5682	0.5494
18	0.8279	0.7909	0.7570	0.7259	0.6973	0.6708	0.6463	0.6235	0.6023	0.5824
19	0.8747	0.8356	0.7999	0.7670	0.7368	0.7088	0.6829	0.6588	0.6363	0.6154
20	0.9214	0.8803	0.8427	0.8081	0.7762	0.7468	0.7194	0.6941	0.6704	0.6483
21	0.9675	0.9249	0.8854	0.8491	0.8157	0.7847	0.7560	0.7293	0.7045	0.6813
22		0.9690	0.9281	0.8901	0.8551	0.8226	0.7926	0.7646	0.7386	0.7142
23			0.9703	0.9310	0.8945	0.8606	0.8291	0.7999	0.7726	0.7472
24				0.9715	0.9338	0.8985	0.8657	0.8352	0.8067	0.7801
25					0.9727	0.9363	0.9022	0.8704	0.8408	0.8131
26						0.9737	0.9386	0.9056	0.8748	0.8460
27							0.9747	0.9408	0.9089	0.8790
28								0.9755	0.9428	0.9119
29									0.9764	0.9447
30										0.9772

附录4 可靠性报告示例

1. 机队可靠性汇总报告

机型 ××××		前一年平均	本年度 1月	2月	3月	4月	5月	6月	7月	8月	9月	10月	11月	12月	本年度累计
在册架数		5.00	5.00	5.00	5.00	5.00	5.00								5.00
在用架日		152.08	155.0	65.0	79.0	133.0	155.0								117.40
飞行小时	运营	1404.9	1451.5	125.9	136.9	411.3	545.5								534.2
	非运营	0.5			7.2	14.9	18.9								8.2
	训练														
	共计	1405.3	1451.5	125.9	144.1	426.2	564.4								542.4
日利用率/h		9.24	9.36	1.94	1.82	3.20	3.64								4.62
平均航段时间/h		6.20	6.63	8.39	13.69	11.11	10.10								7.97
起落	运营	226.75	219	15	10	37	54								67.00
	非运营	1.33			37	45	80								32.40
	训练														
	共计	228.08	219	15	47	82	134								99.40
机械延误次数（15分钟以上）		1.25				1	1								0.40
总延误时间/h		161.08				117	253								74.00
机械取消次数		0.08													
出勤可靠度/%		99.41	100.00	100.00	100.00	97.30	98.15								99.40
机械事件	中断起飞														
	空中停车														
	返航														

2. 机队机械原因延误/取消报告

机队机械原因延误/取消汇总-前三个月

机型 ×××

维修基地	航班数量			机械延误次数			机械取消次数			总延误时间/min			放行可靠度/%		
	6月	7月	8月	6月	7月	8月	6月	7月	8月	6月	7月	8月	6月	7月	8月
北京	1211	1332	1458	3	2	1				973	179	147	99.75	99.85	99.93
上海	2340	2694	2735	5	2	1				312	77	66	99.79	99.93	99.96
广州	2812	3093	3140	4	2	2				538	82	340	99.86	99.94	99.94
深圳	1948	2090	2060	4	5	4				559	573	563	99.79	99.76	99.81
成都	3000	3686	4018	3	2	8				130	222	1163	99.9	99.95	99.8
武汉	3705	4385	4442	10	7	5				1615	738	651	99.73	99.84	99.89
南京	2246	2477	2547	2	2	6				87	75	465	99.91	99.92	99.76
乌鲁木齐	2028	2237	2408	1	4	1				186	390	465	99.95	99.82	100
海口	1502	1794	1761	3	3	1				333	171	60	99.8	99.83	99.94
西安	1074	1222	1225	1	1	2	1			459	465	460	99.81	99.92	99.84
青岛	3274	3710	3796	2	2	2				187	161	268	99.94	99.95	99.95
昆明	4376	4992	5007	5		2	1			738		311	99.86	100	99.96
其他				26	39	36	2	5	5	5896	5889	5957			
汇总	29 516	33 712	34 597	69	71	70	4	5	5	12 013	9022	10 451	99.75	99.77	99.78

3. 换发及空中停车报告

机型：×××××　　发动机型号：×××××××××

发动机换发及空中停车汇总（每1000发动机小时）			上年度平均	1月	2月	3月	4月	5月	6月	7月	8月	9月	10月	11月	12月	本年度累计平均
发动机小时数			119 197	126 231	122 619	121 890	120 876	119 980	115 885	131 776	134 936					124 274
发动机循环数			631 707	64 548	61 186	62 668	63 220	63 318	61 300	67 992	70 368					64 325
非计划拆换	拆换率	总数	5.33	9	3	3	3	7	3	2	7					4.63
		失效	0.04	0.07	0.02	0.02	0.02	0.06	0.03	0.02	0.05					0.04
	拆换原因	外部原因	5.33	8	3	3	3	7	3	2	7					4.5
		外来物损伤														
		便利														
	调查结果	本体	5.33	8	3	3	3	7	3	2	7					4.5
		非本体														
		未证实														
	维修措施	修理	5.33	8	3	3	3	7	3	2	7					4.5
		大修														
		其他														
计划拆换		总数	4	3	2	5	7	3	3	3	5					3.88
	维修措施	修理	1.5	3		4	4		3							1.75
		大修														
空中停车		总数														
		空停率														

本年度

4. 机队机组机组报告故障

机组报告故障总结（每1000飞行小时）　　　　机型：×××××

ATA	系统描述	3月 次数	3月 比率	4月 次数	4月 比率	5月 次数	5月 比率	3个月 平均比率	警戒值	当年累计 平均比率	12个月 平均比率	状态
21	空调	19	0.064	17	0.050	18	0.052	0.055	0.072	0.035	0.038	CL
22	自动驾驶	15	0.051	15	0.044	7	0.020	0.038	0.123	0.048	0.032	
23	通讯	161	0.543	174	0.515	147	0.424	0.491		0.556	0.565	
24	电源	17	0.057	23	0.068	40	0.115	0.081	0.078	0.067	0.056	R
25	设备设施	286	0.964	298	0.883	249	0.718	0.849	1.987	1.987	1.168	
26	防火	2	0.007	1	0.003	1	0.003	0.004	0.021	0.007	0.006	
27	飞行操纵	4	0.013	4	0.012	6	0.017	0.014	0.048	0.018	0.014	
28	燃油	1	0.003	4	0.012	1	0.003	0.006	0.033	0.012	0.011	
29	液压	1	0.003	1	0.003			0.002	0.006	0.001	0.002	
30	除冰与防雨	3	0.010	3	0.009	5	0.014	0.011	0.027	0.011	0.014	
31	仪表	4	0.013	18	0.053	13	0.037	0.036	0.058	0.026	0.032	
32	起落	11	0.037	9	0.027	7	0.020	0.028	0.075	0.039	0.029	
33	……											
34	……											
…	……											
汇总		638	2.137	670	1.981	616	1.780	1.995	-	3.414	2.432	

状态代码说明：CL=CLEAR　　Y=YELLOW　　R=RED　　RA=REMAINS IN ALERT

5. 部件非计划拆换情况总结

机队部件非计划拆换总结（每1000部件飞行小时）　　　　　　　　　　　　　　机型：×××××

ATA	部件描述	件号	QTY	当月拆换数量	7月比率	8月比率	9月比率	3个月平均	警戒值	当年累计平均	12个月平均	状态
21	电子鼓风腐与排气腐	EVT3454H	2	1	0.129	0.106	0.141	0.125	0.101	0.056	0.093	RA
		EVT3454HC		18								
29	液压泵	350880-7	2	47	0.163	0.105	0.376	0.213	0.187	0.134	0.112	R

状态代码说明：CL=CLEAR　　　　　Y=YELLOW　　　　　R=RED　　　　　RA=REMAINS　IN　ALERT

附录 5   民航资料

（1）CAAC CCAR-25R4 运输类飞机适航标准，H 分部：电气线路互联系统（EWIS）

（2）CAAC CCAR-91R1 一般运行和飞行规则，D 章：维修要求

（3）CAAC CCAR-121R5 大型飞机公共航空运输承运人运行合格审定规则

（4）CAAC AC-25.1529-1 审定维修要求

（5）CAAC AC-121-FS-2012-009R1 延程运行和极地运行

（6）CAAC AC-121-FS-2015-21R1 高原机场运行

（7）CAAC AC-121/135-53R1 民用航空器维修方案

（8）CAAC AC-121-541R1 可靠性方案

（9）CAAC AC-120-FS-058R3 合格的航材

（10）CAAC AC-120-FS-60R2 航空器适航与维修相关的信息报告与调查

（11）CAAC AC-121-FS-2018-65-R1 航空器持续完整性大纲

（12）CAAC AC-121/135-67 维修审查委员会和维修审查委员会报告

（13）CAAC AC-121-FS-2018-72 航空运营人将电气线路互联系统持续适航要求纳入维修方案的指南

（14）CAAC AC-121-FS-2018-73 航空运营人将燃油箱系统持续适航要求纳入维修方案的指南

（15）CAAC 民航综合统计调查制度，2008 年 1 月

（16）FAA AC 120-17B Reliability Program Methods—Standards for Determining Time Limitations

（17）FAA AC 120-79A Developing and Implementing an Air Carrier Continuing Analysis and Surveillance System

（18）FAA AC 120-16G Air Carrier Maintenance Programs

（19）ATA SPEC2000 E-Business Specification Revision

参考文献

[1] 全国电工术语标准化技术委员会. GB/T 2900.13—2008/IEC 60050（191）：1990 电工术语-可信性与服务质量[S]. 北京：中国标准出版社，2009.

[2] 全国电工电子产品可靠性与维修标准化技术委员会. GB/T 34987—2017/IEC 61649：2008 威布尔分布[S]. 北京：中国标准出版社，2018.

[3] 蒋林燕. 广义 Gamma 分布的参数估计[D]. 成都：西南交通大学，2014.

[4] 吴波，丁毓峰，黎明发. 机械系统可靠性维修及决策模型[M]. 北京：化学工业出版社，2006.

[5] 何金徕. 浅谈飞机重复性故障的解决方案[J]. 航空维修与工程，2003，4：50-51.

[6] 卢小培，赵汝兰. 流氓件全流程管理模型研究. 航空维修与工程，2021，1：63-66.

[7] 姚立根，王学文. 工程导论[M]. 北京：电子工业出版社，2012.

[8] 盛骤，谢式千，潘承毅. 概率论与数理统计[M]. 北京：高等教育出版社，2008.

[9] 张会生，周登极. 燃气轮机可靠性维护理论及应用[M]. 上海：上海交通大学出版社，2016.

[10] NOWLAN F S, HEAP H F. Reliability-Centered Maintenance[J]. Engineering Maintenance, 2014, 2: 351-367.